本书系中国基础教育质量监测协同创新中心华中师范大学分中心承担的中国基础教育质量监测协同创新中心自主课题和重大成果培育性项目资助成果

人格心理研究丛书

Series on Personality Psychology

主编　郭永玉

人格研究方法

上册

谷传华　訾　非　黄　飞　著

上海教育出版社
SHANGHAI EDUCATIONAL PUBLISHING HOUSE

总　　序

《人格心理学：人性及其差异的研究》(中国社会科学出版社 2005 年版)一书出版后，我就开始酝酿一个计划，就是以此书的体系为框架，编写一套人格研究丛书。就是说此书尽管很厚，但就人格心理学这一丰富而宽泛的领域而言，仍然是概略性的。如果将每一章扩展成一本书，就可以讲得更明白而翔实一些。但这个计划从酝酿到现在实现，已经十几年过去了。之所以如此"难产"，原因当然很多，其中最主要的是中青年作者队伍的形成。因为人格心理学虽然在西方是心理学的一个基础性领域，已经有了深厚的积累，但在中国，由于历史的原因，人格心理学一直是一个薄弱的分支。

在那个心理学即使被允许存在的年代，"人格"一词在相当长的时间里也是避免使用的。在普通心理学课程中，有关人格的内容讲的是气质和性格，更奇怪的是，把气质又归结为巴甫洛夫的神经活动类型，把性格归结为对人、对己、对集体、对社会的态度。这些内容与西方的普通心理学或心理学导论课程中的人格章节的内容几乎没有相同之处，是另外一套说辞。总之就是回避"人格"一词。直到现在，我也很难解释这件事，只能笼统地理解为"人格"大概属于"资产阶级的东西，姓资不姓社"。这种情况是"冷战"时代意识形态指导学术的一个很小的例证。20 世纪 80 年代初期，由北京大学周先庚先生组织全国同行协作翻译的克雷奇(David Krech)等人编著的《心理学纲要》(文化教育出版社 1981 年版)，涉及人格和心理健康的部分是没有被译出的，也就是说该书只是个节译本。这种情况直到 80 年代后期才有所改变，周先庚先生主持翻译的希尔加德(E. R. Hilgard)等人编著的《心理学导论》(北京大学出版社

1987年版)，就没有整章缺漏的情况了。

人格心理学在中国被视为一个独立的分支，具体而言就是在心理学专业课程体系中被作为一门课程，要比其他基础性分支晚得多。就教科书而言，高玉祥的《个性心理学》(北京师范大学出版社1989年版)和叶奕乾、孔克勤的《个性心理学》(华东师范大学出版社1993年版)，是将动机和价值观，以及气质、性格和能力(智力)等都归在“个性”概念之下，将西方心理学中有关人格的知识纳入其中，将人格说成个性或者性格，总之是在“苏联心理学”的概念框架下吸收西方的人格心理学知识，但仍然尽量避免使用“人格”一词。

难能可贵的是，同样在那种背景之下，陈仲庚、张雨新的《人格心理学》(辽宁人民出版社1987年版)和叶奕乾的《人格心理学》(青海人民出版社1990年版)则是采用西方心理学的体系，以各大派别的人格理论为主线。黄希庭的《人格心理学》(台湾东华书局1998年版，浙江教育出版社2002年版)将这种体系加以整合完善。至此，人格心理学教材在体系和内容上才与国际接轨。而此时，“冷战”早已结束，作为特殊话语体系的所谓“苏联心理学”也早就寿终正寝了。当然，单从学术本身而言，人格心理学是具有社会性和文化性的学科，不同国家、地区乃至学术机构和具体学者都可能有不同的理论或体系，但这与“冷战”背景下形成的美苏两大学术壁垒或阵营是两回事。

进入21世纪，人格心理学的教学和研究也发展到更高的水平。在黄希庭等教授的倡导下，2005年10月中国心理学会第九届第一次常务理事会决定成立人格心理学专业委员会。从此，人格心理学的发展进入新的阶段。在教育部颁布的《高等学校本科专业类教学质量国家标准》的心理学部分，人格心理学被规定为心理学类专业的核心知识领域。我有幸作为这些事件的参与者，见证了这一学科发展的若干个里程碑时刻。

尽管如此，整体而言，人格心理学的教学和研究人员一直很少，招收人格研究方向研究生的导师屈指可数。因此，某种意义上，我是在等待愿意并能够承担这套丛书写作任务的中青年学者队伍的形成。直到近五年，时机逐渐成熟了。一批以人格为研究方向的年轻学者成长起来，他们大体在2010年前后五年内获得博士学位并成为教学科研骨干。2015年，我觉得丛书编写的计划可以付诸实施了，于是在上海教育出版社谢冬华先生的积极推动下，丛书写作任务开始落实。

丛书的选题依据基本上是以我在本文开始所言的那本书为蓝本，每一章扩展成一本书。为此，这里简要回顾一下那本书的框架。我当年在自序中说：

> 本书试图较系统地总结人格心理学的主要理论和研究成果，特别是体现这一领域从理论流派的纷争到深入的问题研究这一重大转向。我将主要以1990年代以来的文献为依据，以人格心理学的理论和实证研究成果为基础，整合人格心理学领域的最新研究成果，进而打通各理论派别间的界限，沟通各个研究主题间的联系，将已有的理论和实证研究成果整合到一种新的架构中，使人格心理学的知识体系接近历史与逻辑相统一的标准。

那本书包括六部分：第一部分探讨人格的概念及人格心理学的对象、任务、方法和历史，回顾传统的人格理论。在本丛书中，《人格理论》和《人格研究方法》就属于这一部分。

第二部分探讨人格的形成与发展，分别探讨生物学条件（生理、遗传、进化）和社会文化条件，以及发展历程（年龄阶段）和机制（天性与教养的相互作用）。在本丛书中，包括《人格的生理学维度》《人格的遗传学解释》《进化人格心理学》《人格与社会》《人格与文化》和《人格的毕生发展》。

第三部分是人格的整体功能研究，包括认知、情绪、动机和自我，即信息的获取与处理、情绪的反应与适应、行为的动力与目标，以及自我的统合与完善。在本丛书中，包括《人格与认知》《人格与情绪》《动机与目标》《自我调节》和《自我》。

第四部分是人格的具体功能研究，分别探讨潜意识、攻击、利他、人格与健康。在本丛书中，包括《人格与健康》《人格障碍》《人格中的恶》《利他主义》《人格与道德》和《人格与创造》。这部分与那本书的章目不完全对应，其间虽有内容上的重叠交叉，但每本书都围绕一个专题展开，各自有其独立成篇的合理性。

第五部分是人格的群体差异研究，包括性别差异和文化差异这两个最大的群体差异。在本丛书中，包括《性别与人格》和《中国人的人格》。

第六部分是总结性的，探讨人格测评的理论和方法，并在最后一章探讨人格理论中的人性观、人格理论分歧的维度、人格研究的方法论问题，以及人格心理学的未来走向。在本丛书中，有《人格评鉴》。

这里列的书目是迄今为止已经明确任务的，随着工作的进展，可能会有个别变动，有的可能因为各种原因不能如期完成，有的专题这里没有提及，但内容很好又有合适的作者，可能会新加入进来。但这些变动不会改变这个大的框架。定稿后的书名可能有变化，但内容基本就是这些。

人格心理学是一个丰富、有趣又富于挑战性的领域。我们期待这套丛书能够较完整地展现这一学科的面貌，也期待有更多的年轻人进入这一研究行列。当然，也期待着读者坦率地指出丛书编撰中存在的问题甚至错误。

郭永玉

2019年2月

于金陵随心斋

目录 | Contents

上 册

下　册

第二编　实验取向的人格研究

第三编　临床取向的人格研究

1　人格研究方法概述

与其他心理学分支一样，人格心理学有自己特定的研究内容、研究任务和目标，自然也有达到自身目标的一套研究方法。事实上，人格心理学家在一百多年的研究过程中形成了各种各样的研究方法。这些研究方法各具特色，它们适应不同的研究问题和需要，基于不同的理论视角，具有不同的哲学基础，可以说各成体系。最终，这些研究方法汇成了不同的人格研究途径或取向。

1.1　人格心理学研究的基本取向

大约从19世纪末开始，心理学研究逐渐分化为三种基本取向：相关取向(correlational approach)、实验取向(experimental approach)和临床取向(clinical approach)。作为心理学的一个分支，人格心理学研究基本上也沿着这三条路径向前发展。

1.1.1　相关取向及其特点

人格研究的相关取向侧重通过测量和统计分析考察多种人格变量，以及这些变量与环境变量等其他变量之间的关系。这种研究取向可以追溯到英国优生学家高尔顿(Francis Galton)的研究。在1869年出版的著作《遗传的天才》中，他分析了血缘关系或遗传与后天成就的关系。他还首先提出了相关系数的概念。在此基础上，斯皮尔曼(Charles Edward

Spearman)、艾森克(Hans J. Eysenck)、卡特尔(Raymond B. Cattell)以及人格“大五因素模型”的提出者进一步深化了人格的相关研究方法,拓展了相关研究方法的应用领域。

相关取向的优点是可以确定多个变量之间的关联性,发现多种变量之间可能存在的关系。在数据收集的过程中,研究者通常采用效率较高的心理测量法等方法,可以在短期内收集大量的数据。随后,研究者可以运用适当的统计分析方法,分析和确定变量之间的关系,检验他们建立的关于变量之间关系的模型。在当前的人格心理学研究中,由于计算机技术的迅速发展和普及,很多统计分析软件(如 SPSS)得以开发和利用,这为相关研究提供了极大的便利。

相关取向还有另外一个优势,即它可以检验人格变量之间以及人格变量与其他变量之间可能存在的因果关系。严格地说,这里的因果关系是指统计学意义上的因果关系,是一种统计因果关系而不是实验因果关系。也就是说,研究者可以事先假定变量之间可能存在的关系,建立特定的因果关系模型,然后收集数据,通过特定的统计分析方法验证模型。在当代心理学研究中,这已经成为非常普遍的研究模式。

但是,相关取向更侧重通过数据分析探讨变量之间的关联性,即变量之间是否存在关联。它很难像心理学实验那样,将人格变量作为自变量或因变量,探讨人格的成因或结果。它也很难对人格形成过程中的诸多因素加以控制和操纵。此外,在数据收集过程中经常采用自我报告法也具有诸多缺点,如被研究者倾向于按照社会期望的标准作答,产生社会期望效应,导致数据不真实;问题的编制不够严谨和全面等。

1.1.2 实验取向及其特点

心理学研究的实验取向可以追溯到科学心理学的诞生之日。早在1879 年冯特(Wilhelm Wundt)在德国莱比锡大学建立世界上第一个心理学实验室的时候,他就带领着最早的一批心理学家进行心理学实验研究。当然,最早的实验研究主要是针对感觉等基本心理过程。

行为主义者华生(John Watson)大概是最早进行人格实验研究的心理学家。他开展了幼儿情绪习得的实验研究。在他看来,人的一切行为都是由环境决定的,人可以建立刺激与反应之间的联结。相应地,人格也能通过刺激—反应的模式来建立。之后,新行为主义者斯金纳(Burrhus Frederic Skinner)在实验研究的基础上提出了操作性条件作用理论,用以解释个体的学习行为,并将这一原理应用于人类行为的矫正,对人格心理学尤其是临床心理学产生了深远影响。

20 世纪 50 年代,随着认知心理学的兴起,心理学家开始用实验法来研究人格。例如,威特金(Herman Witkin)用框棒仪检测个体的知觉差异,并发现这种差异与人格有关,区分出场独立型和场依存型这两种经典的认知风格,他是最早对人格进行实验研究的心理学家之一。此外,米歇尔(Walter Mischel)和班杜拉(Albert Bandura)也通过实验研究提出了人格的认知社会学习理论。

实验研究最突出的特点是可以探测变量之间的因果关系。在实验研究中,通过严格的设计,控制无关变量,操纵自变量,观测因变量随自变量发生的变化,可以确定自变量的变化是否引起了因变量的变化。在此过程中,由于控制了除自变量和因变量之外的无关变量,因而因变量的变化只能由自变量引起,这是实验取向的基本逻辑。控制的严格性是推测变量之间因果关系的基本条件,也是实验研究的突出优点。

在人格实验研究中,一般包括四类变量:个人变量、实验操纵变量(自变量)、假设的状态变量和观测变量(因变量)。首先,在人格心理学实验研究中,被试变量或个人变量(如被试的年龄、性别、智力、外向性等)这类变量极为重要。人格实验研究重在考察一种或多种稳定的人格特质(个人变量)如何与一个或多个实验操纵变量(自变量)相互作用,影响观测变量(因变量)。其次,人格实验推论的模式是,通过考察观测的个人变量、状态变量、实验处理与结果变量(因变量)的关系,间接地检验和分析潜在的个人特征变量、潜在的状态变量、实验处理与潜在的结果变量的关系。

但是,实验取向的研究并不能确保研究结果在现实生活中的可靠性，实验研究的结果常常不能被推广到复杂的现实生活情境中。这主要由实验设计本身的局限性导致。因为在实验设计中，研究者无法考虑现实生活中的所有因素，而只能选择他们自己感兴趣的一些变量（自变量和因变量）加以探讨，或者只能控制有限的无关变量，并且取样也难以做到真正的随机抽取，所以研究结果常常难以代表实际情况。换言之，实验取向的最大问题是它的外部效度问题。这是近年来它遭到最多批评的一点。

1.1.3 临床取向及其特点

临床取向的研究以精神动力学的研究为代表，其中弗洛伊德（Sigmund Freud）、罗杰斯（Carl Rogers）、默里（Henry A. Murray）等人的研究最负盛名。当代叙事心理学（narrative psychology）和人生故事（life story）研究也是这种研究途径的新发展（郭永玉，2005）。

从总体上看，临床取向的研究通常选取典型个案作为研究对象，进行全面的、深入的和个性化的描述，试图解释某种特殊现象背后的机理，或者寻求某种理论假设的支持。临床研究的优点是分析的深入和全面，它通常将研究对象作为一个整体进行研究，广泛搜集资料，全面阐释问题产生的根源及其反映的实质。

弗洛伊德对达·芬奇的研究堪称典型。1910 年，弗洛伊德发表了《列奥纳多·达·芬奇和一段童年回忆》这一著名作品。在文中，他运用精神分析理论和心理传记学方法，详尽分析了达·芬奇童年以来的情感经历特别是性心理的发展过程，揭示了达·芬奇艺术和科学活动的深层的心理根源。在这一长篇评传中，弗洛伊德基于自己的分析得出结论：达·芬奇的童年经历和记忆，特别是恋亲的情感对他一生具有决定性的意义，成为他旺盛的创造力的心理起源；达·芬奇是一个特殊类型的同性恋者和强迫性神经症患者，他杰出的创作活动不过是他性欲的一种宣泄和升华，艺术和科学成就本身是性本能升华的表现形式。该文虽然在资料的确凿性等方面遭到批评，但在人格研究的方法和取向上，它被认为是一篇开山之作。

临床研究的对象是个别的、特殊的，通常它并不追求从对特定对象的分析中抽取某种普遍的规律，而是努力实现对个体生命的深层解读，对特定行为或问题的起源的理性分析。起源于弗洛伊德的心理传记学(psychobiography)可以说是临床研究的一种特殊模式。在这类研究中，研究者通常把特定历史人物的特定行为作为一个“悬念性问题”，然后运用心理学理论或研究结果进行解读，给出问题的答案，从而达到诠释独特的生命经历的目的。优秀的心理传记学研究通常具有充分的说服力，能够从资料解读中自然地引申出关于特定问题的结论；通常能够对行为的多个方面进行解释，比较全面；资料来源通常广泛而确凿，并且对行为的解释具有高度的连贯性和逻辑性，研究结论经得起“证伪”(Schultz, 2005；郑剑虹，等，2011)。

但是，这并不意味着临床研究完全不关注对人格普遍规律的探讨。相反，它有时也会根据对特定个案的分析提出关于普遍规律的假设。其实，精神分析学家的很多研究都属于这种情况。

1.2 人格研究方法的现状和趋势

1.2.1 相关取向的研究现状

如前所述，相关取向的人格研究主要是对人格变量之间，以及人格变量与其他变量的关联性进行统计分析。显然，统计分析是这类研究方法的重要基础，也是研究结论赖以成立的前提条件。在相关研究中，研究者可以运用测量、访谈、观察等方法乃至通过日记、档案收集数据，完成对特定变量的评价，然后对这些数据进行统计分析，检验变量之间的关联性。

通常，在相关研究中，最常用的数据分析方法首先是相关分析和回归分析。相关分析侧重探讨变量之间的相关性或关联性，它不限定变量之间关系的方向。仅仅通过相关系数，即使是在统计学意义上显著的相关系数，也无法确定变量之间的相互影响。相关系数只能说明一个变量随着另一个变量的变化而变化的趋势，无法说明变量影响的具体方向。作为更进一步的数据分析，回归分析不仅可以描述一个或多个变量与另一个变量之间的同时性关系，而且能设定预测变量和被预测变量（或结果变量），用一个或多个变量去预测另一个变量，以检验特定的理论假设。在相关分析中，两个变量的关系是双向的、相互的，而在回归分析中，变量关系的方向是单向的。简言之，回归分析可以揭示预测变量对结果变量的影响，确定变量关系的具体方向，可以说明是哪个（或哪些）变量影响了哪个变量。

近年来，结构方程建模（structural equation modeling, SEM）成为相关取向研究中一种常用的统计分析方法。作为一般线性模型和因素分析的扩展和综合，它主要用于验证特定的理论模型。在研究中，研究者通常事先对变量之间的关系提出特定的理论假设，建立特定的模型，然后采用特定的方法收集关于多个变量的数据，对模型进行拟合，由此验证理论模型成立与否。由于这种方法的适用范围较广，适用于检验关于多变量关系的理论假设，有利于探讨多种人格变量之间以及人格变量与其他变量之间复杂的因果关系，因而得到日益广泛的应用。用于结构方程建模分析的软件很多，最常用的有 LISREL、EQS、MPLUS 和 AMOS 等，这为人们开展有关研究提供了很大便利。

在现实生活中，很多数据是分层的，一层数据嵌套另一层数据。例如，学生人格发展的数据嵌套在班级数据中，班级数据嵌套在学校数据中，而学校数据又嵌套在某个地区的数据中。再如，在相关取向的追踪研究中，不同时间点的行为状态则嵌套在个人水平的数据中。传统的回归分析难以揭示不同层级的变异和影响。近年来，研究者开始采用多水平分析处理这类具有嵌套性质的数据。目前流行的多水平建模技术就是将多个水平的变量纳入模型中，将不同层级的影响区分开来。目前常用的多水平分析软件促进了人们对这种分析方法的应用。

除上述统计分析方法之外，在相关取向的研究中，研究者更关注对人格变量的评估。由于研究者对人格及其形成和发展问题的理解有所不同，因此他们采取了不同的人格评估范式。这些范式包括多变量范式、人际范式、实证范式、人格学范式和心理动力学范式等。这些范式评估的方法、内容和焦点各不相同(参见第一编的有关内容)。事实上,不同的人格评估范式并不是相互排斥的,而是互补的。

值得一提的是,近年来不同国家和地区的人格评估出现了本土化的趋势。所谓本土化,是指依据不同地区的文化背景和被研究者的实际情况,形成适应性的人格评估工具和方式,以更好地评估被研究者的人格。

1.2.2 实验取向的研究现状

目前,人格领域的实验研究占据了十分重要的地位,而良好的实验设计是研究的核心环节。如前所述,在人格实验研究中,一般包括四类变量:个人变量、实验操纵变量(自变量)、假设的状态变量和观测变量(因变量)。显然,人格变量是人格实验研究的重要组成部分。这是人格心理学实验研究的突出特点。

人格心理学的实验设计类型与其他心理学分支中的实验法是一致的,总体上可以分为三种基本类型:真实验设计、非实验设计和准实验设计。真实验设计对实验条件的控制程度最高;非实验设计对无关变量的控制程度最低,是对现象的自然描述,主要用于发现问题;准实验设计是处于非实验设计与真实验设计之间的研究设计,具有特定的实验处理,但未严格遵循随机化原则,一般不能随机选择被试,常常以预先存在的固定群体为研究对象,虽然也设立实验组和控制组,但常常不能确保两组被试的条件完全对等。其中,真实验设计又可以根据不同的标准划分为各种类型。根据被试接受实验处理的情况,一般可以分为被试间设计(又称为组间设计)、被试内设计(又称为组内设计)、混合设计三种不同的形式,而被试间设计又包括完全随机设计、随机区组设计和拉丁方设计。根据实验包含的自变量的数量,又可以分为单因素实验设计和多因素实验设计。

由于认知在人格特质与环境的交互作用过程中可能发挥着调节和中介作用,因而在人格研究中认知实验心理学的范式得到广泛应用,以便可以更好地探测认知因素的影响。例如，有研究者（Matthews & Gilliand，1999）为了探明行为与大脑之间的关系，发现皮质唤醒与外向性之间的相互作用预测了相关的结果（如经典条件反射速度、回忆成绩）。

由于认知变量的个体差异与通过自我报告法测量的个体差异可能不是一回事，因此对认知过程的测量很可能揭示出自我报告法无法探测到的隐蔽的个体差异。也就是说，认知测量的方法可以比较客观地测量认知过程，测量自我与环境的即时交互作用，提供有关人格的动态信息，有助于测量并操纵客观的人格过程。在人格实验研究中，启动方法和反应时方法是两种常用的认知测量方法（具体情况参见第二编的有关内容）。

启动研究关注个体心理表征的暂时激活状态及其与环境信息的交互作用，旨在探索个体社会知识启动的容易度和通达性，以及在个体缺乏意识和意愿的情况下，这种通达性是如何影响心理现象的（Bargh，2006）。启动技术经常用于研究当前或近期环境因素的被动的、无目的的影响（Bargh，Bond，Lombardi，& Tota，1986）。目前，三种类型的启动技术相对成熟：概念启动（conceptual priming）、心理定势启动（mindset priming）和序列启动（sequential priming）。

反应时又称反应潜伏期（response latencies），是指个体从接受刺激作用到开始作出外部反应的这段时间。本部分主要探讨认知实验中以反应时为指标的人格研究方法，包括范畴可及性（category accessibility）、注意（attention）、内隐自我态度（implicit self-attitudes）和执行控制（executive control）这四个方面。

由于很多人格特质都有生理与遗传的基础，因此当前人格心理学的研究开始关注人格的形成与生理机制是如何相互作用的。人格研究中常用的生理学研究方法包括患者群体研究（patient population approaches）、脑成像技术、皮电测量、心血管系统的测量，以及对血液和唾液进行生化分析等方法。上述方法各具特色，分别适用于不同的情况，在不同的实验情境中发挥各自独特的作用。

1.2.3 临床取向的研究现状

心理学中的临床研究源于19世纪法国心理学家沙可(Jean-Martin Charcot)等人的心理治疗临床实践,这一阶段临床取向的人格研究多是对癔症等精神疾病的探讨和治疗。之后,弗洛伊德通过大量临床治疗实践创建了自己独特的人格理论与精神分析治疗理论,拓展了临床取向的人格研究。荣格(Carl Gustav Jung)、米德(Margaret Mead)、本尼迪克特(Ruth Benedict)、阿多诺(Theodor Adorno)、马斯洛(Abraham Harold Maslow)、罗洛·梅(Rollo May)等都是此领域的代表人物。随着罗杰斯和凯利(George Kelly)等人本主义者和认知心理学家对人格研究与治疗的青睐,临床取向的人格研究逐渐普及并日益显示出整合趋势。

临床取向的心理学研究并不限于心理治疗临床研究,在心理治疗领域之外,许多其他领域都会采用这种研究途径,临床取向的人格研究虽然重视质化数据的收集和分析,但无论是数据的收集方式、分析方法,还是研究报告的成文方式,都因研究者的理论背景和实践领域而存在显著差异,从而形成具有鲜明特征的研究模式:心理咨询临床研究、心理传记、人生故事研究、释梦、心理人类学、对文学艺术作品的心理分析等。

研究者在开展心理咨询临床研究时,从心理咨询临床情境(以及类似的情境)中获得研究数据,并分析这些数据(有时是在临床情境中进行)。这种研究有较强的主观性,但它可以获得人类深层心灵活动的信息。经典的心理咨询临床研究有弗洛伊德的精神分析研究报告《少女杜拉的故事》(1997)、人本主义心理学家马斯洛的《动机与人格》(1968)中的研究等。

心理传记是采用心理学视角探究历史人物的深层动机和行为的研究模式。1910年,弗洛伊德用精神分析的方法研究了达·芬奇的心理特点,发表了《列奥纳多·达·芬奇和一段童年回忆》,这标志着心理传记学研究的开端。不同于心理咨询临床研究,心理传记的研究对象是历史人物,数据通常来自各种历史资料或口述,研究者试图在单个生命中检验心理学中各种各样的研究成果。除弗洛伊德之外,其他研究者也有很多类似的研究。例如,埃里克森(Erikson, 1969)也采用类似的方法出版了比较经典的著作《甘地的真理：论好战的非暴力根源》。

人生故事研究模式属于新兴的叙事心理学的一个分支。麦克亚当斯（McAdams，1993）和汤姆金斯（Tomkins，1987）是人生故事研究领域的代表人物。人生故事研究往往采用结构化的访谈法获取数据。其优点是，通过大量的访谈，能够获得众多个体的叙事，通过对访谈结果的分析得到相应的研究结论，具有较好的代表性和可推广性。人生故事研究模式是把质化研究与量化研究紧密结合起来的一种尝试。

就临床取向来说，释梦研究主要是指精神分析的释梦研究。弗洛伊德的《梦的解析》（*The Interpretation of Dreams*，1900）是释梦研究的奠基著作。由于释梦依据的信息是梦者醒来后对梦境以及与之相关联的情感的记忆，这些信息往往是残缺而短暂的，因而释梦研究结论的可靠性时常受到质疑。

此外，群体心理研究是社会心理学的核心部分，它倾向于探讨群体之于个体心理的特点，主要来源于德国民族心理学和法国群众心理学（韦庆旺，谢天，2012）。首先，群体心理学的创始人、法国社会心理学家勒庞（Gustave Le Bon）出版了经典著作《乌合之众：大众心理研究》（*The Crowd: A Study of the Popular Mind*，1895）。其次，阿多诺与弗伦克尔-布伦斯威克（Else Frenkel-Brunswik）等人的《权力主义人格》（*The Authoritarian Personality*，1950）也是一项群体心理研究，阿多诺等人采用了多种研究取向相结合的研究模式，既有量化研究也有质化研究。他们广泛采用了问卷调查、访谈、投射测验，提出了所谓的“权力主义人格”。

心理人类学研究经常被称为文化与人格研究。米德、本尼迪克特等人（其代表作分别是《萨摩亚人的成年》和《菊花与刀》）被公认为文化与人格研究的先驱。在许烺光提出心理人类学的概念之后，美国乃至世界范围内重新掀起了心理人类学的研究热潮。认知人类学（cognitive anthropology）和精神病学人类学（psychiatric anthropology）是近期心理人类学最为关注的两个领域。认知人类学家探究文化模式是如何被某种文化中的个体分享、内化和传播，并转化为动机行为的（D'Andrade &

Strauss, 1992),精神病学人类学家则探究文化与精神疾病之间的交互作用(Kleinman, 1980; O'Nell, 1996)。

近年来,人格的临床研究出现了一些新进展。例如,叙事研究兴起,它注重理解个体的人生故事,并有其独特的整理分析数据的方法(参见本书“叙事分析”这一章的内容)。麦克亚当斯(McAdams, 2008)甚至认为,在21世纪的头十年,叙事研究已经进入人格研究的核心。当今临床取向的研究倾向于融合质化研究和量化研究,使两种研究方法相互支持和印证。例如,汪新建(2010)等人探讨了叙事视角对自我发展的影响,发现采用第三人称叙事的被试在16PF人格量表的三个因子E(恃强性)、G(有恒性)、Q1(实验性)上的得分均显著高于采用第一人称叙事的被试。还有研究者提出心理治疗中的后现代视角下的叙事心理治疗,关注如何使用叙事和文本来建构和解构我们的生活世界,强调话语实践的自我反思性,这也是叙事在临床心理治疗中的应用(尤娜,叶浩生,2005)。

相比于其他研究取向,临床取向研究具有的独特优势是毋庸置疑的。首先,临床取向的研究对于考察一些独特的个体具有得天独厚的优势。其次,临床取向的研究有助于获得与研究目的有关的额外信息,便于找出隐藏在行为和事件背后的决定因素和影响因素,避免实验室研究的人为性,能探讨真实的人格,具有较好的生态效度。再次,临床取向的研究更能从整体上全方位观察和深入分析独特个体的人格,便于形成新的理论和假设。例如,克莱因(Melanie Klein)和精神分析伦敦学派众多学者开创了对当今心理治疗领域产生重要影响的客体关系理论(object relations theory, ORT)。马斯洛(Maslow, 1968)访谈了一些杰出人物,并分析了一些杰出历史人物的传记和其他文献,在此基础上提出了需求层次理论和自我实现理论。在一项研究中,研究者(Walker & Pitts, 1998)让120名成年人(包含老年人、中年人以及青年人)分别列出具有高道德水准、坚定宗教信仰和高灵性的人的品质或者属性,接着研究者让另外120名成年人评价一个高道德水准、坚定宗教信仰和高灵性的人在这些属性上的匹配程度,然后由180名本科生对其中评分最接近原型的50个属性进行聚类分析，提出高道德水准属性的6个维度。最后，临床取向的研究能够在具体案例中检验相关取向和实验取向的研究结论。这些都是其他取向的研究方法无法取代的。

1.2.4 人格研究方法的发展趋势

人格心理学的各类研究方法和研究取向各有其优势，也各有其局限性。相关研究和临床研究因其过分依赖自我报告的信息而难以确保研究结论的可靠性。此外，相关研究比较依赖统计分析确定变量之间的关系，这使得它受到统计技术本身发展水平的制约。临床研究则常常因研究对象的特殊性而难以将结论推广到其他个体身上。

如前所述，人格的实验研究侧重观察特定人格状态的变化，而难以观察人格特质的变化；倾向于探讨人格某个侧面或某种状态与其他变量的关系，而难以将人格作为一个整体加以考察。实验取向的研究通常只限于有限的几个控制变量，这种对人格状态的研究不仅是短暂的，而且是零散的，忽视了人格机能的整体性。

近年来，人们在批评人格的不同研究取向和研究方法的同时，提出了改进和完善人格研究的建议，指明了人格研究方法的未来走向，代表了人格研究未来的发展趋势，这突出反映在以下七个方面。

提高实验的外部效度

随着实验研究的不断发展，研究者越来越注重将研究结果推广到现实生活中，注重提高实验的外部效度。

首先，多因素实验设计成为一种重要的发展趋势。日常生活中某种现象的产生经常是多种因素相互作用的结果，在这种实验设计中，研究者倾向于将一些可能的混淆变量转化为自变量，从而使实验结果更接近实际生活，提高研究的外部效度。随着生态学理论的提出，这一点在生态学理论背景下的实验设计中有了更多的体现。

其次，现场实验研究，尤其是随机化的现场实验研究，引起了人们的高度关注。在现场实验研究中，研究者根据实验目的，操纵现场的某些条件，设立实验组和控制组，将被试(常常是自然编组的被试群体，如班级、学校)随机分配到不同的实验处理条件下,力所能及地控制某些无关变量,观测被试的反应(因变量),由此推测其中存在的因果关系。这种实验研究在教育领域使用较多,通常是操纵一定的教育条件,以检测学生认知、行为上的变化,今后也可以在其他社会领域的实践中应用这种研究方法。运用这种研究设计,不仅可以检验人格心理学和社会心理学的理论,而且可以将理论和实际问题结合起来,从而提高实验的外部效度。

最后,有一些研究将严格控制的实验室实验与考虑实际生活情境的实验结合起来,以提高实验研究的外部效度。例如,在一项研究中,研究者(Coté, Kraus, Cheng, Oveis, van der Lowe, Lian, & Keltner, 2011)首先以大学生为被试,运用实验室实验探讨了社会权力(social power,在本研究中指人们是否感到受人控制和领导,即权力感)对人们移情准确性(empathic accuracy,在本研究中指人们能否准确体验到别人的情绪感受)的影响,在实验室内创设了特定的权力情境,使被试产生高社会权力感和低社会权力感。然后,又以大学职工为被试,根据实际工作的特点,确定他们社会权力的高低,由此进一步探讨被试的社会权力以及随和性对移情准确性的影响。显然,这种做法更有利于将研究结论推广到真实的生活中。

生态学理论下的实验设计

1979 年,美国心理学家布朗芬布伦纳(Urie Bronfenbrenner)提出人类发展的生态学理论,指出心理学研究应注重考察多层次的生态系统,人格心理学实验研究应关注人格的多个侧面及其与认知、生理等方面的联系,关注人格的多种影响因素,采用多因素实验研究设计,充分考虑动态的、真实的生活环境的影响。研究者既要看到作为被试的人自身的复杂性和生态性,充分考虑个体自身已有的认知、生理等因素的影响以及它们之间的相互影响,也要看到环境自身的系统性和复杂性,特别是环境自身的变化。在实验设计中,不仅应该注意多层次的环境的影响以及它们之间的相互影响,而且应该注意个体与环境之间关系的复杂性和动态性,更好地保证人格实验研究的生态效度。例如,有研究者(Guerra & Leidy, 2008)指出,在儿童攻击性研究方面,20 世纪 90 年代之前大多侧重探讨个别个体因素或环境因素对儿童攻击性的影响，进入 21 世纪之后，人们才开始形成更具综合性的理论，强调攻击性发展的多重影响因素及其综合影响。这也指导着研究者，在今后的人格心理学实验设计中，要更加注重综合影响，从多层面、多角度进行实验设计。

互联网背景下的实验研究

随着社会生活环境的变化，特别是计算机技术的发展，互联网的使用日益普遍，逐渐成为人们社会生活的一部分，基于互联网的人格研究也开始出现。例如，有研究者（Braddock, Dillard, Voigt, Stephenson, Sopory, & Anderson, 2011）通过互联网在线研究了冲动性在行为趋近系统（behavioral approach systems）、行为抑制系统（behavioral inhibition systems）与冒险行为之间的中介作用。同样，基于互联网的心理实验也应运而生。2000 年，伯恩鲍姆（Michael Birnbaum）出版了《互联网上的心理实验》（*Psychological Experiments on the Internet*）一书，强调了互联网在心理实验中的重要作用，总结了近年来基于互联网的实验研究，包括人格实验研究。在互联网日益普及的今天，这类实验设计也必然成为实验心理学的重要内容。

注重对积极人格的实验研究

从研究对象上看，随着积极心理学的兴起，实验取向的人格研究开始关注积极人格。例如，有关坚韧人格的研究表明，良好的人际关系可以降低促肾上腺皮质素释放激素（CRH）和蓝斑-去甲肾上腺素（LC-NE）系统的活动水平，从而有利于个体心理韧性的发展（Silk et al., 2007）。在道德人格的研究中，有研究者挑选出道德长期可及性高的人完成记忆任务，比如记住几句类似“教授给他的孩子上美德课”等模棱两可的话，在大量记忆之后给他们提供线索让其进行回忆，回忆线索包括特质线索（如道德）和语义线索（如教师）。结果发现，在给予特质线索时，那些道德长期可及性高的人比道德长期可及性低的人，能回忆出更多句子。后续研究也发现，道德长期可及性高的人在阅读完一些包含帮助情境和不帮助情境的故事后，对那些代表着在帮助情境下并未提供帮助的故事主人公的探测刺激反应更快（Navaez et al., 2006）。近些年，随着越来越多积极人格如创新人格、感恩人格(陈华，肖晗，2011；胡瑜，孙灯勇，2010)等的提出，积极人格越来越受到人们的关注，然而当前研究大多仍然以相关研究为主，后续可以进行更多实验研究对其加以验证，建立更精确的因果联系。

拓宽临床研究的应用领域

临床研究从一开始就非常关注人格的"失调""异常"等病理性方面，以往临床取向的人格研究多服务于精神病患者异常人格的心理治疗，这在很大程度上限制了临床取向人格研究的发展空间。近年来，临床取向人格研究的对象开始转向正常人群乃至超常人群，从而涌现出一批新的研究成果，扩展了临床取向人格研究的应用领域。例如，有研究者(Hisrich et al.，2007)详细讨论了创业者的人格特征，以及人格与创业之间的关系，其研究成果有利于提高创业者的成功率。王登峰等人(2008)考察了领导干部的人格特点与其工作绩效的关系，其研究有助于选拔优秀的领导干部以及提高工作绩效。

近几年，随着积极心理学的发展，积极人格理论的提出者认为，人格研究要致力于研究人的良好人格特质，以及影响人格形成的积极因素，特别是要研究个体积极的现实能力和潜在能力在其良好人格特质形成或发展中的作用(任俊，叶浩生，2005)，主张通过发展人的良好行为和社会的良好环境来达到建构个体积极人格的目的。近年来发表的人格研究综述中有关道德人格、感恩人格、坚韧人格等积极人格的研究增多(喻丰，等，2013；胡瑜，孙灯勇，2010；黎少游，向敏，2006)，均可以采用临床取向的人格研究对其进行深层次的探讨，挖掘积极人格形成的深层次原因，以便更好地指导积极人格的培养。有研究者访谈了23名公认的道德榜样，结果发现，他们拥有对其信念和行为的确定感；即使在逆境中，他们也能保持积极的态度；他们的道德目标与自我信念相联系(Colby & Damon，1992)。还有研究者(Kim，2011)对来自经济状况不良的白人家庭的8名学生进行半结构化访谈，结果发现，家长、教师和其他重要他人的支持，家长和教师对学业欠佳学生的看法，学生对所获支持的认知，以及学生的信仰等，是学生在校取得优异成绩的重要资源。

重视文化因素的影响

遗传和环境是影响人格形成与发展的两个方面，而环境因素中文化的影响十分重要，例如语言、经济状况、家庭结构、信仰和价值观等会通过家庭、学校、社会等一系列中间环节影响人格的形成与发展，因此临床取向的人格研究需要关注人格形成的文化因素。例如，已有中国学者根据中国文化的特点建立了中国人人格的七因素模型，并分析了中国和西方人格结构差异的原因。卢国华等人(2012)在前人研究的基础上编制了中国成年人坚韧人格问卷，增加了新的维度，促进了坚韧人格研究的本土化。研究者不再只简单修订西方的人格问卷并直接将其运用于临床诊断和教育咨询。另外，随着全球化进程的加快，不同文化之间相互作用，如何引领和预期健康的人格模式，避免诸如不可预期的“文化混血”的人格特征的影响，这也是未来人格研究的发展方向(马前锋，孔克勤，2007)。

三种研究取向的整合

长期以来，在心理学研究中，三种取向的研究常常被看作不同的研究模式，有其各自的优缺点，正因如此，将三种研究取向整合起来以实现优势互补越来越受到研究者的重视。概括地说，在人格心理学研究中，临床取向的人格研究可以从整体上深度探索现实个体的人格，但对资料的解释主观性太强；相关取向的人格研究可以对人格的个体差异进行多变量的关系考察，但过于依赖自我报告问卷的信效度；实验取向的人格研究通过操纵某些变量可以得出因果关系，但研究结论很难推广到现实生活中。因此，为了达到共同的人格研究的目标，提高人格研究的效度和信度，近年来，人格心理学家越来越自觉地走多种研究取向并用的道路，尽量把三种研究途径整合起来。例如，童永胜等人(2005)对精神分裂症患者人格异常的性别差异的研究就是不同研究取向相结合的代表。当然，临床取向与相关取向、实验取向的整合不是机械的，具体要依据人格研究主题的性质和研究的目的来确定哪几种取向相整合比较合适，哪一种取向占主导。

对三种研究取向的整合，通常是不同的心理学家针对同一个研究问题，从不同的研究取向进行多方面的研究。例如，A 型行为模式（type A behavior pattern）概念的发展，以及它与冠心病之间关系的研究，最初是由两个心脏病学家基于临床观察提出来的（Friedman & Rosenman, 1974），随后，其他研究者设计了一个问卷来测量与 A 型行为模式相关的特征的个体差异，在探索该领域的 20 年间，有学者开展实验研究，结果发现在 A 型行为上得分高的人往往能解决更多问题，在接近忍耐极限的水平上工作时较少感到疲倦（Glass & Carver, 1990），等等。一般情况下，在这三种取向的研究中，临床取向的研究通常是研究的最初阶段，研究者的临床观察可以引起进一步的结构化访谈测量，以及个体在相关人格特征模式上差异的问卷测量，通过这些测量手段获得的个体差异可以与实验室实验、其他问卷调查，以及现实生活中的表现进行对照研究。

然而，在多数人格研究中，临床观察多存在于研究的起始和前期准备阶段，很少正式写入研究报告中，相关取向和实验取向相结合的情况比较常见。例如，艾森克借助利用因素分析技术确定个体差异的问卷法，又结合考察实验情境中个体表现出的差异，发现内向的人相对来说对痛苦更为敏感，外向的人对奖励更为敏感（Wilson, 1978）。谢婷婷等人（2008）采用艾森克人格量表和沃森（Watson）的简式正性/负性问卷对 170 名被试施测，再从中选择 95 名被试让他们参与学习和记忆实验，以探寻情绪和记忆的关系。然而，20 世纪后期，随着否认和拒绝主流心理学研究方法的后现代主义的兴起，有研究者开始否定实验的外部效度，而主张采用诠释学、叙事学等方法代替传统的心理学研究方法，这实际也暗示临床取向的研究者正在重新寻回他们的地位，不免引发人们对心理学实验研究的反思。因此，在后续研究中，可以将实验研究和临床研究结合起来，将临床研究作为实验研究的补充，以检验实验研究结果的外部效度。

第一编

相关取向的人格研究

鉴于人格的性质，相关取向的研究方法在人格心理学领域占有重要位置。人格往往被认为是个体具有的相对稳定一致的品质，因而在实验设计中将其作为自变量来操作，实现起来有困难，这导致不能很好地确定变量之间（涉及人格变量）的因果关系。相关研究设计能探究变量之间的关联模式，在人格心理学领域有很大应用空间。相关研究的另一个优势是能够在短时间内高效地收集大量变量和数据，这一优势得以充分体现的前提是要有相应的统计分析方法，因而多变量的统计分析成为人格相关研究的重要组成部分。

在相关研究中，需要考虑样本抽取、变量测量和数据分析这三个重要问题。其中，样本抽取与研究结果的可推广性密切相关，变量测量是心理测量的核心内容，是保证信度和内部效度的基石，数据分析是在选定的样本中测量变量后进行假设检验和解释的重要环节。本编前三章内容涉及人格相关研究经常使用的数据分析方法——回归分析、结构方程建模和多水平分析，第五章则涉及人格评估的内容。人格评估方法是人格研究中数据收集的重要方法，它主要涉及人格研究的重要变量——人格特质。

本编前三章偏重数据分析，几乎没有专门针对研究设计进行讨论，而是倾向于从分析的视角来介绍研究内容。之所以这样选择，是因为数据分析与研究设计相匹配，数据分析也能反过来“推理”研究设计。此外，研究数据本身不会说话，只有通过恰当的分析技术，才能发现数据背后隐含的意义。分析技术不仅限定研究者从数据中所获答案的性质和范围，而且影响研究者提出问题的类型和阐述问题的方式。研究者感兴趣的问题和阐述问题的方式与他们熟悉或擅长的技术所能解决的问题密切相关。从这个逻辑来看,介绍数据分析方法是介绍研究方法的替代途径或必不可少的环节。

对于数据分析在相关研究中的价值,我们借用下列相关数据检验理论假设流程图加以说明。该流程图呈现了数据—分析—理论之间的相互关联:需要什么样的数据,理论有其先导作用,数据具有什么意义需要借助数据分析,数据隐含的意义与理论预期是否一致决定原有理论的先导地位能否保持。没有数据分析环节,再好的理论也只能停留在理论阶段,再好的数据也不能告诉你它的意义所在。

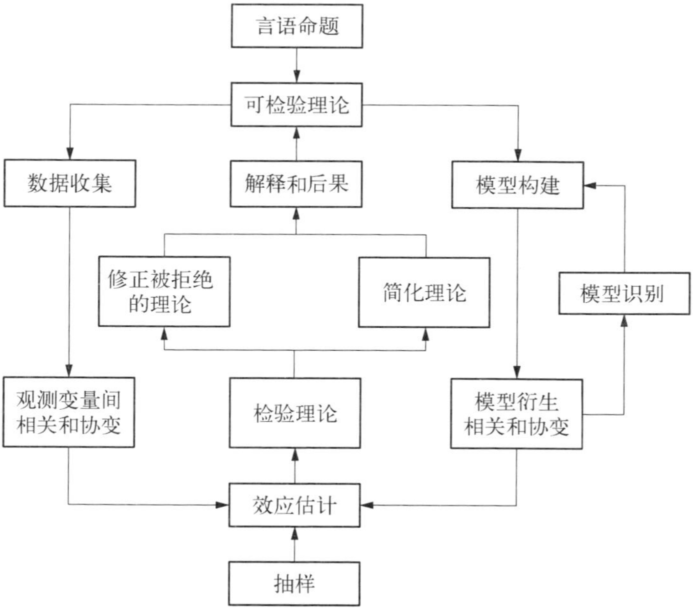

相关数据检验理论假设流程图

2　回归、中介与调节

数据分析是研究中的重要一环。一方面，研究者试图采用最佳的数据分析方法，并且使数据分析方法与研究设计相适应（不同研究设计得到的数据特点不同）；另一方面，数据分析的前提假设和对数据的要求是研究设计中需要考虑的问题（根据采用的数据分析方法对数据的要求调整研究设计）。研究设计和数据分析是统一的整体。本章主要介绍回归分析，这是一种功能强大的、灵活的、能适用于多种问题的统计分析方法。回归分析不仅可以描述一个或多个变量与另一个变量之间的同时性关系，而且可以根据一个或多个变量去预测另一个变量，用以检验理论假设。此外，回归分析还能解决方差分析所能解决的问题。

2.1　线性回归的原理和一元线性回归

2.1.1　回归分析与相关分析

科学研究的目的在于降低不确定性（将误差分解出来），寻找确定性（寻找确定的因素）。在探究目标变量（研究者关心的变量）前因后果的研究中，研究者常常采用分解的思路，包括原始分的分解和分数变异的分解，即分解为可知的、确定的、可预测的部分和不可知的、随机的误差部分。探讨科学研究中的因果问题不仅可以依靠谨慎周全的实验设计，而且可以借助包括统计在内的其他办法。

在统计分析实践中，研究者常常使用一些变量去预测另外一些变量。我们将自己关心的变量称为结果变量,将那些预测结果变量的因素称为预测变量。这种区分意味着可以根据预测变量对结果变量作出统计预测,并且这种预测具有一定的准确性;这种区分也与实验设计中自变量与因变量的区分一致。需要注意的是,由于统计方法本身并不能证明变量之间存在因果关系,而只是检验理论假设的因果关联程度有多强、因果路径走向如何,因此统计要与理论假设和研究设计配套使用。

在诸多统计方法中,回归分析是一种重要方法。根据回归分析所要揭示的变量之间是否具有线性关系,可以将回归分析分为线性回归和非线性回归两大类,即用变量之间线性或非线性的函数关系式来揭示和简化变量之间的关系。与其他统计方法思路类似,回归分析也可以针对同一组变量建构不同的理论模型,然后检验和比较不同模型对数据的拟合程度,以此作为选择最优模型的基础。在本章,我们主要讲述线性回归。

在统计分析中,回归与相关之间关联密切。它们的相似之处主要有两点:第一,相关分析和回归分析主要用于探究变量之间不确定的关系,如果用函数关系来描述则包含不确定的偏差成分。第二,相关分析和回归分析都能够确定变量之间关联的性质和强弱,例如变量之间是正相关还是负相关,是正向预测还是负向预测,相关程度有多高,预测力有多强。

它们的不同之处包括:第一,回归分析是以过去一个变量与其他变量的相互关系的观测为基础,在一定精确程度下,根据一个变量的观测值去预测另一个变量的值,即解释两个变量之间的功能依存性;而相关分析中两个变量的地位是平等的。第二,与相关分析相比,回归分析更适用于预测变量是一个非随机的、确定的变量,或者是一个固定分布的变量(比如将预测变量限定为几个固定的水平)这样的情况。第三,相关分析主要刻画两个变量之间线性相关的密切程度,而回归分析不仅可以揭示预测变量对结果变量的影响大小,而且可以通过回归方程加以预测和控制。

需要注意的是,回归分析假定的功能依存性在某种程度上意味着预测变量决定或部分决定结果变量,但是与相关分析一样,预测并不意味着因果关系。换句话说,回归分析在研究中所起的作用不是确认因果关系，而是确认结果变量与预测变量之间统计关系的性质和强弱。

2.1.2 回归分析与散点图

为了确定两个变量之间存在怎样的关系，可以将两个变量对应的成对数据分别作为横坐标和纵坐标绘制在一个二维空间内，这种坐标图称为散点图。散点图不仅可以用于描述相关关系，而且可以用于回归分析之前，判定变量之间是否满足线性关系。

根据散点图中数据点的分布情况，我们可以直观地看出变量之间的关系模式。如果散点图呈狭长的、具有一定倾斜角度的椭圆形分布，则说明相关程度高；如果散点图呈圆形分布，则说明相关程度低。如果散点图明显呈现出分段特性或者曲线模式，则说明变量之间可能并不是简单的线性关系或曲线关系。如果散点图提示变量之间具有线性的关联趋势，则适合使用线性回归分析。

以人际问题与人际关系总体质量之间的关系为例：在一个 98 人的样本中，这两个变量的关系如图 2－1 所示。可以看出，分布的散点并不是呈狭长的椭圆，而是向右上方倾斜，这说明人际问题与人际关系总体质量具有正向的相互关系。在散点图中有一条贯穿散点的直线，如果这

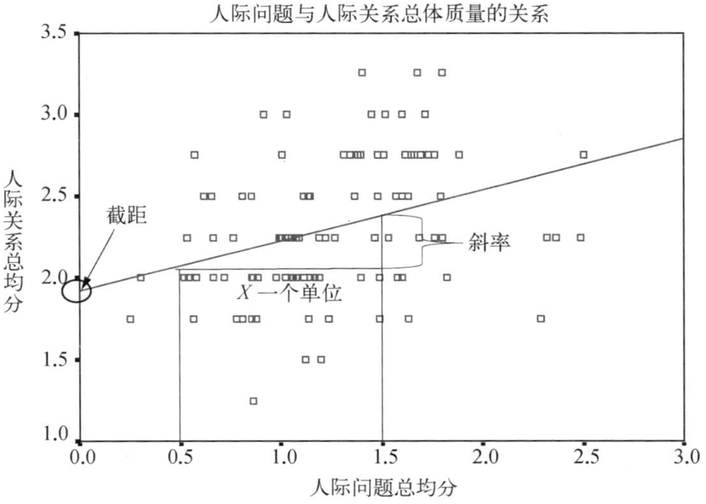

图 2－1　配有拟合线的散点图

条直线能很好地代表散点图的分布趋势，则是最优拟合线，或者称之为回归线。回归分析的过程就是寻找回归线的统计过程。

2.1.3 一元线性回归的原理

一元线性回归的数学模型和假设

线性回归的目的就是建立一个线性回归方程来概括预测变量对结果变量的作用模式，并且检验各个预测变量的预测力和整体方程的预测力。如果预测变量只有一个，那么属于一元线性回归分析。

在图 2-1 中，实际的点与最优拟合线有不同程度的偏差，这些偏差是预测变量不能解释的，是由一些随机因素的影响导致的。或者说，对预测变量的每个确定值而言，结果变量有多个可能的数值与之对应，从而形成一个分布（见图 2-2）。因此，结果变量的观测值可以分解为两部分，一部分是预测变量能确定的，另一部分是随机误差。一元线性回归的数学模型可以表述为：

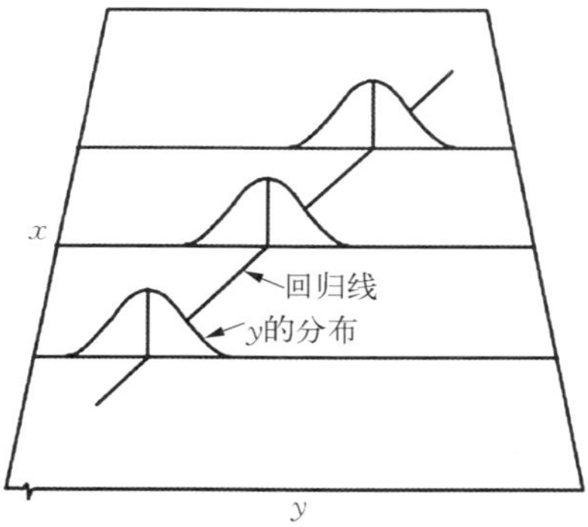

图 2-2　回归线和预测值 x 对应的 y 的分布

$$y_i = \beta_0 + \beta_1 x_i + \varepsilon_i \qquad i = 1,\ 2,\ 3,\ \cdots,\ n$$

其中 y 为结果变量，x 为预测变量。$\beta_0 + \beta_1 x$ 是由预测变量 x 的变化引起结果变量 y 线性变化的部分，而 ε 是由其他一些随机因素引起变化的部分。β_0 和 β_1 是未知参数，称为回归系数，ε 是随机误差。对每组观测值而言，通常假定所有随机误差部分均是满足期望值为 0，标准差为 σ 的正态分布：

$$\varepsilon \sim N(0,\ \sigma^2)$$

继而可以推导出，对每个特定的 x 而言，y 的分布满足期望值为 $\beta_0 + \beta_1 x$，标准差为 σ 的正态分布：

$$y \sim N(\beta_0 + \beta_1 x,\ \sigma^2)$$

对所有组的观测值而言，假定各组的随机误差相互独立。

对一元线性回归数学模型的两边分别求期望值，并用 $\hat{y}_i$ 表示结果变量的期望值，则有 $\hat{y}_i = \beta_0 + \beta_1 x_i$，即为一元线性回归方程。在有限样本的情况下，$\beta_0$ 和 β_1 不能被真实地计算出来，而是要根据有限的 n 组观测值来估计参数 β_0 和 β_1，即得到 $\hat{y} = \hat{\beta}_0 + \hat{\beta}_1 x$，这个方程成为 y 在 x 上的一元线性经验回归方程。

要保证参数估计的稳健性，需要满足一些基本的假定：

第一，误差 $\varepsilon_1, \varepsilon_2, \cdots, \varepsilon_n$ 具有相同的分布，$\varepsilon_i \sim N(0, \sigma^2)$，$i = 1, 2, 3, \cdots, n$；

第二，误差项是相互独立的随机变量，$\mathrm{cov}(\varepsilon_i, \varepsilon_j) = 0$，$i \neq j$；

第三，作为预测变量的 x 虽然既可以是随机变量，也可以是非随机变量，但是与实验设计中的自变量对应，要求 $x_i(i = 1, 2, 3, \cdots, n)$ 是确定变量，是可以精确测量和控制的，没有测量误差；

第四，$y_1, y_2, \cdots, y_n$ 是相互独立的随机变量，一个观测不受其他观测的影响。

回归方程参数的估计

每个样本提供一对观测值 (x_i, y_i)，其中结果变量 y_i 与它的期望值 $E(y_i)$ 或 $\hat{y}_i$ 之差为：$y_i - E(y_i) = y_i - (\beta_0 + \beta_1 x_i)$。

在可选择的参数估计方法中，回归分析常常采用最小二乘法（最小平方和法），使得上述差值 $[y_i - E(y_i)]$ 的平方在不同 x 取值条件下的累加值最小，以此为条件来估计回归系数。

差值平方的函数为：$Q(\beta_0, \beta_1) = \sum_{i=1}^{n} (y_i - \beta_0 - \beta_1 x_i)^2 = \sum_{i=1}^{n} e_i^2$

最小二乘法就是将 $\hat{\beta}_0$ 和 $\hat{\beta}_1$ 估计值代入上述方程使得 Q 值最小，

$$Q = \sum_{i=1}^{n} [y_i - (\hat{\beta}_0 + \hat{\beta}_1 x_i)]^2 = \min_{\beta_0, \beta_1 i} \sum_{i=1}^{n} [y_i - (\beta_0 + \beta_1 x_i)]^2$$

如果 $\hat{\beta}_0$ 和 $\hat{\beta}_1$ 满足上述条件，他们就是 β_0 和 β_1 的最小二乘估计值，根据这两个估计的参数确定的回归线就是最优拟合线，它与实际观测值确定的散点在垂直方向上偏离的平方和是所有可能的直线中偏离的平方和最小的一条，被认为是最能代表散点分布趋势的一条直线。

根据微积分中求极小值的原理，我们可以得到：

$$\hat{\beta}_1 = L_{xy}/L_{xx}，\hat{\beta}_0 = \bar{y} - \hat{\beta}_1\bar{x}$$

其中，$\bar{x} = \frac{1}{n}\sum_{i=1}^{n}x_i$，$\bar{y} = \frac{1}{n}\sum_{i=1}^{n}y_i$，$L_{xy} = \sum_{i=1}^{n}(x_i - \bar{x})(y_i - \bar{y})$，$L_{xx} = \sum_{i=1}^{n}(x_i - \bar{x})^2$。

要使参数估计值更加稳定，需要保证一定的样本量，而且尽量确保预测变量的全距大些。

参数的意义、标准化回归系数与测定系数

一元线性回归方程需要估计两个参数，其中 β_0 在坐标中称为截距，是指当 x 取值为零时 y 的期望值，即回归线与纵轴的交叉点对应的纵轴的数值。但是，很多时候 x 的取值范围不包括零，此时截距并没有什么特别的意义。β_1 回归系数的意义是预测值 x 在其测量尺度上变化一个单位导致结果变量 y 在其测量尺度上变化的量，在坐标轴中称为斜率。

由于预测变量和结果变量的测量尺度并不一定相等，而且 x 取值为零并不一定可取，因而有时为了更好地理解回归系数或斜率的意义，需要对数据尺度进行转化，常用的方法是转化为标准回归系数。对一元线性回归来说，标准化回归系数就是两个变量的相关系数。

标准化回归系数的计算公式：$\hat{\beta}_1^* = \hat{\beta}_1 \frac{\sigma_x}{\sigma_y}$。

上述估计的截距和斜率两个参数只对我们确定回归线有用，但是不能直接用于理解预测变量对结果变量的预测程度。从上述最小二乘法估计回归方程参数的推演过程中可以得知，结果变量的总平方和等于回归平方和加上误差平方和。因此，误差平方和越小，预测变量对结果变量预测的误差越小，预测的程度就越大；回归平方和越大，预测的程度就越大。回归平方和在总平方和中所占的比例为测定系数。在一元线性回归方程中，测定系数等于两个变量相关系数的平方。测定系数越大，表明预测变量能解释的变异越大，对结果变量的预测程度越大。

回归方程和回归系数的检验

斜率、标准化回归系数，以及预测变量解释的变异是否具有统计学的显著意义，或者通过预测变量来预测结果变量是否可靠？为此，还需要对回归方程进行检验和评价。

对于一元线性回归，可以通过方差分析的思路来检验回归系数是否显著，即通过平方和及自由度计算均方差，然后用回归均方差(MS_R)除以误差均方差(MS_E)。通过 F 检验看回归均方差是否显著高于误差均方差，如果显著则表明总变异中预测变量解释的变异是显著的，说明预测变量与结果变量之间的线性关系是显著的。我们也可以通过检验标准化回归系数显著与否来达到评价的目的，如果显著，则表明建立的回归方程在统计学上是有显著意义的。由于我们是根据有限次的观测值估计回归系数，因而存在估计误差，可以根据估计的斜率和误差来计算斜率真值所在的置信区间。如果置信区间不包括零，则说明在一定置信水平上，斜率不可能等于零。置信区间越窄，就越有可能排除虚无假设，统计效力就越大；置信区间越宽，排除来自虚无假设确定的值(常常是零)的可能性就越小，统计效力也越小。

根据变量类型确定不同的回归分析

前面介绍的是预测变量和结果变量都是连续变量的一元线性回归。根据预测变量和结果变量不同测量水平的组合，还有其他的线性回归类型：预测变量是类别变量，结果变量是连续变量的线性回归。面对这种情况，要考察预测变量对于结果变量的效应，我们可以对类别变量进行编码，生成一个或多个新的变量，然后进行线性回归分析。其中，一种编码方式是虚拟编码，将类别变量编码为虚拟变量，虚拟变量的取值为 0 或 1。如果预测变量的原始测量具有 k 个类别，则可以建立 k 个虚拟变量，在某个类别上有反应，则该虚拟变量取值为 1，否则，取值为 0。不过，通过该规则得到的 k 个虚拟变量是有冗余的，我们可以通过 $k-1$ 个类别确定最后一个的编码。因此，必须取消一个虚拟变量，它对应的类别称为参照类别。如果预测变量有三个以上类别，转化为虚拟变量后，则有两个以上预测变量，可以进行多元线性回归，详见下一节介绍。

在社会和行为研究中，类别变量经常出现，当预测变量是连续变量，结果变量是类别变量时，线性回归不是最优的统计程序，可以采用 Logistic 回归分析。根据结果变量类别的数量，分为二分变量的回归分析和多类别的回归分析。

2.1.4 使用 SPSS 进行一元线性回归实例演示

以图 2-1 散点对应的数据为例，我们感兴趣的问题是：在大学生中，人际问题是否能预测个体的人际关系质量。我们假设，人际问题严重的个体的人际关系质量更差。为检验这个假设，我们将人际问题变量(得分越高表示人际问题越严重)作为预测变量，将人际关系质量(得分越高表示人际关系质量越差)作为结果变量，进行一元线性回归分析，使用 SPSS 进行数据分析，过程如下：

检验数据是否满足回归分析所需条件。首先，通过标准化残差直方图(见图 2-3a)和标准化残差正态概率散点图(见图 2-3b)检测数据，误差项接近正态分布的特征。

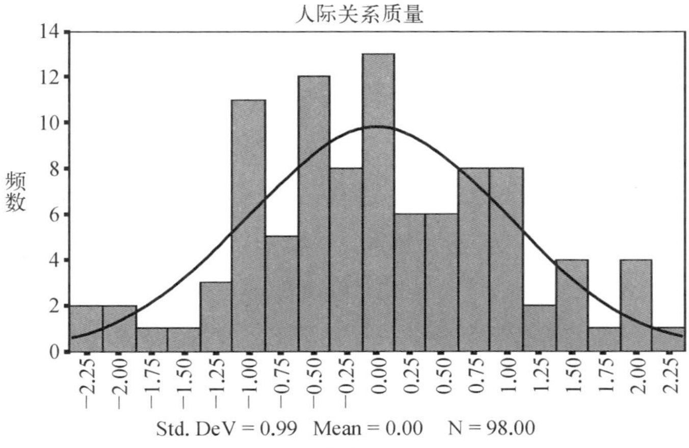

a 标准化残差直方图

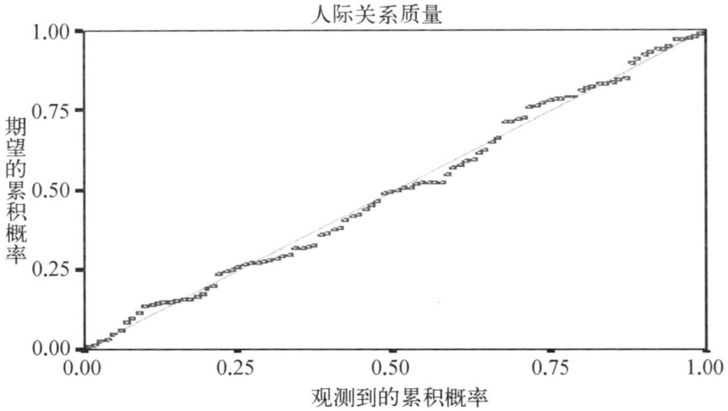

b 标准化残差正态概率散点图

图 2-3 标准化残差直方图(a)和正态概率散点图(b)

然后，考察图 2-1 的散点图，可以看到两个变量呈现一定的线性关系，没有明显的分段和曲线。同时，标准化残差和标准化预测值散点图（见图 2-4）显示，散点在纵轴为零的上下长方形内随机分布，这表明两个变量之间存在线性关系。横轴上各点对应的纵轴上的分布较为接近，这个结果支持方差齐性。对异常值的检验则需要参照异常标准，如果以 3 倍标准差为标准，则没有出现极端数据，不需要作极端值处理。

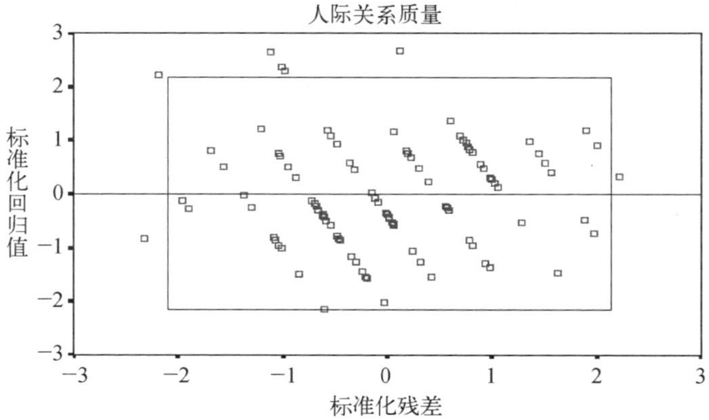

图 2-4 标准化残差和标准化预测值散点图

可以通过德宾和沃森(Durbin & Watson, 1951)提出的统计量 DW 来检验误差之间的独立假设。DW 取值在 0～4 之间,当误差项独立时,DW=2;如果误差项正相关越大,则 DW 越接近 4;如果误差项负相关越大,则 DW 越接近 0。本例中,DW=2.27,比较接近 2,表明数据满足误差项独立的假定。

以上检验结果表明,数据较好地满足回归分析的假设。回归分析结果呈现在表 2-1 中。

表 2-1　回归分析结果

	$\hat{\beta}$	SE	$\hat{\beta}^*$	t	p	R^2	F	p
截距	1.91	0.12		16.31	0.000	0.12	12.86	0.001
人际问题	0.31	0.09	0.34	3.59	0.001	(0.11)		

注:在心理学文献中斜率估计值常用 B 表示,而标准化估计值用 β 表示。在实际的结果呈现中,并不需要上述所有信息,有些信息是重复的。

回归系数的检验结果表明,人际问题对人际关系质量有显著的预测作用;测定系数的检验结果表明,引入人际问题对预测人际关系质量误差的降低有显著作用,降低 12 个百分点。

通过表 2-1,我们可以建立人际问题与人际关系质量的回归方程:人际关系质量=1.91+0.31×人际问题。

2.2　多元线性回归

2.2.1　多元线性回归与三种相关

多元线性回归是一元线性回归的拓展,是包含两个或两个以上的预测变量(自变量)的回归分析,即在多维空间内对多个预测变量与一个结果变量的预测关系加以描述。和一元线性回归分析一样,根据预测变量和结果变量的数据类型,多元线性回归也有各种变式,最常见的当属预测变量和结果变量为连续变量的线性回归分析。相对一元线性回归,多元线性回归的复杂性表现在多个预测变量之间的关系上。如果多个预测变量在假设的因果序列中处于平行位置，那么复杂性体现为预测变量之间的相关；如果多个预测变量在因果序列中有先后位置，那么复杂性体现为某个预测变量通过另一个预测变量继而对结果变量发挥作用，这是中介问题，我们在下一节详细介绍；如果多个预测变量并不是独立发挥作用，或者说一个预测变量在另一个预测变量的不同水平上对结果变量有不同的效应，就是调节效应，我们将在第四节介绍；如果中介或调节效应受到其他变量的影响，则更为复杂，我们将在第五节介绍。

进行回归分析之前，我们可以检验所有变量之间的相关关系。由于多维空间比二维空间更难直观显示，因而绘制多维散点图在实践中往往较少遇到。可以先建立变量之间的相关矩阵来判断变量之间的相关关系，这里需要区分三种相关的概念和操作：零级相关（zero-order correlation）、偏相关（partial correlation）、部分相关（part correlation，也称为半偏相关 semi-partial correlation）。零级相关是指多个变量之间的两两相关，不牵涉其他变量，而偏相关和部分相关是在控制其他变量的前提下考察两个变量之间的关系。在多元回归中则是在控制和排除其他预测变量的条件下，考察某个预测变量对结果变量的效应。这种通过统计控制的方法也称为排除或残留，不同于通过实验方法进行的控制。

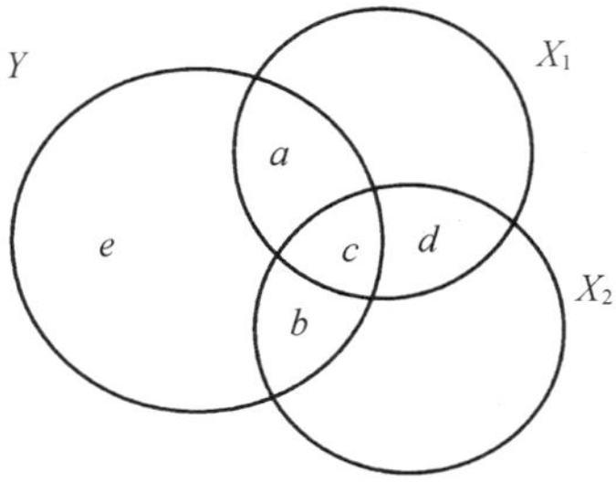

图 2-5 变异分解法演示三种相关

偏相关是指排除其他预测变量（比如 X_2，控制变量）与关注的预测变量（比如 X_1）和结果变量（比如 Y）所共有的变异（b、c、d）后预测变量与结果变量的相关，也就是排除预测变量与结果变量与其他预测变量的共同变异之后残留的预测变量（a，与 Y 无关的未考虑）与残留的结果变量（$a+e$）之间的相关（见图 2-5）。

部分相关是指结果变量（Y）与排除其他预测变量（X_2）和关注的预测变量（X_1）的共同变异（$c+d$）残留的预测变量之间的相关。其中，结果变量没有排除原始的变量（$a+b+c+e$），只有预测变量是残留的变量。当排除关注的预测变量与其他预测变量的共同变异后，残留的预测变量与结果变量之间的相关就是部分相关。

部分相关系数的平方是结果变量与目标预测变量特有的共同变异在结果变量变异中所占的比例。这个比例在多元线性回归中代表了每个变量的独特贡献。由于每个部分相关系数的平方均代表相应的预测变量的独特贡献，因此回归方程的总解释力减去所有部分相关系数平方的累加就是多个预测变量同时与结果变量共有的变异量。

在图 2－5 中，结果变量 Y 的变异由 a、b、c、e 四部分组成；结果变量与预测变量 X_1 共有的变异是 a 和 c，与预测变量 X_2 共有的变异是 b 和 c；结果变量与两个预测变量同时共有的变异是 c；两个预测变量共有的变异是 c 和 d。

三个变量之间的零级相关可以表述为：

$$r^2_{YX_1}=a+c,\ r^2_{YX_2}=b+c,\ r^2_{X_1X_2}=c+d$$

结果变量 Y 的变异中由同时纳入两个预测变量的方程解释的变异为$(a+b+c)$；而方程未能解释的变异为 e。

方程能解释的总变异比例为：

$$R^2_{YX_1X_2}=(a+b+c)/(a+b+c+e)$$

预测变量 X_1 与结果变量 Y 的部分相关系数平方为：

$$R^2_{Y(X_1\cdot X_2)}=a/(a+b+c+e)$$

预测变量 X_2 与结果变量 Y 的部分相关系数平方为：

$$R^2_{Y(X_2\cdot X_1)}=b/(a+b+c+e)$$

从上面两个公式可以看出，分母是相同的。

预测变量 X_1 与结果变量 Y 的偏相关系数平方为：

$$R^2_{YX_1\cdot X_2}=a/(a+e)$$

预测变量 X_2 与结果变量 Y 的偏相关系数平方为：

$$R^2_{YX_2\cdot X_1}=b/(b+e)$$

通过上述公式可以得知，偏相关系数平方大于或等于部分相关系数平方，因为$(c+d)$部分是大于或等于 0 的。

2.2.2 多元线性回归的原理

多元线性回归的数学模型

假设我们得到 p 个预测变量来预测结果变量 y，那么该多元线性回归方程最简单的数学模型的一般形式是：

$$y_i=\beta_0+\beta_1x_{i1}+\beta_2x_{i2}+\cdots+\beta_jx_{ij}+\cdots+\beta_px_{ip}+\varepsilon_i$$
$$i=1,\ 2,\ 3,\ \cdots,\ n$$

在上述数学模型中有 $p+1$ 个未知参数，称之为回归系数。和一元线性回归一样，结果变量的观测值可分解为两部分：一部分是回归方程所能解释的部分，另一部分是误差。习惯上将 β_0 称为回归截距，而将 $\beta_1,\ \beta_2,\ \cdots,\ \beta_p$ 称为回归系数。由于同时考虑多个预测变量对结果变量的作用，因此多元回归分析中的回归系数也叫偏回归系数或回归权重(regression weight)。

假设多个预测变量是可以精确测量并可控制的一般变量，误差部分是满足期望值为 0 的随机正态分布：$\varepsilon\sim N(0,\ \sigma^2)$。

若有 n 组观测值，则有以下方程组：

$$\begin{cases}y_1=\beta_0+\beta_1x_{11}+\beta_2x_{12}+\cdots+\beta_jx_{1j}+\cdots+\beta_px_{1p}+\varepsilon_1\\ y_2=\beta_0+\beta_1x_{21}+\beta_2x_{22}+\cdots+\beta_jx_{2j}+\cdots+\beta_px_{2p}+\varepsilon_2\\ \vdots\\ y_n=\beta_0+\beta_1x_{n1}+\beta_2x_{n2}+\cdots+\beta_jx_{nj}+\cdots+\beta_px_{np}+\varepsilon_n\end{cases}$$

将上述方程组中各部分写成矩阵的形式：

$$y=\begin{pmatrix}y_1\\ y_2\\ \vdots\\ y_n\end{pmatrix}\quad X=\begin{pmatrix}1 & x_{11} & x_{12} & \cdots & x_{1p}\\ 1 & x_{21} & x_{22} & \cdots & x_{2p}\\ \cdots & \cdots & \cdots & \cdots & \cdots\\ 1 & x_{n1} & x_{n2} & \cdots & x_{np}\end{pmatrix}\quad \beta=\begin{pmatrix}\beta_1\\ \beta_2\\ \vdots\\ \beta_p\end{pmatrix}\quad \varepsilon=\begin{pmatrix}\varepsilon_1\\ \varepsilon_2\\ \vdots\\ \varepsilon_n\end{pmatrix}$$

则有 $y = X\beta + \varepsilon$

多元线性回归数学模型的基本假定

多元线性回归数学模型的基本假定有以下三个方面：

第一，p 个预测变量是确定的变量，而不是随机变量，或者说预测变量没有测量误差；要求矩阵 X 中预测变量的各列之间不存在冗余或多重共线性问题；要求样本容量 n 大于预测变量的个数 p；矩阵 X 的秩为 $p+1$，即为满秩矩阵，是可逆矩阵；相比于一元线性回归数学模型，这里对多个预测变量之间的关系有要求。

第二，与一元线性回归数学模型相同，假定所有随机误差项均服从期望值为 0，标准差为 σ 的正态分布。

第三，所有误差项之间是相互独立的，误差与误差的相关为 0。

多元线性回归的参数估计：普通最小二乘法

对上式两边求期望值 $\hat{y} = X\hat{\beta}$；与一元线性回归一样，可以采用普通最小二乘法(ordinal least square estimation，OLSE)对参数进行估计，即使得根据估计参数确定的一个多维超平面与实际的散点在结果变量所属坐标轴上距离的平方和最小。这样的回归分析也称为普通最小二乘回归(OLS 回归)。

使得以下距离平方和函数最小的解就是最优参数估计结果：

$$Q = \sum_{i=1}^{n}(y_i - \hat{y}_i)^2 = \sum_{i=1}^{n} e_i^2 = e'e = (y - X\hat{\beta})'(y - X\hat{\beta})$$

根据微积分原理，两边分别求导并限定为 0，结果得到：

$$\frac{\partial Q}{\partial \hat{\beta}} = \frac{\partial}{\partial \hat{\beta}}(y - X\hat{\beta})'(y - X\hat{\beta}) = 0$$

整理之后得到：

$$X'X\hat{\beta} = X'y$$

当 $(X'X)$ 可逆时，得到 $\hat{\beta} = (X'X)^{-1}X'y$，即参数的普通最小二乘估计结果。

当回归模型中只有两个预测变量时，两个预测变量的偏回归系数估计值分别为：

预测变量 1 的斜率：$\hat{\beta}_1=(L_{x_1y}L_{x_2x_2}-L_{x_2y}L_{x_1x_2})/(L_{x_1x_1}L_{x_2x_2}-L^2_{x_1x_2})$

预测变量 2 的斜率：$\hat{\beta}_2=(L_{x_2y}L_{x_1x_1}-L_{x_1y}L_{x_1x_2})/(L_{x_1x_1}L_{x_2x_2}-L^2_{x_1x_2})$

回归方程的截距：$\hat{\beta}_0=\bar{y}-\hat{\beta}_1\bar{x}_1-\hat{\beta}_2\bar{x}_2$

非线性关系变量转化后进行 OLS 回归

以上方程假定预测变量与结果变量之间呈线性关系，但是在某些问题中可能遇到一些非线性的情况，比如研究面积知觉时，知觉结果可能受到知觉图形边长平方的影响，因为在理论上面积等于边长的平方。一般来说，在回归方程中，可以纳入某些预测变量的函数转化后的新预测变量，比如开方转化、对数转化、乘积转化、倒数转化等诸多形式的转化，转化后可以进行 OLS 回归。当然，这种转化后的变量可能面临解释困难等问题。

多元线性回归的统计推断

对方程预测有效性的整体检验。一元线性回归中有测定系数，它等于相关系数的平方，多元线性回归中同样有测定系数。与一元回归中的测定系数相对应，多元回归中称为多元测定系数，它等于复相关系数的平方。其中，复相关系数是指结果变量的观测值与根据预测变量预测的结果变量值之间所能达到的最高的相关值。OLS 回归不仅能保证残差平方和最小，而且能保证复相关系数最大。复相关系数的平方代表回归方程中所有预测变量所能解释的变异的比例(总平方和等于回归平方和加上误差平方和：$SS_T=SS_R+SS_E$。各部分对应的自由度为 $n-1$，p，$n-p-1$)。

多元测定系数：$R^2=\dfrac{SS_R}{SS_T}=\dfrac{\sum(\hat{y}-\bar{y})^2}{\sum(y-\bar{y})^2}$

对多元测定系数的显著性检验可以通过 F 检验进行，以误差均方差为分母，以回归均方差为分子，计算出 F 值后根据相应临界值以判断是否显著。如果得到显著结果，则表明建立的回归方程在预测结果变量中能起到减少误差的显著效果。至于这个效果有多大，可以参照科恩(Cohen)对于效应量大小的经验标准，即将 0.02、0.13 和 0.26 分别作为小、中、大效应量的一个参考。

检验完整体方程的预测显著性之后，接着检验每个预测变量对结果变量的预测贡献力，以检验哪些预测变量对结果变量的预测更有效，或者检验在原有的 $p-1$ 个预测变量的基础上增加第 p 个预测变量是否有必要。前面介绍了三种相关的概念，在多元线性回归中，在其他预测变量保持恒定的条件下，单个预测变量对结果变量的预测力可以通过偏回归系数加以确定，或者通过单个预测变量对结果变量的变异解释力来判断。复相关系数平方是所有预测变量对结果变量的方差解释率；预测变量与结果变量的部分相关系数平方是该预测变量与其他所有预测变量不重合部分对结果变量的变异解释率；预测变量与结果变量的偏相关系数平方是该预测变量与其他所有预测变量不重合部分对其他所有预测变量不能解释的结果变量的变异解释率；可以参照偏相关系数来理解偏回归系数，即在其他预测变量保持恒定的前提下，目标预测变量变化一个单位时结果变量上的变化量。

在多元线性回归中，部分相关系数平方、偏相关系数平方和偏回归系数都能描述某个预测变量的独特贡献，能反映预测变量与结果变量的条件关系，即排除其他所有变量的影响或在其他所有变量保持恒定的条件下，某预测变量与结果变量之间的特有关系。

以上原理是针对从没有预测变量到增加一定数量的预测变量的情况，可以推广到原来有 $p-q$ 个预测变量的回归增加到有 p 个预测变量的回归的情况。新增的 q 个变量额外的解释率等于含有 p 个变量的回归方程的复相关系数平方减去原来含有 $p-q$ 个预测变量的回归方程的复相关系数平方，或者等于在控制原有 $p-q$ 个预测变量的条件下 q 个新变量与结果变量的复部分相关系数平方。

从变异分解的角度来看，偏回归系数显著性的检验可以通过检验每个预测变量独特解释的方差相对于误差方差是否有显著差异来进行。

在一个有 p 个预测变量的线性回归方程中，任意一个预测变量偏回归系数的检验是在其他 $p-1$ 个预测变量回归方程基础上进行的。不管哪个方程，都是总平方和分解为回归平方和与误差平方和，因而减少的误差平方和就等于增加的回归平方和，除以自由度的变化（等于新增的预测变量的个数，这里为 1）就等于减少的均方差，F 检验时的误差均方差是增加预测变量后新方程对应的误差均方差。偏回归系数的检验能为我们提供有关某个预测变量在其他预测变量基础上能否显著增强对结果变量的预测的信息（检验是否为 0），偏测定系数可以提供有关某个预测变量所能提供的独特的信息量。某个预测变量的偏测定系数是该变量与结果变量部分相关系数的平方。

2.2.3 预测变量进入方程的方法

在多元线性回归中，因为有多个预测变量，所以存在回归模型的选择问题：变量进入回归方程有无顺序可言？最后的回归方程应选择哪些预测变量？

多个预测变量若是分批次进入回归方程，则称为分层多元回归（hierarchical multiple regression），每一批次称为一个区组（block）。与一般多元线性回归相比，分层多元回归是在控制一组预测变量的基础上考察另一组预测变量与结果变量的关系。从理论上来说，有 p 个预测变量的分层回归最多可设置 p 个组。实践中常见的操作是设置两个区组：一个区组为控制变量，既可以是一些人口统计学变量，也可以是一些可能会对结果变量产生影响的变量；另一个区组为研究者真正感兴趣的预测变量。很多时候，研究者虽然在回归方程中纳入一些控制变量以排除对其他预测变量效应的干扰，但是不管显著与否都不会对这些控制变量的预测效应加以解释。也就是说，只关注在控制变量基础上引入研究者关心的预测变量的额外预测力。在效应分析的时候，一般不关注控制变量对于结果变量效应的变化，只关注预测变量的效应是否保持稳定。

在分层多元回归中，变量进入方程的顺序依照理论或实证需求。我们介绍了常见的两区组的分层，若涉及更多区组的分层，则分组和进入顺序的一般原则是：将那些在概念上有关联的预测变量放在同一区组，比如“大五”人格特质；将那些在理论或概念上有先后关系的变量按照顺序依次引入方程；可以将那些在理论和实践上更为重要的变量先引入方程，也可以将其后引入方程，以确定这些预测变量相比之前的“无关紧要”的变量是否能提供更多更直接的信息。

上述介绍不涉及回归方程对预测变量的选择问题。考虑到多个预测变量对预测结果变量提供的信息量不同，或者说具有不同的权重和显著性，因此有时为了使模型简洁或提高平均预测效率而删除那些提供很少信息的预测变量，只选择那些能提供大量关键信息的预测变量建构回归方程，这样的回归方程称为最优回归方程。选择变量的标准和程序有以下五种：

（1）全部进入法（enter）。所有预测变量均进入方程进行回归分析。

（2）向前选择法（forward selection）。这是一种数据驱动的探索性的变量选择法，从没有变量开始，每次增加一个变量进入回归方程并检验以确定是否保留该变量，直至检验完所有变量。与结果变量相关最高（绝对值）的预测变量首先进入方程，对那些满足条件的变量予以保留，然后选择与结果变量具有最高偏相关的变量进入方程，重新决定方程中变量的去留，直至检验完所有变量。

（3）向后剔除法（backward elimination）。和向前选择法的过程相反，所有预测变量全部进入方程，然后依照设定的标准从最小偏相关的预测变量开始逐一剔除，直至方程中的所有变量均满足设定的要求。

（4）逐步回归法（stepwise）。这是向前选择法和向后剔除法的结合。和向前选择法一样先选择第一个变量进入方程，如果达到进入标准则继续，反之则结束；然后根据剔除标准检验是否需要剔除变量；如此逐一检验直到没有变量达到进入方程的标准或需要剔除的标准。

（5）全部删除法（remove）。这是一种强制删除变量的方法。首先采用全部进入法将所有预测变量纳入方程进行回归分析；然后在接下来的区组中选择一个或多个想要删除的变量。

以上五种变量选择方法的结果并不一定相同。在应用中，要根据理论和实际需求加以选择。预测变量较少时,一般采用全部进入法;如果预测变量较多,一种做法是先进行两变量的相关分析等数据分析,然后选择有显著相关的预测变量以全部进入法进入回归方程;另一种做法是用逐步回归法选择变量。在分层多元回归中,可以设定每一层变量的选择方法。例如,第一个区组采用全部进入法,第二个区组采用逐步回归法,这样最终得到的方程则包括第一个区组中的所有变量和第二个区组中达到要求的变量。

2.2.4 多元线性回归分析的注意事项

极端值问题

极端值的出现有两种可能:受到无关因素的明显影响,比如未能准确理解指导语、作答时不合作、数据记录出错等;反映真实存在的极端个例的情况或者被试来自明显异质的群体。通过前面介绍的回归参数的估计方法可知,极端值的出现会影响参数估计结果的稳健性和可推广性。因此,不管是哪种可能导致极端值的出现,使用普通最小二乘估计法的多元线性回归都需要适当处理这些极端数据。

需要确定标准并依据该标准检测出极端数据。其中,一种简单的方法是根据平均数和标准差来筛选,比如将正负 3 倍标准差以外的数据作为极端值。发现极端值之后该如何处理呢?是忽略它们还是删除它们?建议如实报告极端值检测标准和处理过程,然后报告删除极端值后的分析结果,同时备注说明没有处理极端值时的结果,以让读者自己判断和选择适当的模型。

多重共线性问题

预测变量之间的多重共线性问题也叫冗余度。当有冗余时,矩阵 X 就不是满秩矩阵,继而会影响参数估计结果。影响体现在:回归系数估计会有更大的估计误差,估计变得不稳定,回归系数估计不可靠;回归系数不能反映预测变量的独立作用,会相互削弱各自对结果变量的预测作用;影响预测的效果。此外,多重共线性的存在使得多元线性回归中的标准化回归系数与零级相关、偏相关和部分相关不一定相同。

我们可以通过以下方法来判断多个预测变量之间存在多重共线性的程度：

(1) 多元测定系数大，预测变量与结果变量的零级相关高，但自变量的回归系数均不显著；多元测定系数大，但每一个预测变量的偏决定系数很小。

(2) 两个预测变量之间具有高相关；多个预测变量的相关矩阵中有较大的相关系数；有多个预测变量时，某个预测变量能够被其他预测变量线性表示。

(3) 去除某个预测变量后的回归方程的多元测定系数变化很小；有些自变量的回归系数的正负情况与定性分析结果相违背。

(4) 条件指数法。条件指数越大表明多重共线性越严重。

(5) 方差膨胀因子。每个预测变量的方差膨胀因子等于 1 减去该变量与其他预测变量复相关系数平方(容忍度)的倒数，相当于用其他预测变量来预测某个预测变量的多元回归方程中未能解释的变异比率的倒数。当方差膨胀因子大于或等于 10 时，表明预测变量之间具有严重的多重共线性；当所有预测变量的平均方差膨胀因子远大于 1 时，表明预测变量之间存在严重多重共线性。

检测到严重多重共线性后的处理方法：

(1) 去掉那些与结果变量相关较小，而与其他预测变量相关较大的变量；

(2) 去掉方差膨胀因子最大的预测变量；

(3) 重新操作预测变量，比如采用加和的方法将高相关的预测变量合并，或者采用主成分分析等方法简化数据；

(4) 增加样本规模。

样本量

多元线性回归分析的样本量要求。样本量大小会影响参数估计的稳定性，一般要求样本量和预测变量个数的比值最小为 5，以达到预测变量个数的 15 倍为宜。

多元测定系数的校正问题

多元测定系数真值估计的无偏性受到多元线性回归中预测变量个

数的影响,因而需要校正。变量越多,对多元测定系数的估计进行校正后变化就越明显。校正公式如下:

$$PRE = 1 - (1 - R^2)\frac{n-1}{n-p-1}$$,其中 p 为预测变量个数。

校正后的多元测定系数比校正前的要小。

2.2.5 使用 SPSS 进行多元线性回归分析演示

预测变量均为连续变量的例子

我们想通过几种类型的人际问题来预测大学生的人际关系质量。先简单描述预测变量,选择三类人际问题:冷漠疏离,社交回避,被动不自信。三个预测变量与结果变量之间的零级相关矩阵以及基本描述见表 2-2。

表 2-2 相关矩阵和变量描述

	冷漠疏离	社交回避	被动不自信	*M*	*SD*	*Sk*	*Ku*
冷漠疏离				1.09	0.65	0.46	−0.68
社交回避	0.80			1.13	0.68	0.49	−0.69
被动不自信	0.54	0.76		1.46	0.65	0.18	−0.49
人际关系质量	0.53	0.54	0.38	2.31	0.43	0.19	−0.48

注:*M* 是均值,*SD* 是标准差,*Sk* 是偏态量,*Ku* 是峰态量。

多元线性回归分析的前期检查:变量均为连续型数据;样本量检查,98 个被试,4 个变量,样本量与变量比例为 24.5,达到要求;从单变量的分布检验结果来看,变量均没有明显的偏态或峰态情况,一个经验标准在正负 1 范围内是可以接受的;相关矩阵表明,结果变量与预测变量具有显著相关;极端值检验结果表明,没有超过 3 倍标准差的数据。

此外,和一元线性回归一样,通过标准化残差直方图和标准化残差正态概率散点图进行检测,误差项接近正态分布的特征;标准化残差和标准化预测值的散点图显示,散点在纵轴为零的上下长方形内随机分布,这表明两个变量之间存在线性关系。横轴上各点对应的纵轴分布较为接近,这个结果支持方差齐性。误差独立的假设检验的统计量 DW 值为 2.15,接近 2,表明数据满足误差项独立的假定。

上述检验表明,适合采用多元线性回归分析数据。采用全部进入法,三个预测变量同时进入回归方程,多元回归分析结果见表 2-3。整个方程的显著性检验结果表明,方程对预测人际关系质量是有效的,能够减少 32%的误差;对偏回归系数的检验表明,被动不自信对人际关系质量的独特预测效果不显著,系数甚至变成负数,社交回避类的人际问题具有显著预测作用,冷漠疏离类的人际问题的预测作用边缘显著。参考表 2-2 中提供的相关大小,发现偏回归系数明显变小,这提示三个预测变量对结果变量的预测效果有相当部分的重叠,从而有必要检查预测变量之间可能存在的多重共线性:从相关来看,冷漠疏离与社交回避有较大相关,社交回避与被动不自信有较大相关;三个预测变量的方差膨胀因子最高为 4.79,提示并没有严重的共线性问题。这也说明,多个预测变量之间,以及预测变量与结果变量的关系模式会影响参数估计,共线性并不是要达到严重程度才会对结果产生影响。

根据上述结果建立多元线性回归方程:

$$\text{人际关系质量} = 1.90 + 0.17 \times \text{冷漠疏离} + 0.23 \times \text{社交回避} - 0.03 \times \text{被动不自信}$$

表 2-3　多元回归分析结果

	$\hat{\beta}$	SE	$\hat{\beta}^*$	t	p	R^2	F	p
截距	1.90	0.09		20.25	0.000			
冷漠疏离	0.17	0.09	0.26	1.81	0.074	0.32 (0.30)	14.96	0.001
社交回避	0.23	0.12	0.37	2.01	0.047			
被动不自信	−0.03	0.09	−0.04	−0.34	0.738			

注:测定系数列中,括号内的值是校正后的测定系数(1−0.68×97/94=0.30)。回归平方和为 5.73,自由度为 3,误差平方和为 12.00,自由度为 94,总平方和为 17.73,自由度为 97。误差降低比率=5.73/17.73=32.32%,等于表中未校正的多元测定系数。上述呈现的是估计的参数,而估计存在一定误差,因而有人建议报告置信区间,比如冷漠疏离的偏回归系数 95%的置信区间为[−0.02, 0.35]。

一个预测变量是含有多个类别的类别变量的回归

在多元线性回归中,如果预测变量中包含一个或多个类别变量,那么需要将类别变量重新编码成新变量。编码方式除了虚拟编码之外，还可以采用对照编码等编码方式。当我们想要与某个设定的参照组进行对比时，虚拟编码就很合适；对照编码则可以实现任意的假设检验。

假如我们关心不同家庭完整情况的个体人际关系质量的差别，家庭完整情况包括完整家庭、父亲抚养的单亲家庭和母亲抚养的单亲家庭。虚拟编码方式如表 2-4 所示。将这个预测变量转化为两个新变量，用这两个新变量来预测结果变量。表中的编码可用于检验完整家庭与参照组的差异，单亲家庭（父亲）与参照组的差异。

表 2-4　虚拟编码示例

类　别	虚拟编码变量 D_1	虚拟编码变量 D_2
完整家庭	1	0
单亲家庭（父亲）	0	1
单亲家庭（母亲）[a]	0	0

注：a 表示参照组。

对照编码方式如表 2-5 所示。表中编码可用于检验完整家庭与单亲家庭的差异，以及两种类型的单亲家庭之间的差异。

表 2-5　对照编码示例

类　别	对照编码变量 C_1	对照编码变量 C_2
完整家庭	2	0
单亲家庭（父亲）	−1	1
单亲家庭（母亲）[a]	−1	−1

注：对照编码所有新变量正交（乘积加和为零），每个新变量内加和为零。

2.3　回归与中介问题

2.3.1　中介的概念和中介模型的建构

变量之间的因果关系有些并不是直接的，而是通过其他变量产生关联。其中，部分变量在这个关系中起到中间桥梁作用，即在因果链中起到中介作用。我们称这些变量为中介变量，它们在自变量和因变量之间发挥中介作用。

中介作用也称为间接效应、中间效应。中介的假设和模型在社会科学研究中经常出现。中介聚焦于处理效应的作用机制，即某个变量对其他变量的效应是如何发生的。下面以最简单的中介模型为例介绍相关概念。模型包括一个初始预测变量 X，一个中介变量 Me，以及一个结果变量 Y。

在不考虑中介变量的条件下，我们关心预测变量对结果变量的预测效应，图 2－6 是回归模型的图示形式。

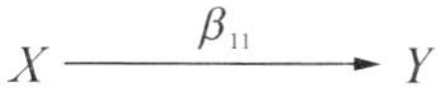

图 2－6 初始预测变量对结果变量的预测模型图

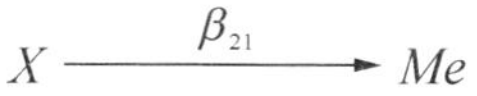

图 2－7 初始预测变量对中介变量的预测模型图

初始预测变量对中介变量 Me 的预测模型见图 2－7。

初始预测变量对结果变量的效应可能通过中介变量 Me 实现，并且直接效应可能依然存在，这种条件下的回归模型如图 2－8 所示。

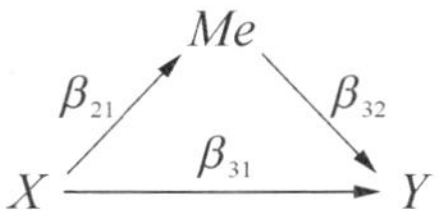

图 2－8 包括中介变量的因果模型图（三幅图中误差部分均没有显示）

在上述回归方程图中，β_{11} 是指 X 对 Y 的总效应，X 对 Y 的效应中通过中介变量 Me 发挥作用的部分（间接效应）为 $\beta_{11}-\beta_{31}=\beta_{21}\times\beta_{32}$，直接效应为 β_{31}。依照巴伦和肯尼（Baron & Kenny, 1986）定义的中介（过程），当同时满足以下四个条件时，我们就可以说中介作用是存在的。

第一，初始预测变量对结果变量的总效应 β_{11} 是显著的；

第二，初始预测变量对中介变量的预测效应 β_{21} 是显著的；

第三，控制初始预测变量后，中介变量对结果变量的预测效应 β_{32} 是显著的；

第四，考虑中介变量后，初始预测变量对结果变量的残留直接效应 β_{31} 小于总效应 β_{11}。

值得注意的是，中介作用模型是一个因果模型，我们假定初始预测变量导致中介变量发生变化，中介变量导致结果变量发生变化。如果这个假定不成立，那么中介作用分析的结果毫无价值可言。也就是说，先有一个因果作用过程的假设，然后才借助中介作用分析来揭示和检验这个机制是否存在。而且，第一个条件的设置可以将不一致的中介情况排除，即间接效应和残留的直接效应方向不同的情况。上述四个条件涉及的各种效应可以在多元线性回归中得到估计。

2.3.2 通过多元线性回归检验中介效应

可以运用分层多元回归检验理论假设的中介效应，然后根据回归分析获得的信息检验中介效应是否显著。我们用回归方程形式分别表示图 2-6、图 2-7 和图 2-8。

$$Y = \beta_{10} + \beta_{11} X + \varepsilon_1$$
$$Me = \beta_{20} + \beta_{21} X + \varepsilon_2$$
$$Y = \beta_{30} + \beta_{31} X + \beta_{32} Me + \varepsilon_3$$

使用普通最小二乘法分别估计上述三个方程中的参数，能得到各个参数估计的标准误。根据这些估计结果计算中介效应 $\beta_{11} - \beta_{31}$ 或 $\beta_{21} \times \beta_{32}$。用普通最小二乘法来估计显变量的回归方程中的参数，差值项和乘积项是相等的。接着，可以通过一定方法判断 Me 在 X 和 Y 之间是否存在中介作用。除了报告中介效应的大小，还可以报告中介效应的百分比，即 X 对 Y 的间接效应在 X 对 Y 的总效应中所占的比例，该指标作为中介作用的相对指标。肯尼等人给出了一个经验标准，如果要判定存在完全中介效应，那么中介的比例至少应该达到 80%。

2.3.3 中介效应显著性检验

检验中介效应是否显著有三类共十四种方法。三类检验方法涉及的概念基础、虚无假设和估计方法存在一定差异。

第一类，因果梯级程序。该程序通过一系列回归方程中各个效应的变化情况来确定是否存在中介效应，是完全中介还是部分中介。该类别含有三种检验方法变式。

第二类，系数差异法。检验初始预测变量对结果变量的总效应与加入中介变量后预测变量对结果变量的直接效应的差值（$\beta_{11}-\beta_{31}$）是否显著。该类别具体有四种方法。

第三类，系数乘积法。检验初始预测变量对中介变量的效应与控制初始预测变量后中介变量对结果变量的效应的乘积（$\beta_{21}\times\beta_{32}$，亦即间接效应）是否显著。该类别具体有七种方法。十四种方法具体见表2-6。

表2-6 中介效应检验程序和方法

检验方法	检验对象	显著性检验
第一类：因果梯级程序		
程序一（Judd & Kenny, 1981）	无	根据各个回归系数以及估计的标准误检验回归系数的显著性。步骤为：第一，总效应显著；第二，在同时纳入中介变量和初始预测变量的回归方程中，中介变量的偏回归系数显著；第三，初始预测变量对中介变量的效应显著；第四，纳入中介变量后，初始预测变量的偏回归系数不显著。
程序二（Baron & Kenny, 1986）	无	与程序一相比有细微变化。步骤为：第一，总效应显著；第二，在同时纳入中介变量和初始预测变量的回归方程中，中介变量的偏回归系数显著；第三，初始预测变量对中介变量的效应显著。相比于程序一，程序二认为可以接受部分中介，因为在现实中单个中介变量要完全中介两个变量之间的关系很困难。
程序三（同时显著）	无	与上述两种程序相比，无须考虑总效应。步骤为：第一，在同时纳入中介变量和初始预测变量的回归方程中，中介变量的偏回归系数显著；第二，初始预测变量对中介变量的效应显著。
第二类：系数差异法		
方法一	总效应—直接效应（$\beta_{11}-\beta_{31}$）	$t_{(df=n-2)}=\dfrac{\beta_{11}-\beta_{31}}{\sqrt{\sigma_{11}^2+\sigma_{31}^2-2\sigma_{11}\sigma_{31}\sqrt{1-r_{XMe}^2}}}$

续 表

检验方法	检验对象	显著性检验
方法二	总效应一直接效应 ($\beta_{11}-\beta_{31}$)	$t_{(df=n-2)}=\frac{\beta_{11}-\beta_{31}}{\sqrt{\sigma_{11}^2+\sigma_{31}^2-2COV_{\beta_{11}\beta_{31}}}}$，其中 COV 是两个偏回归系数的协方差，等于同时纳入中介变量和初始预测变量的多元回归方程的误差均方差除以样本量和初始预测变量的方差的乘积。
方法三	总效应一直接效应 ($\beta_{11}-\beta_{31}$)	$t_{(df=n-3)}=\frac{\beta_{11}-\beta_{31}}{\lvert r_{XMe}\sigma_{31}\rvert}$
方法四	零级相关一偏相关	$Z=\frac{r_{XY}-r_{XY\cdot Me}}{\sigma_{Olkin\&Finn}}$
第三类：系数乘积法		
Sobel Z 检验法	乘积 ($\beta_{21}\times\beta_{32}$)	$Z=\frac{\beta_{21}\times\beta_{32}}{\sqrt{\beta_{21}^2\sigma_{32}^2+\beta_{32}^2\sigma_{21}^2}}$
Aroian Z 检验法	乘积 ($\beta_{21}\times\beta_{32}$)	$Z=\frac{\beta_{21}\times\beta_{32}}{\sqrt{\beta_{21}^2\sigma_{32}^2+\beta_{32}^2\sigma_{21}^2+\sigma_{21}^2\sigma_{32}^2}}$
Goodman Z 检验法	乘积 ($\beta_{21}\times\beta_{32}$)	$Z=\frac{\beta_{21}\times\beta_{32}}{\sqrt{\beta_{21}^2\sigma_{32}^2+\beta_{32}^2\sigma_{21}^2-\sigma_{21}^2\sigma_{32}^2}}$
MacKinnon 乘积分布检验法	乘积 ($Z_{\beta_{21}}\times Z_{\beta_{32}}$)	$p=Z_{\beta_{21}}\times Z_{\beta_{32}}$
MacKinnon Z 检验法	乘积 ($\beta_{21}\times\beta_{32}$)	$Z'=\frac{\beta_{21}\times\beta_{32}}{\sqrt{\beta_{21}^2\sigma_{32}^2+\beta_{32}^2\sigma_{21}^2}}$ 与 Sobel Z 法不同的是，参照的分布不同
MacKinnon & Lockwood 的乘积非对称分布	乘积 ($\beta_{21}\times\beta_{32}$)	$\beta_{21}\times\beta_{32}\pm CL\sqrt{\beta_{21}^2\sigma_{32}^2+\beta_{32}^2\sigma_{21}^2}$
Bobko & Rieck 的相关乘积检验法	乘积 $\left[\frac{r_{XMe}(r_{MeY}-r_{XY}r_{XMe})}{1-r_{XMe}^2}\right]$	$Z=\frac{r_{XMe}(r_{MeY}-r_{XY}r_{XMe})}{1-r_{XMe}^2}\Big/\sigma_{Bobko\&Rieck}$

注：以上检验方法中部分数值无法直接得到，具体获取方法请参照相关文献。

在实际应用中，选择检验方法时需要了解各种方法的操作和统计特点。从计算便利性来看，因果梯级程序最简单，应用也较多；第三类检验方法中的 Sobel Z 检验被较多推荐使用。从统计错误和统计效力两方面来看，有模拟研究显示十四种方法在犯Ⅰ型统计错误和Ⅱ型统计错误

(统计效力)、中介效应估计及其标准误估计上各有不同。这类研究可以为我们选择检验方法提供一定参考。

在所有中介效应的点估计方法中,除了 $Z_{\beta_{21}} \times Z_{\beta_{32}}$ 有一定偏差之外,其他方法几乎没有偏差,而且随着样本量和中介效应的增加,这种偏差会越来越小。这表明,从中介效应估计准确性这个标准来说,系数乘积法和系数差异法是相当的。

从中介效应估计的标准误,即与区间估计有关的信息来看,使用差异法得到中介效应,并得到相应的标准误估计,这类方法得到的结果总体上是准确的,但其中部分方法会出现方差估计为负数的情况,导致标准误不能确定,出现这种情况意味着标准误估计出现严重问题。而回归系数乘积法度量的中介效应的标准误估计与真实标准误非常接近,这意味着系数差异法的标准误估计总体上是准确的。

因果梯级程序中三种程序的Ⅰ型错误和统计效力的比较显示,相比于其他两种程序,同时显著法的Ⅰ型错误率更低,在相同样本量和相同检验效应量条件下有更高的统计效力。与其他方法相比,系数差异法中的四种方法在相同条件下具有最低的Ⅰ型错误率和统计效力。系数乘积法中的七种方法的Ⅰ型错误率一般在5%以下,并且具有一定的统计效力。总的来说,MacKinnon 乘积分布检验法和 MacKinnon Z 检验法,以及系数差异法中的方法一和方法三是最好的方法,它们犯Ⅰ型错误的比率最低,并具有最高的统计效力。但是,由于系数差异法中的方法一和方法三基于预测变量和中介变量的效应是固定的这一条件,因此只有当两条间接路径上的系数满足一定条件时它们犯Ⅰ型错误的比率才会低;相应地,MacKinnon 乘积分布检验法和 MacKinnon Z 检验法在其他条件下犯Ⅰ型错误的比率更低。也就是说,不同方法在不同条件下有不同性能,比如在两条间接路径效应是否为零,效应量大小不同的条件下,不同方法犯Ⅰ型错误的比率不同。

根据Ⅰ型错误和统计效力重新将十四种方法分为三大类,因果梯级程序中前两种程序具有较低的Ⅰ型错误率和统计效力;当两条间接路径的效应均不为零时,系数差异法中的方法一和方法三,系数乘积法中的

MacKinnon 乘积分布检验法和 MacKinnon Z 检验法的统计效力最高，I 型错误率最低，当然这四种方法还可以排序。剩下的八种方法则一般具有较低的统计效力和过低的 I 型错误率。结合不同场合需要检验的假设，若检验两条间接路径乘积是否为零，系数乘积法中的 MacKinnon 乘积分布检验法和 MacKinnon Z 检验法可作为首选；若检验两条间接路径是否有为零的情况，因果梯级程序中的第三种方法和系数乘积法中的第六种方法为首选。

统计显著性的检验和因果推断并不一致，也就是说统计上显著的中介效应有可能并不能支持变量之间因果关系的存在。这种统计假设检验只能证明假设模型设定的因果过程是否与数据一致。若要进行更可靠的因果推断，则需要相应的研究设计并满足一定的假设。

2.3.4 被试内设计的中介问题

前面介绍的中介效应分析往往在被试间设计中使用，即一个预测变量 X，一个中介变量 M，一个结果变量 Y 的情况，分析预测变量的不同水平是否通过引发中介变量 M 的不同水平，继而导致结果变量 Y 的变化。在被试内设计中，研究者操作某个变量，然后测量多个结果变量，并假设操作的变量通过影响某个变量继而对第三个变量产生影响。这便是被试内设计的中介问题。

被试内设计的中介问题也可以通过分层线性回归解决。这里介绍普通最小二乘回归的解决方法，主要基于以下三个方面的考虑：第一，对那些熟悉方差分析和普通最小二乘回归的人来说这种方法是有帮助的；第二，多水平建模或分层线性回归往往需要较大样本量，相对来说被试内设计的样本量往往很小；第三，模型参数估计方法和中介效应检验方法是相对独立的。

原理

我们以最简单的两个水平的自变量为例，测量的结果变量 Y_1 为自变量第一个水平上的结果，Y_2 为自变量第二水平上的结果，与此同时还分别测量每个水平的变量 X_1 和 X_2。对于 X 变量在操作变量的不同水平上的差异，可以建立一个数学方程来表示和检验：

$$X_{1i}=\lambda_{10}+\varepsilon_{1i}$$
$$X_{2i}=\lambda_{20}+\varepsilon_{2i}$$

通过上述方程，可以推导出每个个体在不同实验条件下的差异为：

$$X_{Di}=X_{2i}-X_{1i}=(\lambda_{20}-\lambda_{10})+(\varepsilon_{2i}-\varepsilon_{1i})$$

不同条件下差值的均值为：

$$\mu_{X_D}=\mu_{X_2}-\mu_{X_1}=\lambda_{20}-\lambda_{10}$$

假设关注的结果变量 Y 是 X 的函数，即在每种条件下，Y 的取值可通过相同条件下 X 的值来预测，每种条件下的回归方程如下：

$$Y_{1i}=\delta_{10}+\delta_{11}X_{1i}+\varepsilon_{1i}$$
$$Y_{2i}=\delta_{20}+\delta_{21}X_{2i}+\varepsilon_{2i}$$

我们可以为上述两个方程分别绘制回归线，图 2－9 将两条回归线置于同一坐标系内。两条回归线的关系取决于方程的参数。如果斜率相等，那么两条回归线平行。图中 Q_1 和 Q_2 两个点是指某个被试在两种处理条件下的观测值，恰好都在回归线上。这两个点不仅在纵轴上可能存在差异，在横轴上也可能存在差异。Y 上显示的处理效应与 X 上的差异有关联，换句话说，某个单元在不同处理条件下所得的 Y 的差异，可能部分归因于不同处理条件下 X 的差异。

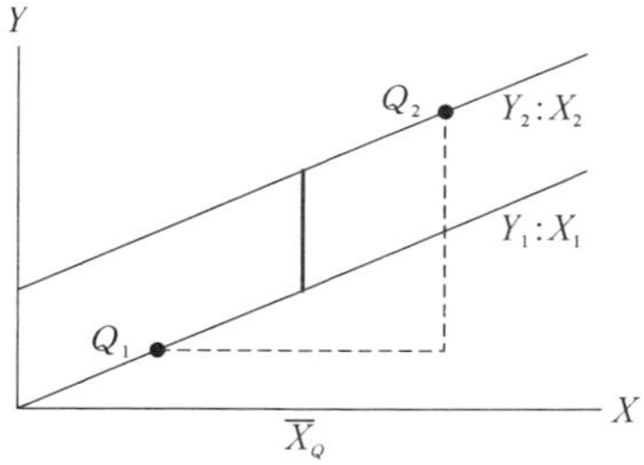

图 2－9 不同处理条件下 Y 在 X 上的回归斜率相等的情况

任一单元（被试）在 Y 上的差异值为：

$$Y_{Di}=Y_{2i}-Y_{1i}=(\delta_{20}-\delta_{10})+\delta_{21}X_{2i}-\delta_{11}X_{1i}+(\varepsilon_{2i}-\varepsilon_{1i})$$

如果两条回归线的斜率相等，那么上式可变为：

$$Y_{Di}=Y_{2i}-Y_{1i}=(\delta_{20}-\delta_{10})+\delta_{11}(X_{2i}-X_{1i})+(\varepsilon_{2i}-\varepsilon_{1i})$$

总的处理效应由两部分组成：两条回归线在纵轴上的差异和由 X

的差异导致的 Y 的差异。在图 2－9 中，Q_1 和 Q_2 在 Y 上的差异由两条回归线在纵轴上的差异和斜率乘以两点在横轴上 X 的差异两部分组成。其中，第一部分相当于校正不同处理条件下可能的 X 上的差异后 Y 上的差异，第二部分则是由 X 被试内差异导致的 Y 上的差异。

在有多个被试的情况下，有些被试在 X 上可能存在被试内差异，有些则可能不存在，那么 Y 上的差异能否可靠地归因于 X 上的差异取决于所有被试在 X 上的被试内差异的模式。或者说，对所有被试来说，在不同处理条件下 Y 的差异的两个组成部分中，第一个部分是相同的，第二个部分可能有不同的方向，如图 2－10 中所示的 P 和 Q 两个被试的情况，在 X 上的差异方向相反。也有这种可能，即不同被试未校正 X 差异之前 Y 上的差异与校正后的差异的正负方向相同，继而使得校正后的差异的均值（下图中垂直于横轴的黑体实线所示）低于未校正的处理效应，则表明 X 的被试内差别对 Y 的被试内差别的贡献是存在的（如图 2－11 所示）。

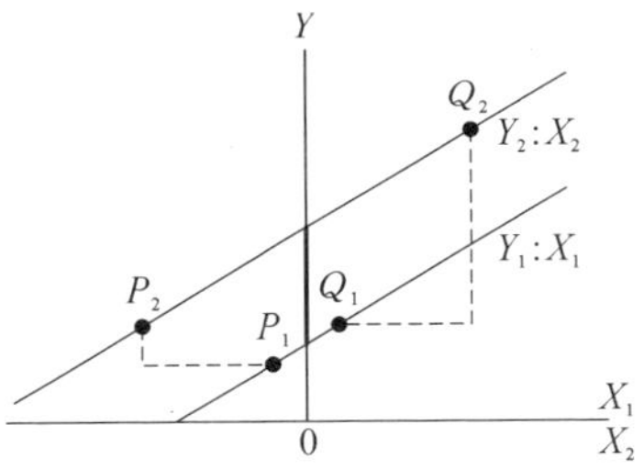

图 2－10　不同被试的处理效应方向相反

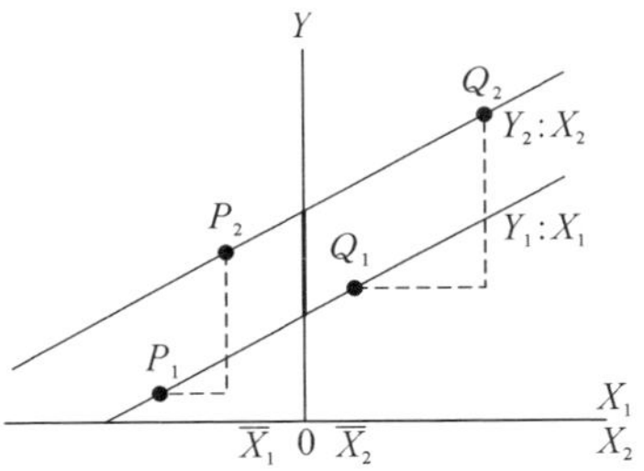

图 2－11　不同被试的处理效应方向相同

图 2－11 所示的情况提示存在被试内中介，被试内中介应该满足以下三个条件：

第一，操作变量对 X 和 Y 均存在处理效应；

第二，变量 X 和 Y 在操作变量的每个条件上均有关系；

第三，对 X 和 Y 的处理效应的方向相同。

理论上存在这样一种可能，即操作变量对 X 和 Y 的处理效应的方向相反，从而导致校正 X 后对 Y 的处理效应均值会高于校正前的处理效应值。这种情况称为不一致的中介，即间接效应或中介效应与直接效应的方向相反。尽管存在不一致的中介，但相比于常见的一致的中介情况，不一致的中介更加少见。

上面介绍了 Y 和 X 的关系在不同条件下均等的情况，当两条回归线不平行时，情况就更复杂一些。在 Y 上的被试内差异的公式可转化为：

$$
\begin{aligned}
Y_{Di} &= Y_{2i} - Y_{1i} \\
&= (\delta_{20} - \delta_{10}) + \frac{\delta_{21} - \delta_{11}}{2} X_{Si} + \frac{\delta_{11} + \delta_{21}}{2} X_{Di} + (\varepsilon_{2i} - \varepsilon_{1i})
\end{aligned}
$$

其中，X_{Si} 表示某个被试跨处理条件之和，即 $X_{2i} + X_{1i}$；X_{Di} 表示跨处理条件之差，即 $X_{2i} - X_{1i}$。这个公式显示，除去误差部分，Y 的被试内的差异可分解为三部分：

第一部分，不受被试在 X 上的值的影响，所有被试均相同。

第二部分，随着被试在不同处理条件下 X 的值之和的变化而变化，并且两个斜率之差越大，该部分的贡献就越大，这一部分反映了调节效应。

第三部分，此部分相当于平行条件下的第二部分效应，随着被试在不同处理条件下 X 之差的变化而变化，当两条回归线的斜率之和很大，并且跨处理条件的 X 之差很大时，该部分就会有更大的数值。当 X 在不同条件下的差异很大，并且与 Y 在不同条件下的差异的方向相同，加之 X 与 Y 有较高相关时，可以认为 Y 的被试内效应部分归因于对 X 的处理效应。所有被试均如此，则意味着可能存在中介效应。

估计

前面介绍了每种处理条件下均有相应的潜在中介变量测量的回归模型，接下来则介绍回归模型中的参数估计。

第一，对以下两个方程进行估计，即检验实验处理对结果变量和中介变量是否存在处理效应。参照被试间中介的界定，这两个效应要均显著，才有必要进行下一步的检验。

$$Y_{Di} = Y_{2i} - Y_{1i} = (\alpha_{20} - \alpha_{10}) + (\varepsilon_{2i} - \varepsilon_{1i})$$

$$X_{Di} = X_{2i} - X_{1i} = (\lambda_{20} - \lambda_{10}) + (\varepsilon_{2i} - \varepsilon_{1i})$$

第二，对以下含有中介变量的方程进行估计，把 Y 上的差异在两个预测因子上回归,即 X 的跨处理条件之和以及与 Y 差异方向相同的跨处理条件的 X 之差这两个衍生变量。

$$Y_{Di}=Y_{2i}-Y_{1i}=(\delta_{20}-\delta_{10})+\delta_{21}X_{2i}-\delta_{11}X_{1i}+(\varepsilon_{2i}-\varepsilon_{1i})$$

等价于:$Y_{Di}=Y_{2i}-Y_{1i}=(\delta_{20}-\delta_{10})+\frac{\delta_{21}-\delta_{11}}{2}X_{Si}+\frac{\delta_{11}+\delta_{21}}{2}X_{Di}+(\varepsilon_{2i}-\varepsilon_{1i})$

简化为:$Y_{Di}=d_0+d_1X_{Si}+d_2X_{Di}+\varepsilon_{Y_{Di}}$(简化方程)

对简化回归方程的理解:处理条件对 Y 的处理效应可分解为四个部分:不受中介和调节的效应、调节效应、中介效应和误差效应。该方程中回归系数的估计可确定是否存在中介。在 X_{Si} 中心化条件下,若 d_0 不显著,并且对 X 和 Y 的处理效应存在,则提示存在完全中介。简化方程中回归系数 d_2 用于估计 Y 的被试差异在多大程度上由 X 的被试内差异导致,如果该系数显著,并且对 X 的处理效应存在,则意味着中介效应存在,在 X_{Si} 中心化条件下,若 d_0 显著,则提示存在部分中介。

2.3.5 实例演示

被试间中介示例

在前面提到的人际问题与人际关系质量数据的基础上,时隔 4～6 周,进行第二次测量。回归显示第一次测量的人际问题对人际关系质量具有正向预测作用,我们感兴趣的问题是以往的人际问题是直接对当前的人际关系质量产生影响,还是通过对当前人际问题的影响,继而对当前的人际关系质量产生影响。

表 2-7 相关矩阵和变量描述

	T1IP	T2IP	T1IR	*M*	*SD*	*Sk*	*Ku*
T1 人际问题				1.25	0.47	0.39	0.16
T2 人际问题	0.75			1.26	0.52	0.32	0.53
T1 人际关系质量	0.34	0.37		2.31	0.43	0.19	−0.48
T2 人际关系质量	0.30	0.37	0.73	2.30	0.46	0.17	−0.04

中介效应分析过程如表 2 - 8 所示。

表 2 - 8 中介效应分析过程

步 骤	回归方程	回归系数检验
第一步，X 对 Y 的预测	$Y = 1.933 + 0.291X$	$SE = 0.095$，$t = 3.06$
第二步，X 对 Me 的预测	$Me = 0.209 + 0.837X$	$SE = 0.076$，$t = 11.08$
第三步，X 和 Me 对 Y 的预测	$Y = 1.87 + 0.052X$	$SE = 0.141$，$t = 0.37$
	$+ 0.285Me$	$SE = 0.126$，$t = 2.26$

注：上述回归系数检验不包括对截距的检验。为保证效应分解的精确性，部分数值保留三位小数。

根据中介的界定和因果梯级程序，该演示中第二次测量的人际问题完全中介第一次测量的人际问题对第二次测量的人际关系质量的效应。接着考察效应分解情况：直接效应为 0.052，间接效应为 $0.837 \times 0.285 = 0.239$，两者加和为 0.291（即总效应），等于第一步中 X 对 Y 的回归方程中得到的结果。如果是部分中介，则可以计算中介的比例，即间接效应在总效应中所占的比例，这里为 82%。采用 Sobel Z 方法对中介效应的显著性进行检验，得到 $Z = 2.21$，$p < 0.05$，中介效应显著。

被试内中介示例

以重复测量设计为例说明被试内中介效应。我们感兴趣的问题是：如果两次测量的人际关系质量发生变化，那么这种变化是不是由两次测量的人际问题的变化导致的？也就是，人际问题的变化是否中介了时间因素对人际关系质量的影响？四个变量之间的相关如表 2 - 7 所示，结果显示两次测量的人际关系质量与人际问题的相关差异不显著，可知两次测量的回归方程是平行的。

由于第一步显示，时间对结果变量和可能的中介变量均没有显著效应，因此随后的分析没有必要。假定第一步所得结果均显著，第二步若是发现截距检验不显著，则提示存在完全中介作用；如果截距检验显著，并且 X_D 项的回归系数显著，则提示存在部分中介作用。

中介效应分析过程如表 2 - 9 所示。

表 2-9　中介效应分析过程

步　骤	均差或回归方程	检　验
第一步，T 对 Y 的效应	0.01	$F=0.095$
T 对 X 的效应	0.01	$F=0.017$
第二步，简化方程	$Y_d=-0.11$	$SE=0.033$，$t=-0.32$
	$-0.10X_S$	$SE=0.073$，$t=-0.14$
	$+0.17X_D$	$SE=0.191$，$t=0.90$

2.4　回归与调节问题

2.4.1　调节的概念

两个变量之间的关系可能并不是固定的、跨条件一致的，而可能随着两个变量所处情境的变化而变化，或者随着某个第三变量的不同取值而有不同的关系模式，那些会影响变量之间关系的变量称为调节变量，调节变量发挥的作用称为调节效应，对此进行的分析称为调节效应分析。图 2-12 表述了最简单的调节模型，其中预测变量或自变量 X，调节变量 Mo，结果变量 Y。

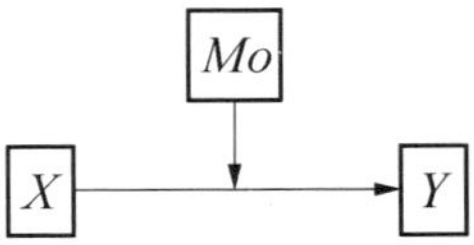

图 2-12　回归框架下的调节效应示意图（Y 的残差部分没有呈现）

图 2-12 是回归框架下一种常用的示意图。在相关分析框架下，调节的内涵是对两个变量之间相关方向和程度的影响。为了更好地理解调节的含义以及相关问题，我们需要作出以下补充和区分。

调节与中介的区分。我们在第三节介绍了中介，它与调节的区别在于，中介分析主要聚焦于处理效应的作用机制，调节分析则关注影响处理效应方向和程度的因素；中介效应分析中自变量成为中介变量的前因变量，调节效应分析中自变量和调节变量的地位是平等的。

调节、调节效应与方差分析框架下的交互作用、交互效应的区别与联系。它们一般是不同分析框架下的习惯术语，前者主要在回归框架下使用，后者主要在方差分析框架下使用。在进行交互效应分析时，两个自变量之间的地位可以是对等的，都可以作为调节变量；在进行调节效应分析时，调节变量一般是事先确定好的。什么变量适合作为调节变量呢？这在很大程度上由研究者的兴趣决定，如果两个变量存在交互作用，那么不同的研究者可能选择不同的变量作为调节变量。一般来说，常常将背景变量和稳定的人格特质变量作为调节变量，也就是将那些不能轻易操作的变量作为调节变量。

调节效应与简单效应。如果在调节效应分析中发现存在调节效应，简单效应分析就变得很重要，即分析自变量与因变量的关系在调节变量的不同水平上的具体表现。

调节效应分析与外部效度问题。外部效度关注研究发现的效应的普遍性，即从研究涉及的条件向外推广的程度。如果一项研究发现的效应仅限于特定的条件，改变其中某些因素，这种效应可能发生变化，这就与调节效应有关。调节效应分析能在某种程度上回答外部效度问题。例如，在元分析这种研究设计中，通常会考察调节变量的作用。

根据调节变量发挥的作用是增强还是削弱另外两个变量之间的关系，以及原有两个变量之间的关系是正向的还是负向的，我们可以将调节变量分为四种类型：那些能增强负向关系的调节变量称为恶化因素（exacerbator），那些能削弱负向关系的调节变量称为缓冲因素（buffer），那些能增强正向关系的调节变量称为放大因素（amplifier），那些能削弱正向关系的调节变量称为钝化因素（blunter）。接下来，我们将在回归框架下探讨调节模型和检验方法。

2.4.2 多元线性回归框架下的调节模型和检验程序

带有乘积项的调节模型

图 2-13 是回归框架下调节模型的示意图。在该模型中有三条路径，其中 *XMo* 是自变量和调节变量的乘积项，如果这条路径显著则表明调节效应存在。其他两条路径是自变量和调节变量主效应的路径，从概

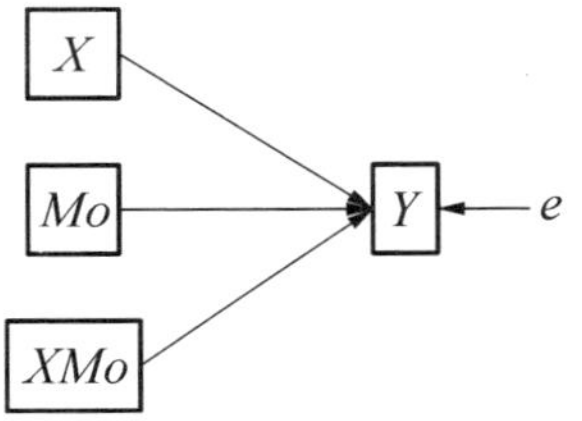

图 2-13 调节模型

念上来看，它们与调节效应没有直接关系。

我们用带有乘积项的多元线性回归方程表征图 2-13：

$$Y=\beta_0+\beta_1X+\beta_2Mo+\beta_3XMo+\varepsilon\text{（调节回归方程 1）}$$

图 2-13 中三条路径上的路径系数分别为调节回归方程 1 中的 β_1、β_2 和 β_3，如前所述，调节效应的检验就是对 β_3 的检验。将上式进行转化，使其变成自变量与因变量之间关系更明显并且受到调节变量影响的可能形式。

$$Y=(\beta_0+\beta_2Mo)+(\beta_1+\beta_3Mo)X+\varepsilon\text{（调节回归方程 2）}$$

在调节回归方程 2 中，如果 β_3 显著，那么当 Mo 取值不同时，X 对 Y 的效应就会显著不同（如图 2-14 所示）。截距项也可能随着 Mo 取值的不同而不同，这取决于 β_2，即调节变量对因变量的主效应。

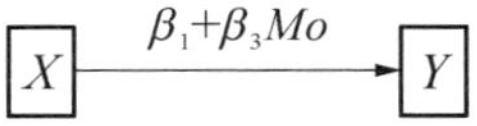

图 2-14 ***X* 对 *Y* 的效应受 *Mo* 的影响**

不同 *X* 和 *Mo* 的变量类型的组合

自变量和调节变量均为类别变量。这种情况采用方差分析的框架更为简便，在模型选择中纳入交互作用项，如果交互作用显著则意味着存在调节效应。随后需要进行简单效应分析，检验在调节变量的不同水平上，自变量对因变量效应的具体情况。

调节变量为类别变量，自变量为连续变量。在这种情况下检验调节效应，一般可以通过对分组相关系数的差异检验来实现。即通过调节变量将被试分为不同组，然后在各组数据基础上计算自变量与结果变量的相关，接着检验相关系数的差异。这种方法简单易行，但是存在两个重要问题：第一，不同组自变量的方差可能不齐性，其全距可能不相等，因而会影响对相关的估计；第二，如果结果变量的测量误差与调节变量有关，那么这将会影响自变量与调节变量的相关。相对来说，回归分析中标准化的回归系数不受自变量方差以及因变量测量误差的影响，因而可以通过分组回归，得到各组的回归系数，然后对回归系数的差异进行检验，这个检验一般在检验各组的回归系数之前进行。

自变量为类别变量，调节变量为连续变量。这种情况下调节效应检验的一般程序是：首先，将类别变量进行编码，若有 k 个类别，则需要 $k-1$ 个编码；然后，将连续变量的调节变量中心化，重新编码的自变量和因变量一般没必要中心化；紧接着，计算中心化后的调节变量和自变量的乘积项，每一个重新编码后的变量都要计算与中心化后的调节变量的乘积；最后，将这些准备好的变量分层次纳入回归方程，一般是重新编码的自变量和中心化的调节变量第一层进入方程，或者自变量和调节变量分两步进入回归方程，然后所有乘积项进入回归方程。随后对结果进行解释，以确定是否存在调节效应。第二种情况也可以采用第三种情况的分析程序。

自变量和调节变量均为连续变量。这种情况在相关研究中尤其多见。与第三种情况略有不同，这里不需要重新编码，但是一般需要对自变量进行中心化，其他程序则相似。

结果解释问题

在上述四种情况中，除了第一种采用方差分析框架，其他均是分层多元线性回归。对此类分析结果的解释包括三个部分：对自变量和调节变量效应的解释；检验调节效应；如果存在调节效应则进一步分析简单效应，并绘制显示调节效应的图以辅助解释。

在检验调节效应的多元回归模型中，对自变量和调节变量效应的解释有些特别。考虑到调节效应既意味着自变量与因变量之间的关系受到调节变量的影响，也意味着调节变量与因变量之间的关系受到自变量的影响，也就是说自变量、调节变量与因变量之间的关系并不是固定的。因此，回归方程中回归系数显示的条件效应，即在另外一个变量处于某个水平时该变量对因变量的效应，如果变量经过中心化，则是在其他变量取值为零时的条件效应，若未中心化，则是取值为均值时的条件效应。在一些文献中，这种效应也会被解释为主效应，因为一旦存在调节效应，主效应的意义就不那么重要，主效应可以被理解为某个变量与因变量之间关系的平均水平。另外，在此类回归中，解释的对象是未标准化的回归系数，因为加入乘积项之后，标准化过程受到影响，不能得到恰当的标准化的结果，标准化结果的可解释性受到影响。对调节效应的检验之所以要考虑自变量和调节变量的效应，是因为若不这样，调节效应分析中将混淆自变量和调节变量的效应。

调节效应显著性的检验方法部分取决于自变量和调节变量的特点。如果两个变量均为连续数据；或者一个变量为连续数据，另一个变量为二分类别数据；或者两个变量均为二分类别数据，那么分层多元回归中纳入乘积项后方差变化的显著性检验采用的单自由度 F 检验即可用于检验调节效应。当有类别变量，并且类别多于两个时，这一变量重新编码后就有两个或两个以上新变量，相应的乘积项也有多个，此时调节效应的检验可通过纳入所有相关的乘积项后方程方差变化的多自由度 F 检验来实现。如果这个检验显示总体的调节效应显著，接下来就分别检验每一个乘积项，以分析具体的调节模式。如果乘积项不显著，那么是否需要在方程中保留交互作用项取决于是否有很强的理论可以推理调节效应的存在。

如果存在调节效应，则需要进行简单效应检验以确定具体的调节方式，并配以图形说明。有两种方法可用于简单效应分析：第一，以某种标准（例如平均水平、均值一个标准差以上或以下）确定分组，然后根据这个分组来绘制因变量的得分图；第二，分别检验调节变量不同取值下自变量对因变量效应的显著性，即进行简单斜率分析，并在同一坐标系中绘制出最优拟合线。

2.4.3 其他问题

调节效应分析中的变量中心化问题

中心化往往是减去平均值或进行标准化处理，使变量转变为均值为零的变量。之所以要中心化，是因为中心化后的乘积与构成乘积的各部分之间的相关能得到较好控制，从而在一定程度上控制多重共线性。相比于通过减去均值进行中心化，通过标准化的方法进行中心化有容易分组、容易操作、结果容易解释等优势。另外,乘积项不需要再进行中心化。

复杂调节模型问题

当调节变量为连续变量时,简单效应的检验需要考虑调节模型,例如调节模型可能是分段的、线性的,或者二次方增加的。针对不同的调节模型,需要调整分析方法,以便更好地检测出这种模型。如果是分段调节,则需要找出分界点;简单的乘积项方法适用于线性调节模型;如果是非线性调节模型,则需要纳入更复杂的乘积项,例如二次乘积项。

高级调节效应问题

前面提到的二次乘积项是一种特殊的高级调节效应,即调节变量的调节效应会受到调节变量的影响。其他高级调节效应则涉及多个调节变量。需要注意的是,在研究和分析中,如果没有很强的理论支持高级调节效应,那么没必要将其纳入分析中。随着需要进行的假设检验的增多,犯Ⅰ型错误和Ⅱ型错误的可能性会相应增加,而且测量误差对结果的影响相比于初级调节效应会更大。

多个调节变量的情况

如果一个研究中有多个调节变量(不关注高级调节效应),为了控制多次假设检验导致的Ⅰ型错误的增加,可以在分层回归中将所有乘积项同时纳入回归方程,然后检验这些调节变量的总调节效应是否显著。如果显著,再逐一检验每个调节变量发挥的作用。

调节效应的分层多元线性回归中的顺序问题

在进行调节效应分析时,如果研究者需要控制其他变量的影响,即考虑协变量的影响,那么在分层回归中,第一层应当纳入协变量(中心化)。同时,可以检验这些协变量对因变量的影响是否受到其他变量的影响,可以在最后一步纳入协变量与其他变量的乘积项,如果总体检验不显著,则可以不考虑最后一步纳入的乘积项;如果发现协变量与其他变量的交互作用显著,则为后续研究指明一定方向。

调节效应分析中的因果假设问题和变量测量时间问题

在实验研究中,自变量是被操作的,这类研究中变量之间的因果关系一般是确定的，但是在相关研究中，变量之间的因果关系可能是不确定的。此时，原因变量和结果变量的确定需要建立在理论推理或常识的基础上，研究者需要说明出于何种理由确定变量之间的因果方向。与因果方向相关的问题是变量的测量时间问题。如果调节变量是不可变的，那么不需要过多考虑测量时间；如果调节变量是可变的，那么理想条件下应当在自变量之前进行测量。

调节变量与自变量之间的关系问题

在实验研究中，自变量是实验者操作的变量，原则上它与调节变量没有关系。在相关研究中，自变量和调节变量可能有一定程度的相关，如果这个相关过高，则会影响对调节效应的估计；如果调节变量与自变量、因变量没有相关，那么调节效应的意义会更清晰。

交互作用项的系数检验显著并不一定意味着存在调节效应

有两种情况提示调节效应存在其他可能的解释。第一，自变量与因变量之间的关系是非线性的，如果某个变量与自变量具有高相关，那么将该变量作为调节变量可能检验出显著的调节效应。第二，采用的变量并不是真正的调节变量，而只是与真正的调节变量相关的一个变量。

被试内的调节问题

在方差分析框架下，则是被试内变量与调节变量之间的交互作用。在回归分析框架下，前面介绍的被试内中介简化方程 d_1 的检验就涉及调节效应。

2.4.4 实例演示

我们假定，人际问题对人际关系质量的影响存在性别差异，即性别作为调节变量，可以调节人际问题与人际关系质量之间的关系；相比于男性，女性的人际关系质量受到人际问题的影响更大。

在这个实例中，调节变量是二分的类别变量，自变量是连续变量。接下来，我们采用带有乘积项的分层多元回归分析来检验性别的调节作用是否显著。首先，将性别编码为 0＝女性，1＝男性，将人际问题这一连续型自变量标准化，计算性别和中心化后人际问题的乘积；然后进行分层回归，第一层进入方程的是自变量和调节变量，第二层进入方程的是乘积项。包含所有变量的方程的估计结果和检验结果见表 2－10。

表 2－10　调节效应分析过程

变　量	方程 1/第一层 $B(SE)$，t	方程 2/第二层 $B(SE)$，t
人际问题 X	0.147(0.041)，$t=3.56$	0.152(0.045)，$t=3.38$
性别 Mo	0.004(0.023)，$t=0.19$	0.004(0.023)，$t=0.18$
乘积项：XMo		−0.007(0.026)，$t=-0.28$

结果显示，性别对人际问题与人际关系质量之间关系的调节效应并不显著，也就是说并不能拒绝人际问题与人际关系质量之间的关系不存在性别差异这一假设。

如果在方程 2 中 XMo 的回归系数为负并且显著，则意味着人际问题对人际关系质量的效应存在性别差异。在女性样本中，人际问题对人际关系质量的影响更大，效应的差值等于该回归系数。

2.5　回归与中介、调节的复杂问题

在第三、第四节，我们在回归分析的框架下介绍了中介效应和调节效应。中介效应回答效应是如何产生的这一问题，调节效应则回答效应是否具有普遍性这一问题。中介效应和调节效应一般是第三个变量在预测变量和结果变量中发挥的作用，如果研究者增加第四个变量，想要探究这个新增的变量对其他三个变量的相互作用的影响，则可能会出现中介和调节结合的情况。主要包括两个模型：有调节的中介模型和有中介的调节模型。有调节的中介模型能回答自变量对结果变量效应的产生机制是否具有普遍性这一问题，有中介的调节模型能回答调节效应是直接产生的还是通过其他作用机制产生的这一问题。

从理论推理上，中介效应的大小可能会随着其他变量的变化而变化，调节效应可能受到其他变量的中介，即分别为有调节的中介和有中

介的调节问题。此类复杂的情况在实际中是存在的,这使得对它们的探讨和检验具有理论和实践的驱动力。接下来,我们将在线性回归框架下介绍同时包含中介和调节的模型概念和检验程序。

2.5.1 概念

我们在第三节介绍了中介的界定和检验方法,在第四节介绍了带有乘积项的分层多元线性回归的检验方法。接下来,我们在这两节介绍的相关概念的基础上来界定有调节的中介和有中介的调节。此类研究一般涉及四个变量:一个自变量或预测变量 X,是在实验研究中为研究者所操纵的变量,在相关研究中被假设为原因变量的变量;一个因变量或结果变量 Y,是在操纵自变量之后测量的变量或被假设为结果变量的变量;一个中介变量 Me,是某个效应产生的中介环节;一个调节变量 Mo,是对其他变量之间的关系产生影响的变量。

当自变量对因变量效应的中介过程随调节变量的不同取值而发生显著变化时,则意味着存在有调节的中介。在有调节的中介中应该存在中介,至少在调节变量确定的某个亚样本上存在,而这个调节一般是指对中介过程的调节,即对总效应在残留的直接效应和通过中介变量的间接效应上的分配的调节。

当调节变量取值不同时,自变量对因变量的效应存在显著差异,即在有调节效应的条件下,如果总的调节效应通过中介变量这条间接路径发生作用,则意味着存在有中介的调节。

2.5.2 检验程序

对结合中介和调节的分析可以采用不同的方法,例如分别检验法、分组检验法、有调节的因果梯级程序法。

分别检验法

这种方法操作起来最为简便,即分别进行中介效应和调节效应检验,参考第三、第四节对中介和调节的检验程序,然后根据分别检验的结果将中介和调节结合起来加以解释。

这种方法主要有以下两点不足：

第一，分别检验不能确定调节变量调节的是中介过程中的哪条路径。理论上，中介过程包含的三条路径都有可能受到调节变量的影响，尤其在调节效应分析时发现调节变量对自变量与因变量之间的关系存在显著影响时，更有可能掩盖具体是哪条路径构成了这种影响。

第二，使用这种方法往往会采用中介分析中的因果梯级程序，因果梯级程序本身具有的缺陷会给这种方法带来不足。例如，不同程序对不一致中介的看法不同，往往没有对中介效应进行显著性检验。

分组检验法

根据调节变量的取值将样本分为不同组，然后在各组内进行中介效应分析。如果调节变量是类别变量，分组就很简便；若是连续变量，则根据一定标准划分为两组或更多组。各组内的中介效应分析一般采用因果梯级程序，并辅以中介效应的显著性检验方法。之后比较不同组的中介过程，如果检验表明存在差异，那么中介过程受到调节变量的影响。

分组检验法有以下四点不足：

第一，分组之后各组的样本量减少，各组内检验的统计效力也会降低，在心理学研究中一般不推荐这种牺牲统计效力的程序。

第二，连续型数据的调节变量若转变为类别变量，将会损失部分信息，导致参数估计出现偏差，降低统计效力。

第三，这种方法并没有提供用于检验不同组中介过程差异的方法。往往只看中介是否在某些组存在，而在另外一些组不存在，但这并不等价于中介在不同组之间存在差异。中介的核心是间接路径的乘积，只有检验它才能回答中介是否存在跨组差异这一问题。

第四，面临因果梯级程序存在的所有问题。

有调节的因果梯级程序法 A

在因果梯级程序中，加入检验调节效应的交互作用项（乘积项）。

第一步，检验自变量、调节变量，以及自变量和调节变量的乘积项对因变量的效应。这一步是检验调节变量对 X 的总效应的调节效应。

第二步，检验自变量、调节变量，以及自变量和调节变量的乘积项对中介变量的效应。这一步可以检验 X 对 Me 的效应是否受到 Mo 的调节。

第三步，在回归方程中同时纳入自变量、调节变量、自变量和调节变量的乘积项，以及中介变量。

$$Y = \beta_{10} + \beta_{11}X + \beta_{12}Mo + \beta_{13}XMo + \varepsilon_1 \quad (1)$$

$$Me = \beta_{20} + \beta_{21}X + \beta_{22}Mo + \beta_{23}XMo + \varepsilon_2 \quad (2)$$

$$Y = \beta_{30} + \beta_{31}X + \beta_{32}Mo + \beta_{33}XMo + \beta_{34}Me + \varepsilon_3 \quad (3)$$

这种方法存在以下三点不足：

第一，不能确定调节的是哪条具体的路径，调节的具体效果如何。

第二，不能很好地区分有调节的中介和有中介的调节，以及各自具体的情况。

第三，该方法很少报告调节变量处于不同水平时其他变量之间的关系。

有调节的因果梯级程序法 B

在有调节的因果梯级程序法 A 的第三步，有研究者可能纳入不同的乘积项，其中一种做法是同时纳入调节变量和中介变量的乘积项（如以下方程所示）。

$$Y = \beta_{40} + \beta_{41}X + \beta_{42}Mo + \beta_{43}XMo + \beta_{44}Me + \beta_{45}MeMo + \varepsilon_4 \quad (4)$$

在满足变量测量无误差、等距水平数据、残差正态分布等回归分析要求的一些基本假设，X 与 Mo 无关，按照调节效应分析中某些建议进行操作的前提下，对方程(1)、方程(2)和方程(4)中回归系数意义的理解参见表 2-11。

表 2-11 回归系数的解释

回归系数	解 释
β_{11}	Mo 为零时，X 对 Y 的总效应
β_{12}	X 为零时，Mo 对 Y 的效应
β_{13}	Mo 增加一个单位，X 对 Y 的效应的增加量
β_{21}	Mo 为零时，X 对 Me 的效应

续 表

回归系数	解　　释
β_{22}	X 为零时，Mo 对 Me 的效应
β_{23}	Mo 增加一个单位，X 对 Me 的效应的增加量
β_{41}	Mo 为零时，X 对 Y 的残留直接效应
β_{42}	Me 为零，X 为零时，Mo 对 Y 的效应
β_{43}	Mo 增加一个单位，X 对 Y 的残留直接效应的增加量
β_{44}	Mo 为零，X 为零时，Me 对 Y 的效应
β_{45}	Mo 增加一个单位，Me 对 Y 的效应的增加量

将方程(1)、方程(2)和方程(4)进行简单转化，绘制出总效应和中介过程的路径图(见图 2－15)。

从图 2－15 可以看出 X 对 Y 的总效应及其受到 Mo 调节的情况，以及 X 通过 Me 对 Y 的作用路径及其受到 Mo 调节的情况。此外，还可以看出通过 Me 的有调节的间接效应就是两条间接路径的乘积。

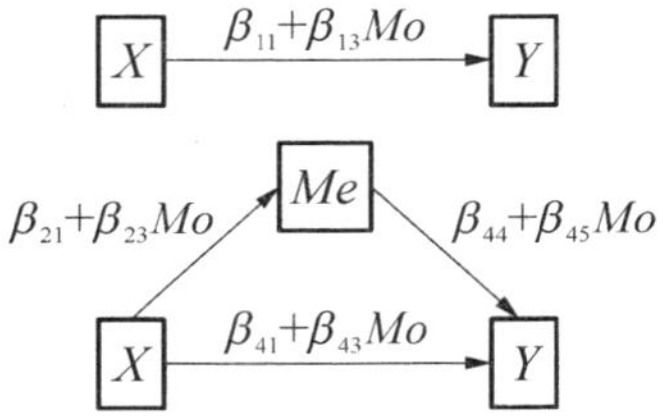

图 2－15　方程(1)和方程(4)对应的图示

在有中介的调节模型中，总的调节效应存在，即 β_{13} 不为零，中介效应的存在表现为方程(4)中的 β_{43} 相比于方程(1)中的 β_{13} 在幅度上明显下降。或者通过间接路径上的系数来判断是否存在中介，即 β_{23} 和 β_{44} 均显著，以及(或者)β_{45} 和 β_{21} 均显著。

在有调节的中介模型中，X 的总效应存在，即 β_{11} 不为零，并且这个效应不受调节变量 Mo 的影响，即 β_{13} 为零。总效应在各条路径上的分配会受到调节变量的影响，有三种不同的表现：β_{23} 不为零且 β_{44} 不为零；β_{45} 不为零且 β_{21} 不为零；前面两种情况同时出现。由于总效应是不变的，如果间接路径受到调节，那么残留的直接路径也会受到调节，因而 β_{43} 不为零。

2.5.3　可能的调节路径

上面四种将中介和调节结合起来的方法均存在一些问题，其中就包括调节的具体路径不甚明了。路径分析框架通过有乘积项和代入操作的回归方程,即相应的检验程序来确定调节变量调节的是哪条路径。可能的调节模型示意图如图 2-16 所示。在简单中介分析的辅助下,可以在一定程度上解决调节的具体路径不甚明了的问题。按照上述因果梯级程序的概念框架,有调节的中介和有中介的调节模型中各条路径的调节并不是独立的,而是相互制约。在爱德华和兰伯特(Edward & Lambert, 2007)的一般路径分析框架中,有中介的调节和有调节的中介则更为宽泛并且界限更不明晰。

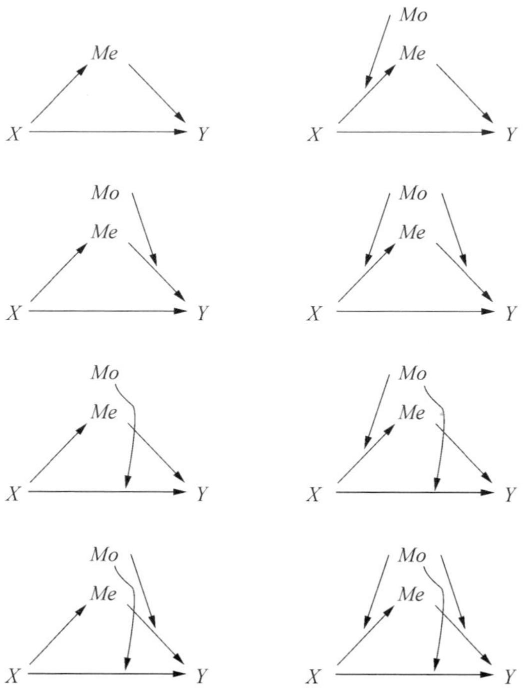

图 2-16　基础中介模型以及七个同时包含中介和调节的模型

以上八个图形表征的模型依次是:基础中介模型;*Mo* 对 *X* 通过 *Me* 的中介对 *Y* 发生作用的第一阶段 *X* 到 *Me* 这条路径的调节;*Mo* 对 *X* 通过 *Me* 的中介对 *Y* 发生作用的第二阶段 *Me* 到 *Y* 这条路径的调节;*Mo* 对 *X* 通过 *Me* 的中介对 *Y* 发生作用的第一阶段 *X* 到 *Me* 以及第二阶段

Me 到 *Y* 这两条路径的调节；*Mo* 对 *X* 对 *Y* 的残留直接路径的调节；*Mo* 对 *X* 通过 *Me* 的中介对 *Y* 发生作用的第一阶段 *X* 到 *Me* 这条路径以及残留直接路径的调节；*Mo* 对 *X* 通过 *Me* 的中介对 *Y* 发生作用的第二阶段 *Me* 到 *Y* 这条路径以及残留直接路径的调节；*Mo* 对所有三条路径的调节。

2.5.4 实例演示

在一个相关研究设计中，研究者测量了中学生的一般自我效能、一般自尊和积极情感。研究者假设，一般自我效能的提高有利于个体一般自尊的提高，继而体验到更多积极情感，即自尊作为自我效能和积极情感之间的中介变量，另外将性别作为调节变量，分析这种中介效应是否具有跨性别的一致性。

性别采用 0＝女生、1＝男生的编码方式，在对照编码等其他的编码方式下，0 是一个没有意义的值，因此这里采用虚拟编码形式。对自尊和自我效能进行标准化处理，然后计算性别和中心化后自我效能的乘积，计算中心化后自尊和自我效能的乘积。自变量、调节变量、中介变量和因变量之间的相关和描述见表 2－12。

表 2－12 相关矩阵和变量描述

	X	*Mo*	*Me*	*M*	*SD*	*Sk*	*Ku*
X：自我效能				0.00	1.00	−0.02	1.66
Mo：性别	−0.07			0.46	0.50	0.17	−1.97
Me：自尊	0.47	0.02		0.00	1.00	0.08	0.34
Y：积极情感	0.24	0.07	0.36	2.73	0.67	−0.31	−0.51

采用前面介绍的因果梯级程序中的方法来分析是否存在有调节的中介。因果梯级程序和分层多元线性回归结果见表 2－13。

方程(1)的结果显示，自我效能对积极情感有显著的总效应，而且这个效应不受性别的调节。方程(2)的结果显示，自我效能及其与性别的交互作用对自尊有显著的效应。这个显著的调节效应意味着可能存在有调节的中介，即在自我效能通过自尊对积极情感的影响的第一阶段路径上存在性别差异。根据交互作用项的回归系数可以计算出女生样本中自我效能对自尊的效应为 0.54，而在男生样本中该效应为 0.54－0.15＝0.39。也就是说，对女生来说，自我效能对自尊的效应更大。方程(4)显示中介变量自尊对因变量有显著的效应，这个效应不受性别的调节，女生样本的效应为 0.21，男生样本的效应为 0.19。根据这些信息计算出女生样本的间接效应为 0.54×0.21＝0.11，男生样本则为 0.39×0.19＝0.07。

表 2－13　分层多元线性回归

预测因子	方程(1) Y 作为因变量		方程(2) Me 作为因变量		方程(4) Y 作为因变量	
	b	t	b	t	b	t
X：自我效能	0.17	9.31***	0.54	21.74***	0.06	2.97
Mo：性别	－0.12	－4.24***	－0.11	－2.88	－0.10	－3.67***
XMo：效能×性别	－0.02	－0.79	－0.15	－4.00***	0.01	0.34
Me：自尊					0.21	14.12***
$MeMo$：效能×自尊					－0.02	－1.81

注：表中方程(1)、方程(2)和方程(4)是本节介绍的回归方程。b 是非标准化回归系数，t 是对其的检验。

*** 表示 $p<0.001$。

根据有调节的中介的界定，上述结果显示本示例中存在有调节的中介，即自尊中介自我效能与积极情感之间的关系存在性别差异。在女生样本中，自尊的中介效应更大，中介比例为 65%；在男生样本中，中介比例为 47%。而且，这个调节主要发生在自变量对中介变量这条路径上。结果还显示，调节变量对因变量和中介变量有显著效应，这在某种程度上会影响对其他回归系数的解释。

上述结果是根据因果梯级程序得出的结论，但对其中涉及的中介效应、有调节的中介是否显著并没有进行直接的检验。

3　结构方程建模

结构方程建模（structural equation modeling，SEM）是一种偏验证取向的统计方法，是对与理论相关的各个变量之间的关系结构进行假设检验的多变量分析方法。结构方程建模并不是单一的技术，而是一个功能强大的、灵活的多技术集合，可用于心理学研究中探究各类问题，意在揭示行为和社会科学中多变量数据背后的因果依存关系。在相关取向的人格研究中，多变量的情况非常普遍，因而经常可见结构方程建模的应用。当然，结构方程建模也可用于实验研究中的数据分析。

结构方程建模是一般线性模型的扩展，相比于多元回归分析，结构方程建模的适用范围更广：第一，结构方程建模能处理带有潜在变量的问题，能将误差项纳入考虑范畴，包括测量水平的误差和结构水平的误差；第二，能同时考察多个结果变量的情况；第三，能处理多种数据类型的自变量和因变量；第四，线性和非线性关系均能加以分析；第五，能同时进行 t 检验、方差分析、相关分析、回归分析或因素分析等多种分析；第六，方差、协方差结构和均值结构均能得到处理；第七，相比于其他单一的统计技术，结构方程建模不那么强调统计显著性检验，而是关注多个参数之间的关系模式。

在结构方程建模发展和应用的过程中，有过一些“别名”。例如，协方差结构分析（covariance structure analysis，CSA）、因果建模、因果分析、同时性方程建模、路径分析和验证性因素分析等。其中，路径分析和验证性因素分析是结构方程建模技术集合中的两种具体技术。与结构方程建模统计思想相对应的统计软件包也陆续得到开发、推广和应用，包括 LISREL、EQS、MPLUS、AMOS 等。这些统计软件背后依据的矩阵和方程在数学上是等价的，因此各种统计软件提供的信息并没有实质上的差别。不过，有些软件可能对特殊的数据类型有更周到或更便利的考虑，而且对结果的呈现和报告方式有不同的偏好和推荐。这种不一致具体体现在论文中的结果报告部分。

本章主要介绍与 LISREL 软件相对应的有关结构方程建模的基本概念，结构方程建模的基本原理和操作，结构方程建模在人格心理学研究中的应用，结构方程建模应用中存在的问题和最新发展。

3.1 结构方程建模的原理与操作

3.1.1 基本术语

路径图

结构方程建模的实质是通过变量之间的方程组，在实证数据基础上估计变量之间的关系参数。我们可以使用图形化的、直观的方式来表征变量之间的假设关系，我们称这种图为路径图（path diagram）。相应地，我们也可以将路径图直接转化为方程组的形式。

路径图的绘制惯例为：方框表示观测变量（observed variable）或指标（indicator）；椭圆表示潜在变量（latent variable）、构念（construct）或因素（factor）；圆圈表示误差或残差；单向箭头线表示预测关系，由预测变量指向结果变量；双向箭头线表示相关关系；测量误差项或预测残差项通常被视为潜在变量。

观测变量是指直接测量的变量，有时候可能是根据最原始的指标通过某种方式打包合成的一个新指标。潜在变量是不能直接观测的变量，往往是假设的构念，含有两个或两个以上指标。

揭示观测变量与潜在变量之间关系模式的分析方法就包括因素分析，如果潜在变量与观测变量之间的关系是未知的，那么一般采用探索性因素分析；如果根据理论、实证研究等资料知道潜在变量与观测变量之间可能的关系，那么一般采用验证性因素分析。

图 3-1 是一个多元线性回归路径图，图中共有四个变量，均是观测变量：左边三个为预测变量，右边一个为结果变量。每个预测变量有一条指向结果变量的带箭头的线，三个预测变量之间有双向箭头线，意味着在回归模型中考虑预测变量之间的相关关系。另外，还有一条指向结果变量的单向箭头线，是从残差项（没有标示出来）指向结果变量的。

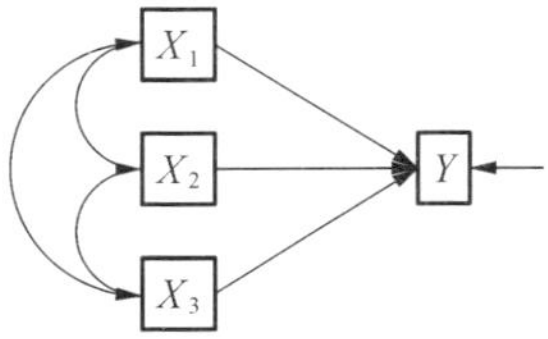

图 3-1　多元线性回归路径图

方差/协方差模型

结构方程模型一般包含三种协方差模型：测量模型、结构模型和全模型。测量模型是描述潜在变量与其测量指标之间关系的模型，结构模型是描述潜在变量之间关系的模型，全模型是同时包含测量模型和结构模型的模型。

在全模型中，任意两个有直线连接的变量之间，只有一条从假定的原因变量指向假定的结果变量的单向箭头线的模型称为递归模型；如果两个变量之间有两条方向相反的箭头线，则意味着存在相互影响或反馈效应，这样的模型称为非递归模型。其中，反馈效应包括直接的和间接的反馈效应。本章只讨论递归模型。

图 3-2 是一个全模型路径示例图，该模型既包括测量模型（左右两个虚线框部分），又包括结构模型（中间实线框部分）。在全模型中，那些只作为预测变量的变量称为外生变量，而那些被一个或多个变量预测的变量称为内生变量。

从潜在变量指向观测变量，或从一个潜在变量指向另一个潜在变量的单向箭头线表示路径，路径系数则表示一个变量对另一个变量的预测力；一般不允许内生潜在变量之间有双向箭头线连接，但允许指向内生潜在变量的残差项之间的相关。观测变量的误差项之间可以自由设定相关或不相关。

全模型中包含的矩阵

全模型中涉及的所有观测变量包含两大类：预测变量或 X 变量，结

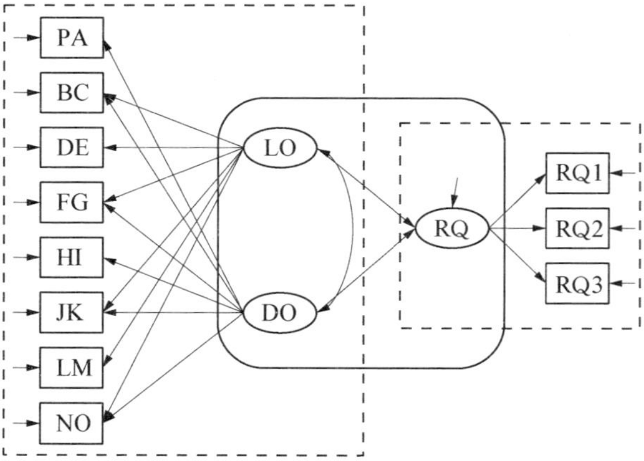

图 3－2　测量模型和结构模型示例图

果变量或 Y 变量。测量模型包含预测变量的测量模型和结果变量的测量模型。根据一般统计模型的分解形式，观测数据＝模型所能解释部分＋残差部分，建构测量模型和结构模型所需的矩阵见表 3－1。

表 3－1　方差/协方差模型中的矩阵

模型类型	矩阵代码	元素代码	程序代码	默认形态	默认模式	矩阵类型
测量模型	Λ_X	λ_X	LX	FU	FI	回归
	Λ_Y	λ_Y	LY	FU	FI	回归
	Θ_δ	θ_δ	TD	DI	FR	方差/协方差
	Θ_ε	θ_ε	TE	DI	FR	方差/协方差
结构模型	Γ	γ	GA	FU	FR	回归
	B	β	BE	ZE	FI	回归
	Φ	ϕ	PH	SY	FR	方差/协方差
	Ψ	ψ	PS	DI	FR	方差/协方差
		ξ				向量
		η				向量
		ζ				向量

注：程序代码是指 LISREL 语法中的命令关键词，默认形态是指 LISREL 程序默认的矩阵形态，默认模式是指 LISREL 默认的自由还是固定的参数模式。X 变量和 Y 变量误差项的协方差矩阵 TH 没有包含在内。

假设在全模型中有 NX 个 X 型观测变量，NY 个 Y 型观测变量，

NK 个外生潜在变量（X 作为指标），NE 个内生潜在变量（Y 作为指标），该模型中的向量和矩阵说明如下：

X 是外生观测变量的 NX 行 1 列的向量；

Y 是内生观测变量的 NY 行 1 列的向量；

ξ 是外生潜在变量的 NK 行 1 列的向量；

η 是内生潜在变量的 NE 行 1 列的向量；

δ 是 X 的测量误差的 NX 行 1 列的向量；

ϵ 是 Y 的测量误差的 NY 行 1 列的向量；

Λ_X 是反映观测变量 X 在与其所测量外生潜在变量关系的 NX 行 NK 列的回归矩阵；

Λ_Y 是反映观测变量 Y 在与其所测量内生潜在变量关系的 NY 行 NE 列的回归矩阵；

Γ 是将内生潜在变量与外生潜在变量关联起来的 NE 行 NK 列的回归矩阵；

B 是反映内生潜在变量之间关系的 NE 行 NE 列的回归矩阵；

ζ 是内生潜在变量的残差，是 NE 行 1 列的向量；

Θ_δ 是各个 X 观测变量的误差项的方差和误差项之间的协方差，是 NX 行 NX 列的矩阵；

Θ_ε 是各个 Y 观测变量的误差项的方差和误差项之间的协方差，是 NY 行 NY 列的矩阵；

Φ 是外生潜在变量及变量之间的 NK 行 NK 列的方差和协方差矩阵；

Ψ 是内生潜在变量及变量之间的 NE 行 NE 列的方差和协方差矩阵。

验证性因素分析模型

根据观测变量与潜在变量之间的层级数量，可将验证性因素分析模型分为一级因素模型和二级因素模型，后者也可泛称为高级因素模型。在一级因素模型中，所有的潜在变量处于同一水平，在高级因素模型中，一级因素之间的相关能被其他一组潜在变量解释，新的一组潜在变量则是二级因素，以此类推。

当验证性因素分析中所有观测变量均作为 X 观测变量，这样的模型就是全 X 模型；相应地，如果将其均作为 Y 观测变量，则是全 Y 模型。面对同一组观测变量，全 X 模型和全 Y 模型是等价的，只是两类模型中涉及的向量和矩阵的代号有所不同，如以下公式所示：

全 X 模型的回归模型：$X = \Lambda_X \xi + \delta$

全 X 模型的方差和协方差模型：$X = \Lambda_X \Phi + \Theta_\delta$

全 Y 模型的回归模型：$Y = \Lambda_Y \eta + \varepsilon$

全 Y 模型的方差和协方差模型：$Y = \Lambda_Y \Psi + \Theta_\varepsilon$

在高级因素模型中，若 NY 个 Y 观测变量背后的一级因素有 NE 个，二级因素有 NK 个，那么这些潜在变量对 Y 的解释用回归方程可表述为：

$$Y = \Lambda_Y(\Gamma\xi + \zeta) + \varepsilon$$

3.1.2 建模目的和建模四阶段

建模目的

在结构方程建模过程中，有三种不同的目的：单纯验证、模型选择和模型生成。在单纯验证的情况下，研究者在理论或实证基础上提出一个待检验的模型，然后在样本数据上检验这个模型与数据的拟合程度，根据检验结果作出接受或拒绝模型的决定。在模型选择的情况下，研究者在理论或实证基础上提出多个备择模型（也称为竞争模型），然后在同一个样本数据上检验和比较多个模型的拟合程度，根据检验结果选择最恰当的模型。在模型生成的情况下，研究者在一定基础上提出一个模型，然后在样本数据上检验模型的拟合程度，如果模型拟合不佳，接下来则要在补充理论或数据驱动下对模型进行探索性的修正和再估计，以找到一个既具有实质意义又具有良好统计拟合度的模型。模型生成中通过修正得到的模型一般要在新的样本数据上进行再验证。

建模四阶段

上述三种目的的结构方程建模一般包含以下四个阶段中的部分或全部。

第一阶段,模型建构。包括三个部分:以路径图或方程的形式陈述要检验的假设,对模型进行统计识别,评价模型背后的统计假设。建构好的模型的参数在样本数据上得以估计,这些参数用以生成总体协方差矩阵的估计。只有模型中参数的解是唯一的,模型才可识别。

我们可以通过以下步骤判定模型是否可识别:第一步,计算样本中方差和协方差的数据点与建构的结构方程模型中需要估计的参数个数的差值(即自由度,df),差值大于或等于0是模型可识别的必要条件;第二步,检验模型测量部分的可识别性;第三步,检验模型结构部分的可识别性。自由度等于0时,这样的模型称为饱和模型,模型虽然可识别,但难以被统计拒绝,也难以进行统计解释;自由度小于0时,模型不能被识别,因为数据提供的信息不足以得出唯一的解。与模型识别有关的另一个问题是参数单位的确定,这是确保测量部分可识别性的重要条件,有两种常见做法:将路径系数固定为某个数字(通常是1,此时因素和指标之间的方差相等),将因素的方差设定为某个数字(通常是1,意味着因素的标准化)。

第二阶段,模型估计。根据数据的特点,选择适当的统计技术和检验统计量对总体参数进行估计。拟合函数 $F=[s-\sigma(\Theta)]'W[s-\sigma(\Theta)]$,参数估计的目标是使根据估计好的参数再生的矩阵 $\sigma(\Theta)$ 与原始矩阵 s 之间的差异最小。不同估计方法的差别在于选取的权重矩阵不同。最小的 F 值乘以 $N-1$ 就得到模型总体拟合的卡方统计量(χ^2)。不同估计方法的卡方统计量衡量模型好坏的效果受到其他因素的影响,例如样本量、误差、因素的非正态性,以及因素和误差的非独立性。极大似然法、广义最小二乘法等方法在中等到大样本量以及正态性假设得以成立的条件下是很好的选择。

第三阶段,模型评价。这一阶段包括对模型的整体评价和对参数估计的评价。最常用和最敏感的统计量(模型拟合指数)是卡方,但这个统计量对样本量很敏感，只要样本量足够大，并严格按照统计显著性标准，那么几乎所有模型都会被拒绝。其他绝对拟合指数和相对拟合指数被不同方法学家开发出来并推广使用，并且不同的方法学家提出不同严格程度的标准。需要注意的是，不同的结构方程建模分析工具默认提供的拟合指数有所区别。如果各个指数综合显示模型总体拟合良好，接下来则检验模型中各个参数的显著性，以更进一步检验假设；如果涉及中介效应的情况，则需要对间接效应进行检验。单个参数的显著性常常采用 t 检验，即参数估计值除以估计的标准误差。

第四阶段，模型修正。模型修正不仅可以探索性地提高模型的拟合度，而且可以检验某些特定的假设。由于结构方程建模原本是验证取向的技术集合，一旦启动修正程序，就变成探索性质了，因而对那些经历过修正而得到的模型的解释要更加谨慎，这也是为何需要交叉验证以检验修正模型可靠性的原因。如果模型是相互嵌套的，则通过模型之间的卡方差异确定修正是否有效。模型修正涉及增加或减少某些估计参数，而且通常是逐步进行的过程，也就是说会增加统计检验的次数，犯Ⅰ型统计错误的比率会提高。对此，一方面可以调整显著性水平，另一方面可以进行交叉验证。此外，还可以检验最终模型中的参数估计与原始模型中的参数估计之间的相似性，如果有高的相似性，那么最终模型中的参数才可用。由于修正往往涉及多个参数，先后顺序可能会影响最后模型的确定，因此建议先尽量增加所有必需的参数，然后考虑删除一些不必要的参数。对那些理论上很重要但是统计检验不显著的参数的处理要慎重。

模型修正的检验一般是针对总体卡方的检验，对单个参数估计的变化可能有所忽略。有些参数从统计学角度上看是必需的，但是会出现意外的方向，例如方差参数出现负数的情况，此时可能需要对这些参数作人为的修正和调整。有时候，某些参数细微的变化可能会导致总体卡方较大的变化，这对参数估计的取舍不太有利。如果不考虑理论和实证基础，只为好的拟合而修正模型，那么可能得到一个错误的模型，这种情况下模型修正的检验本身并不足以证明模型是正确的。原则上修正越少越好，尤其是在交叉验证不可行的条件下。

单纯验证只需要经历上述前三个阶段，模型选择往往是前三个阶段的重复，模型生成则需要经历四个阶段。后两种情况相比于第一种情况在研究中更为常见。在模型选择和模型生成中，一般会进行模型拟合的比较，对嵌套模型来说，常用的参考标准是卡方的变化相对于自由度的变化是否显著，相对拟合指数（comparative fit index, CFI）的变化则参考经验标准来判定。对非嵌套模型的比较既可参考嵌套模型的比较方法，也可参考 BIC 等拟合指数的变化以及判定标准。

3.1.3 用 LISREL 进行结构方程建模分析的基本操作

LISREL 是线性结构关系（LInear Structural RELations）的缩写，它是在表 3－1 呈现的矩阵基础上的结构方程建模工具。

数据输入

LISREL 输入的数据可以是原始数据，也可以是经过初步处理后的数据。这两种情况都需要处理好缺失数据，根据缺失的性质选择适当的处理方法以得到完整的数据。根据单变量分布和多变量联合分布的特点，筛查是否存在异常数据，一般情况下可以删除异常数据。考虑到很多参数估计方法对数据正态性的要求，因而需要检验数据的正态性（包括多元正态性），如果发现严重违背正态性，那么可通过合理的打包技术、正态化数据转换等方式处理数据；除了正态性，还需要检查数据的峰态性。当数据较好地满足结构方程建模采用的统计技术对数据的假设要求时，就进入数据输入阶段。

数据筛查和处理可以在其他数据管理软件中进行，比如常用的 SPSS。不同的数据格式可以相互转换，比如 SPSS 的“. sav”的文件转化为“. dat”的文件，或转化为与 LISREL 软件相配套的 PRELIS 的数据文件格式“. psf”。若要确保数据正确转换、读取和分析，需要正确说明数据的格式。

LISREL 语法的基本原则和注意事项：除了“ALL”以外，所有的命令关键词均由两个字母组成，字母不分大小写。每行最多能容纳 127 个字符，如果某项命令内容超过127个字符，则建议分多行，每行前使用相同关键词。字符(串)“!”或“/＊”若置于行首，则这一行后面的所有内容会被自动忽略。每个语法窗口一般最先是标题，因为程序从数据命令关键词“DA”行开始，之前所有内容都会被视为标题内容，所以标题行不能以这两个字母开始，为保险起见，可使标题部分以“!”符号开始。标题部分并不是必需的，为后面再次分析时再认、回忆更方便，建议加上标题内容。

数据读取和说明以“DA”为关键词，“DA”行呈现的信息包含以下内容。

NG：数据群组数量，常用于多组验证性因素分析，如果分析时不关注群组，那么可以省略。例如，“NG=2”；

NI：读取的数据中包含的变量个数。例如，“NI=11”；

NO：读取的数据的样本量，如果是原始数据则可以空着。例如，“NO=485”；

MA：要分析的矩阵类型，常用的矩阵类型包括协方差矩阵CM，相关矩阵KM，二列相关矩阵PM，增广矩阵AM等。例如，“MA=CM”；

RP：在参数显著性检验的实证法——有放回抽样法中使用，表示程序重复的次数。例如，“RP=1000”。

以上内容常常为数据输入的第一部分，接下来的第二部分内容是对选取的变量进行命名，使用命令“LA”，另起一行依序标明变量名称。第三部分主要针对直接输入矩阵的情况，其中一行说明矩阵类型和矩阵形态(SY为对称矩阵，FU为全矩阵)，下一行为FORTRAN语法标明数据格式。如果读取原始数据，则用“RA”命令，如果读取事先生成的各种矩阵，则用对应矩阵的命令起行，然后用“FI=文件路径”的格式读取。如果后续要对均值进行分析，或者根据相关矩阵计算协方差矩阵，则需要提供均值和方差信息，分别以“ME”和“SD”为命令。如果之前读取的变量包括一些研究者不感兴趣的变量，则可以用“SE”命令选择变量，此时还可以更改变量的顺序，比如一般要求Y型观测变量在前，X型观测变量在后，这个命令需要以“/”结束。

需要注意的是，上述一些命令之间可能存在重复的情况，如果各部分命令内容一致则不会有问题，不一致的时候命令的优先性有差别。表3－2呈现的是一个数据输入的完整例子。该例子读取“.dat”格式的原始数据，该文件与LISREL语法存储在相同文件夹内，因而不需要写详细路径名。在表3－2呈现的例子中，第一行是此次分析的名称，第二行说明数据包含11个变量（指标），样本量为326，是单组情况（可以省略），分析的矩阵类型是协方差矩阵，第三、第四行是对11个指标的命名，第五行读取原始数据，第六行是对原始数据格式的说明，第七、第八行是从11个变量中有顺序地选择变量，数字表示原始序号，也可以用变量名称来替代。

表3－2 数据说明语法示例

```
! Title example for data specification
DA NG=1 NI=11 NO=326 MA=CM
LA
PA BC DE FG HI JK LM NO RQ1 RQ2 RQ3
RA=IASR.DAT
(11F4.2)
SE
9 10 11 1 2 3 4 5 6 7 8/
```

模型设定

这部分也是前面介绍的模型建构的部分，因此具体内容因假设的模型而定。命令行以“MO”开始，然后表明各类观测变量和潜在变量的个数，变量方差和协方差的关系模式，并进行单位化。

观测变量中 X 型变量的个数，例如“$NX=8$”；

观测变量中 Y 型变量的个数，例如“$NY=3$”；

外生潜在变量的个数，即 X 型变量背后潜在因素的个数，例如“$NK=2$”；

内生潜在变量的个数，即 Y 型变量背后潜在因素的个数，例如“$NE=1$”。

潜在变量的命名类似于观测变量的命名，对外生潜在变量的命名用“LK”命令，对内生潜在变量的命名用“LE”命令。

对表3－1中八个矩阵的形态进行初步设定，常用的备选矩阵形态有五个：完整矩阵 FU、对称矩阵 SY、对角矩阵 DI、零矩阵 ZE 和单位矩阵 ID。然后，使用允许自由估计的“FR”命令或者固定参数的“FI”命令进一步说明矩阵的估计模式。设定整体的矩阵形态和矩阵估计模式后，根据需要对相应的单个参数进行设定，包括自由估计设定和固定为某些特定数值的设定，一般采用 VA 设定固定值，采用 ST 设定自由估计参数的初始值。需要补充的是，如果各个矩阵有默认形态和估计模式，那么除了上述八个矩阵之外，还有一个 X 变量的误差与 Y 变量的误差之间的协方差矩阵（程序代码为 TH，默认矩阵形态是零矩阵 ZE，默认估计模式是 FI，如果模型中涉及此类矩阵，则需要通过逐个的参数设置来实现），该矩阵在跨时间的结构方程建模中具有理论和实践作用。

表 3－3 所示例子是对图 3－2 路径图表征模型的语法设定，第一、第二行是该模型中各类变量的个数，以及涉及的矩阵类型和估计模式，第一行末的“C”是指“MO”命令分为两行，随后的一行接续第一行；第三到第六行是对内生潜在变量和外生潜在变量的命名；第七到第十二行是对矩阵中单个元素的再次设定；第十三行是对固定参数赋予的数值，起到单位化作用；第十四行是为了便于参数估计设定的一个初始值而非默认的初始值。

表 3－3 模型设定的语法示例

```
MO NY=3 NX=8 NE=1 NK=2 LY=FU, FI LX=FU, FI BE=FU, FI GA=FU, FI C
    PS=SY, FI PH=SY, FI TE=SY, FI TD=SY, FI
LE
RQ
LK
DOM LOV
FR LY(2,1) LY(3,1)
FR LX(2,1) LX(2,2) LX(3,2) LX(4,1) LX(4,2) LX(5,1) LX(6,1) LX(6,2) LX
(8,1) LX(8,2)
FR GA(1,1) GA(1,2)
FR PS(1,1) PH(1,1) PH(2,2) PH(1,2)
FR TE(1,1) TE(2,2) TE(3,3)
FR TD(1,1)TD(2,2)TD(3,3)TD(4,4)TD(5,5)TD(6,6)TD(7,7)TD(8,8)
VA 1 LY(1,1) LX(1,1) LX(7,1)
ST 0.1  GA(1,1)
ST 0.5  GA(1,2)
```

结果输出

结果输出以命令"OU"开始，主要由两个部分构成：一个是估计方法的选择，另一个是后续分析中要用到的信息。LISREL8之后的软件提供七种估计方法，默认的是极大似然法。估计方法选择的语法格式为"ME=ML"。由于每一种方法的目的和背后的假设各不相同，因此我们需要根据数据的特点选择最恰当的估计方法。在模型设定"MO"与结果输出"OU"之间，可以增加命令行"PD"，通过指令软件以路径图的方式呈现估计结果。如果自己设定估计的初始值，那么可以在"OU"中设定"ME=IV"，将在这个设定下得到的估计值作为初始值。

我们可以选择自己关心的与分析有关的信息，包括修正指数MI、标准化解SS、完全标准化解SC、再生方差/协方差矩阵、残差矩阵、标准化残差矩阵和Q图的RS，估计结果可采纳性检验时的迭代次数AD，直接效应和间接效应的EF，因素分数FS，不需要自动化的初始值NS，所有可能的结果输出ALL(简写为AL)等诸多备选信息。结果输出部分可以根据需要任意选择内容，为了更便利地从每一次分析中找到自己想要的结果，可以在结果输出部分进行调整。

表3-4 结果输出部分语法示例

```
PD
OU MI SS EF ALL
```

如果数据、模型设定和语法书写出现问题，那么结果文件中一般会有警报，提示可能存在的问题。此时，我们需要仔细筛查相应的部分以核查问题，并加以修改。很多细微的错误是由语法错误导致的，比如命令关键词的错误，各个命令之间相对位置的错误，命令之间的不兼容等。严重的错误常常涉及数据本身或模型不能被识别，警报会提醒"分析的矩阵不正定""不能开始迭代""结果可采纳性检验失败""不收敛"等。

3.1.4 结果报告

结构方程建模结果报告的总体原则如下：如实并完整报告数据分

析的过程，尤其是那些会影响结果和解释的重要信息和操作。结果报告包括分析前准备、分析过程，以及结果呈现和解释三个部分。在结构方程建模的应用中，结果报告的内容和格式远未形成统一标准。表 3－5 列举出结构方程建模结果报告应该包含的内容。

表 3－5　结构方程建模结果报告的参考

		具体内容	注意事项
分析前准备	理论基础和数据收集	假设的模型及模型的基础 竞争模型和等价模型 抽样过程和样本量 后续的验证是否使用结构方程建模	将假设转化为模型 确定各模型之间的关系 测量模型中指标的合理性 样本量的确定，N：q 原则
	数据准备	单变量正态性和多元正态性检验 异常数据的筛查 缺失数值分析和处理 数据转换和打包	ML 估计法的弹性大 正态化转化要谨慎 需要时选择适当的打包方法
分析过程	分析决定	要分析的矩阵的类型 使用的统计软件的名称和版本 参数估计方法 潜在变量单位的确定方法	明确说明矩阵类型 参数估计方法选择理由
	模型评价和修正	模型拟合指数的类型和数值 选用的指数的基本原理 事先确定拟合指数的临界分 根据拟合指数和理论修正模型	指数及标准因人因时而异 关注参数估计的方向 多指数法 修正的全部过程
结果呈现	结果呈现	潜在变量的相关 因素负载和标准误 模型的图形化呈现 结构系数	根据解释便利性选择是否呈现标准化结果 根据理论和统计拟合确定最优模型

3.2　结构方程建模在人格研究中的应用

3.2.1　验证性因素分析的应用

介绍

随着验证取向的统计技术的不断发展，对原有理论和评估工具的结构验证、工具修订，以及新工具的开发都能借用验证性因素分析。与此对应，第五章介绍的人格评估的多变量范式会介绍探索性因素分析，这种分析方法是人格结构模型建立初期经常使用的分析方法，并作为人格评估工具建立的重要技术。

示例 1：人格结构验证

假设模型："大五"人格模型。测量：15 个项目的简短版问卷，5 点利克特量表，每个人格因素包含 3 个指标。样本和抽样：在大学生群体中抽取 200 个学生。目的：单纯验证五因素相关模型，采用验证性因素分析方法验证"大五"人格模型。

数据准备：15 个变量的偏态量 *Sk* 值在－0.63～0.05 之间，峰态量 *Ku* 值在－1.02～0.15 之间，这提示单个变量没有明显的偏态和峰态的情况。相对的多元峰态量为 1.07，这表明没有明显偏离正态，但是这与 Mardia 多元正态的检验结果不太一致。这里不进行正态化转换。缺失值用同一维度内其他未缺失项目的均值替代。

分析策略：采用 LISREL8.72，分析 15 个观测变量之间的协方差矩阵，参数估计采用 ML 方法，采用固定负荷法进行单位化。LISREL 语法见表 3－6。

表 3－6　结构验证示例

```
! Title: Example 1 of Confirmatory Factor Analysis
DA NG=1 NI=15 NO=200 MA=CM
LA
E1 E2 E3 A1 A2 A3 C1 C2 C3 N1 N2 N3 O1 O2 O3
RA=example21.psf
SE
1 2 3 4 5 6 7 8 9 10 11 12 13 14 15/
MO NX=15 NK=5 LX=FU, FI PH=SY, FI TD=SY, FI
LK
Ext Agr Con Neu Ope
FR LX(2,1) LX(3,1) LX(5,2) LX(6,2) LX(8,3) LX(9,3) LX(11,4) LX(12,4) LX
(14,5) LX(15,5)
FR PH(1,1) PH(2,2) PH(3,3) PH(4,4) PH(5,5)
FR PH(1,2) PH(1,3) PH(1,4) PH(1,5) PH(2,3) PH(2,4) PH(2,5) PH(3,4) PH
(3,5) PH(4,5)
FR TD(1,1)TD(2,2)TD(3,3)TD(4,4)TD(5,5)TD(6,6)TD(7,7)TD(8,8) TD(9,9)
TD(10,10) TD(11,11) TD(12,12) TD(13,13) TD(14,14) TD(15,15)
VA 1 LX(1,1) LX(4,2) LX(7,3) LX(10,4) LX(13,5)
PD
OU MI SC SS ME=ML ND=3
```

注：本示例中语法并非最简单的语法。

本例中，观测变量数量为 15，因而方差/协方差数据点个数为 15×(15+1)/2=120，语法建构的模型中自由估计的参数个数为 5 个因素的方差+10 个因素间的协方差+15 个因素负荷+15 个残差−5 个固定负荷=40，满足模型可识别的必要条件，模型的自由度为 120−40=80。

模型评价：$\chi^2=145.93$，$df=80$，$\chi^2/df=1.82$，CFI=0.93，NNFI=0.91，RMSEA=0.064，SRMR=0.071。卡方检验显著，与自由度的比值接近 2；选取的两个相对拟合指数 NNFI 和 CFI 反映了模型相对于独立模型的改善程度，一般以 0.95 作为判断模型优劣的标准，本例中这两个指数大于 0.90，但小于 0.95；RMSEA 反映了检验的模型与饱和模型之间的差异程度，一般以 0.05 作为模型拟合良好的标准，本例中该指数小于 0.08，大于 0.05；SRMR 反映了观测数据的协方差矩阵与再生矩阵之间的差异程度，一般以 0.08 作为模拟拟合良好的标准，本例中该指数小于 0.08。综合这些模型拟合指数，五因素相关模型对 15 个变量之间关系的描述较为理想，但仍有一定的修正空间。

参数估计结果见表 3-7。

表 3-7 参数估计结果

项目	外向性	随和性	尽责性	神经质	开放性	误差方差
1. 健谈的	0.81					0.34
2. 充满热情的	0.66					0.56
3. 外向的	0.92					0.15
4. 乐于助人的		0.63				0.60
5. 宽容的		0.67				0.54
6. 信任他人的		0.46				0.78
7. 做事坚持的			0.81			0.35
8. 有恒心的			0.75			0.43
9. 勤奋努力的			0.64			0.59
10. 易波动的				0.82		0.33
11. 易紧张不安的				0.53		0.72
12. 易心烦意乱				0.80		0.37
13. 有创造性的					0.78	0.38
14. 有原创力的					0.73	0.47
15. 想象力丰富的					0.74	0.45

续 表

项　目	外向性	随和性	尽责性	神经质	开放性	误差方差
外向性	1.00					
随和性	0.28	1.00				
尽责性	0.09	0.19	1.00			
神经质	0.07	−0.07	−0.15	1.00		
开放性	0.35	0.05	−0.03	0.09	1.00	

注：完全标准化解，即观测变量和潜在变量均标准化。

在语法中，“MI”是提示修正的命令，结果提示如果允许第二个项目在第二个因素上有负载，卡方降低量最大，那么能够有效改善模型对数据的拟合。根据这一提示，仔细分析“充满热情的”这一项目与随和性这一人格因素之间的关系，看是否可解释，从而决定是否修正模型或者修订测量工具。“充满热情的”如果是对事，那么与随和性的关联不大，但如果是对人，则与随和性有较大关联，从这点来看，该项目与随和性之间的关系是可解释的。模型生成以此修正开始，在设置 LX 的语法中增加“FR LX(2,2)”，重新进行模型评价和参数估计评价。由于新增一个自由估计的参数，因此模型的自由度减少 1，变为 79。各个模型拟合指数变为：$\chi^2=119.97$，$df=79$，$\chi^2/df=1.52$，CFI＝0.96，NNFI＝0.94，RMSEA＝0.051，SRMR＝0.063。修正后的模型与最初的模型相互嵌套，可以通过卡方变化来评估模型优劣，这里的卡方变化为 25.96，是显著的，CFI 的变化也大于 0.01。修正后的参数估计见路径图 3－3。如果要验证该修正的稳定性，保险做法是在新的样本数据上进行交叉验证。两个模型共有的负载矩阵之间的相关为 0.96，这说明新增的参数不会明显影响其他参数之间的相对大小，仔细核查每个参数的变化发现确实没有明显影响。

示例 2：多质多法模型的应用

人格研究中常常同时测量多个人格特质，针对同一个特质既可以用不同的方法来测量，也可以从不同的来源收集数据。影响个体在特质测量上得分的因素包含两大类：一类为特质因素，另一类为方法因素（将数据来源视为方法因素中的一个亚类）。此外，这两类因素还会影响观

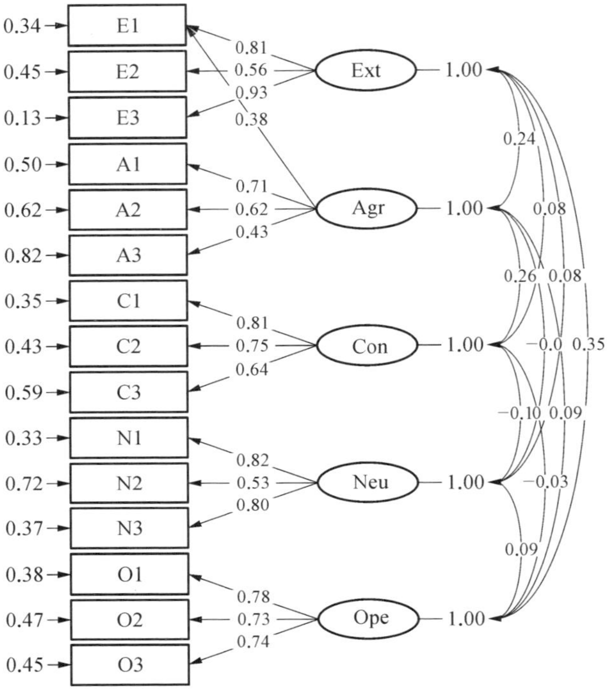

图 3－3　修正后模型的路径图

测到的特质之间或特质与其他领域的变量之间的相关。多质多法模型（MTMM 模型）就是对这两类因素建模，以确定特质因素和方法因素对测量结果的相对贡献，我们可以应用验证性因素分析来估计多质多法模型中的特质效应和方法效应。多质多法模型主要用于检验测量工具的结构效度，同时可用于验证理论假设，比如在行为遗传学中检验遗传和环境两大类因素的相对效应。

在验证性因素分析框架下检验结构效度，一般先建构基线模型——特质相关方法相关模型（CTCM 模型），检验该模型的拟合程度，然后建构其他备选模型，并与基线模型的拟合进行比较，以此来检验聚合和区分效度。这些比较既可以在整体的矩阵水平进行，也可以在单个的参数水平进行。备选模型根据研究设计以及理论考虑可以有不同的选择。

为了更好地说明基线模型和其他备选模型的形态，我们以演示为例。检验不同来源、不同测量方法的人格知觉中的特质效应和方法效应，知觉的特质是“大五”人格，每个特质通过一个项目来测量，评估方法有四种(来源×方法)，即自我评定、自我排序、他人评定、他人排序，共有五个特质、四种方法。一般来说，特质相关方法相关模型是系列多质多法模型中限制最少(自由估计的参数多)的模型，该模型允许方法因素相关。图 3-4 建构的模型对应的 LISREL 语法见表 3-8。示例中，采用全 Y 模型形式，分析协方差矩阵，采用固定方差法进行单位化。

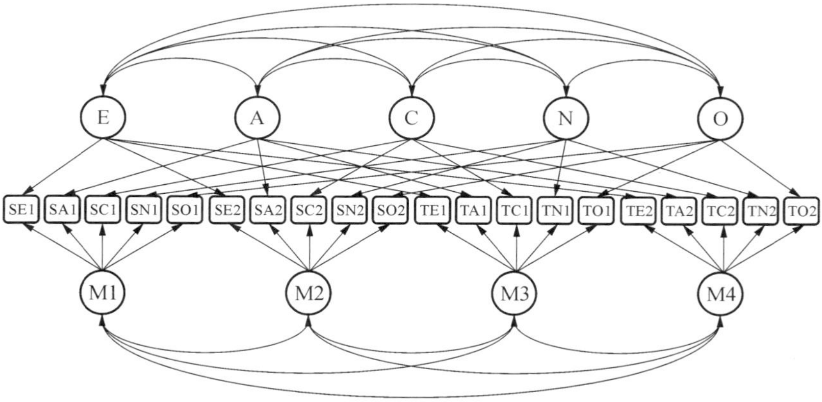

图 3-4 系列多质多法模型之特质相关方法相关模型

表 3-8 特质相关方法相关模型语法

```
! Title CTCM
DA NO=343 NI=20 MA=CM
LA
E. PE1 E. PE2 E. SE1 E. SE2 A. PE1 A. PE2 A. SE1 A. SE2 C. PE1 C. PE2 C. SE1
C. SE2 N. PE1 N. PE2 N. SE1 N. SE2 O. PE1 O. PE2 O. SE1 O. SE2
CM=CTCM. COV
SE
1 5 9 13 17 2 6 10 14 18 3 7 11 15 19 4 8 12 16 20/
MO NY=20 NE=9 PS=SY, FI LY=FU, FI TE=SY, FI
LE
E A C N O M1 M2 M3 M4
FR LY(1,1) LY(2,2) LY(3,3) LY(4,4) LY(5,5)
FR LY(6,1) LY(7,2) LY(8,3) LY(9,4) LY(10,5)
FR LY(11,1) LY(12,2) LY(13,3) LY(14,4) LY(15,5)
```

续 表

```
FR LY(16,1) LY(17,2) LY(18,3) LY(19,4) LY(20,5)
FR LY(1,6) LY(2,6) LY(3,6) LY(4,6) LY(5,6)
FR LY(6,7) LY(7,7) LY(8,7) LY(9,7) LY(10,7)
FR LY(11,8) LY(12,8) LY(13,8) LY(14,8) LY(15,8)
FR LY(16,9) LY(17,9) LY(18,9) LY(19,9) LY(20,9)
FR PS(1,2) PS(1,3) PS(1,4) PS(1,5) PS(2,3) PS(2,4) PS(2,5) PS(3,4) PS(3,5)
PS(4,5)
FR PS(6,7) PS(6,8) PS(6,9) PS(7,8) PS(7,9) PS(8,9)
FR TE(1,1) TE(2,2) TE(3,3) TE(4,4) TE(5,5) TE(6,6) TE(7,7) TE(8,8) TE
(9,9) TE(10,10)
FR TE(11,11) TE(12,12) TE(13,13) TE(14,14) TE(15,15) TE(16,16) TE(17,
17) TE(18,18) TE(19,19)  TE(20,20)
VA 1 PS(1,1) PS(2,2) PS(3,3) PS(4,4) PS(5,5) PS(6,6) PS(7,7) PS(8,8)
PS(9,9)
ST
! OU 中 NS 表明系统不提供初始值，使用者需要自己设置恰当的初始值
PD
OU NS SS SC ND=4 AD=OFF
```

特质相关无方法模型（CT 模型）。该模型是传统的特质模型，即不考虑方法效应，认为测量结果只受到实质性因素影响。图 3－4 中去掉下部分的方法因素就是 CT 模型。

无特质方法相关模型（CM 模型）。该模型认为某个测量结果只是方法学假象，无法测量到实质性的因素。图 3－4 中去掉上部分的特质因素就是 CM 模型。

特质正交方法正交模型（OTOM 模型）。在该模型中，两类因素都包含其中，但是对各类别因素之间相关的设定不同于特质相关方法相关模型，即把因素之间的协方差固定为 0，认为特质之间是正交的，比如一般认为“大五”人格因素不同特质之间是相互独立的维度，方法之间是正交的。在表 3－8 的语法中，将相应的协方差固定即可。

特质正交方法相关模型（OTCM 模型）。在该模型中，特质之间是正交的，方法因素之间允许存在相关。

特质相关方法正交模型（CTOM 模型）。在该模型中，特质之间是相关的，方法因素之间是正交的。

除了设置为正交，还可以根据理论假设将因素之间的相关设置为其

他数值。在检验完所有备选模型后,通过模型比较来检验相应的假设。聚合效度关注针对相同特质的不同测量之间的相关,此类相关应该是显著的,其检验可以通过比较特质相关方法相关模型和方法相关模型的拟合实现,如果特质相关方法相关模型拟合明显更好,则支持聚合效度。区分效度关注不同特质的不同测量之间的相关,这些相关应该是很小的。如果不同的测量使用相同的方法,那么这个区分相关中包含方法效应。我们可以将特质相关方法相关模型与特质之间完美相关模型进行比较,或者与特质因素正交模型进行比较,如果特质之间完美相关模型明显不如自由估计的模型,或者特质因素正交模型与自由估计的模型的差异不明显,则支持区分效度。相应地,可以检验测量之中是否存在方法效应,不同方法之间是否存在区分。例如,如果特质相关方法相关模型相比于特质相关无方法模型没有明显的更优拟合,则表明方法效应很小,可以忽略;如果特质相关方法相关模型相比于特质相关方法正交模型没有明显的更优拟合,则表明方法之间具有较大区分性。

以上是从模型整体拟合的角度检验特质和方法的聚合和区分的性质。通过检查具体参数估计能更精确地评估有关特质和方法的变异。在验证性因素分析框架下,特质变异和方法变异的相对大小可以通过负载的相对大小来确定。因素之间的区分则可以通过因素之间的相关模式来判定。表 3-9 显示了特质相关方法正交模型加上部分误差相关模型(CU 模型)的参数估计结果,不同方法的测量在相同特质上有明显负载,这表明存在聚合效度,在特质上的负载均大于在方法上的负载,这表明使用这些方法测量这些特质时,方法因素的影响相对于特质因素并不是很大。

除了备选模型,还有一类特殊的模型,即误差相关模型。在多质多法模型中考虑误差相关的模型包括特质相关误差相关模型(CTCU 模型)。在这个模型中,不设置方法因素,而是通过设置相同方法下的测量误差的相关来考虑方法效应,如果有其他在理论上成立的误差相关,那么可以设置为自由估计。特质相关误差相关模型对相同方法下各个指标的测量误差之间的相关并没有一个预期。当测量涉及的特质为两个

表 3-9 特质相关方法正交模型加上部分误差相关模型的参数估计结果

	自我评定					自我排序					目标评定					目标排序				
	E	A	C	N	O	E	A	C	N	O	E	A	C	N	O	E	A	C	N	O
E	0.46					0.50					0.83					0.82				
A		0.28					0.46					0.57					0.70			
C			0.33					0.40					0.90					0.92		
N				0.34					0.44					0.80					0.73	
O					0.33					0.35					0.77					0.88
M1	0.37	0.25	0.56	−0.05	0.37															
M2						0.31	0.21	0.26	−0.18	0.29										
M3											0.00	0.38	0.23	−0.29	−0.04					
M4																0.50	0.14	0.10	−0.08	0.15

或三个时,特质相关方法相关模型和特质相关误差相关模型是等价的。与非误差相关模型相比,误差相关模型认为每个测量都有一个方法效应,而且通常更容易得到恰当的解,但解释起来更复杂。

评论

成熟的、全面的人格评估工具往往包含较多项目,此时如果使用项目水平的验证性因素分析,那么模型的拟合通常不会很好。有学者不建议直接使用验证性因素分析检验人格结构模型和人格测量工具的优劣。对于那些相对简单、相对狭窄领域的人格相关概念结构的检验和工具的开发,验证性因素分析能发挥作用。与其说验证性因素分析是验证取向的因素分析,不如说是“不验证”,因为验证性因素分析本身并不能确定变量之间的关系模式,但是能排除错误的模型。此外,在带有模型生成的验证性因素分析中,验证的意味更不明显,在其中进行的探索性的修正不仅需要满足拟合,而且要有理论基础,可以被解释,并且能交叉验证。

在针对多质多法模型进行的验证性因素分析中,除了技术方面的考虑,更为重要的是有关估计结果的实质性的解释和理论框架。此外,如果高级人格因素模型与多质多法模型相结合,则有其他备选模型,在此不一一介绍。分析多质多法模型应当考虑选择模型的策略,建议先根据传统的多质多法模型的相关模式初步检验测量的结构效度,然后通过系列验证性因素分析模型的建构和检验进一步评估结构效度。

3.2.2 测量和结构等值性检验

多组验证性因素分析介绍

前面介绍的是单一样本组的情况,这部分内容将介绍多组样本的情况,即多组验证性因素分析(multi-group confirmatory factor analysis, MGCFA)。多组验证性因素分析能解答有关测量模型或结构模型是否具有跨样本等值性或不变性的问题,比如根据性别、民族、年龄、文化等区分的不同群体之间的比较。人们在对个体或群体的测量结果,以及多个测量之间的关系进行比较时,比如人格特质的跨文化比较,往往假定测量到的是相同的特质，测量的尺度和起点相同，测量的误差均等，在这些假设的基础上进行均值的差异检验。利用多组验证性因素分析进行的等值性检验能对这一假设进行检验，即使不能很好地满足假设，也能灵活处理后再比较。

多组验证性因素分析的使用者往往关注以下三个问题：第一，测量模型的跨组等值性，即一组项目与其背后的潜在变量之间关系的等值性；第二，结构模型的跨组等值性，即不同测量得到的理论构念之间关系的等值性；第三，潜在均值的跨组等值性。等值性检验可用于评估测量工具的属性，同时可以替代其他统计分析，比如 t 检验、回归系数差异检验等。

约雷斯科格(K. G. Jöreskog)认为，等值性检验一般从协方差结构的整体等值检验开始，即先检验该虚无假设：$\Sigma_1 = \Sigma_2 = \cdots = \Sigma_G$，其中 Σ 是总体的方差和协方差矩阵，G 是群组编号，即这些样本来自同一总体，其对应的方差和协方差矩阵是均等的。该假设检验既可以通过多元方差分析中的 Box M 统计量实现，也可以通过设置与观测变量相等的潜在变量，然后将潜在变量的方差和协方差设定为等同来检验。如果拒绝假设，则说明不同群组的方差和协方差是不均等的，接下来就要详细分析不均等的来源。如果不能拒绝虚无假设，随后的等值性检验就没有必要，不同群组的数据可以合并，其他分析可在合并的样本上进行。不过，总体检验和具体的等值性检验常常会得到矛盾的结论，因为这两类检验使用的统计方法和标准有所区别。鉴于此，穆滕(B. Muthén)认为，总体方差和协方差的跨组均等检验不应该是跨组等值性的必要前提。

等值性检验按照一定的逻辑顺序逐步增加限制以检验不同类型参数的跨组等值性。最常见的检验步骤为：因素负载→因素的方差和协方差→结构回归系数→均值结构的等值性。也就是说，先测量模型后结构模型。测量模型中的误差方差和协方差(可用于检验测量信度的跨组等值性)，以及残差方差和协方差的等值性检验相对更少见，这些检验对数据提出过分严格的要求。

依照约雷斯科格的等值性检验传统，先对测量模型部分的参数进行等值性检验，检验每个观测变量负载模式的跨组等值性，一旦确认参数是等值的，就将这些参数设定为相等，很有可能不是所有的负载都是等值的，即允许部分等值。测量部分等值检验和设定等值后，进行结构参数的等值性检验。测量和结构参数的等值性检验是一系列逐步增加限制的嵌套模型的比较和选择过程，因而上述各类参数等值性检验的顺序是有必要的。在进行跨组等值性检验之前，要建立一个基线模型并进行分组检验，根据简洁和有实质意义的标准确定最优拟合模型，由于卡方和自由度的可加性，各组的卡方之和可作为模型的跨组拟合度量。尽管因素的个数跨组均等是等值性检验的逻辑起点，但这并不是必要条件，只需要检验那些跨组相似的参数的等值性。

图 3-5 所示流程图是一种可供参考的等值性检验步骤。这是两组的情况，当涉及三组及以上的比较时，可参考方差分析和多组比较的思路进行等值分析。

实例演示

问题：罗森伯格自尊量表(Rosenberg Self-esteem Scale, RSE)的心理测量学属性在中学生群体中的性别差异检验。

样本：来自五个城市的 12～19 岁的中学生，其中男生 1 032 名，女生 1 223 名。年龄分布无性别差异。

工具：RSE 中文版，10 个项目，采用 4 点量表。其中，6 个正向项目，4 个反向项目(反向计分)。

数据和分析策略：将数据视为连续型数据，多元正态检验结果表明显著偏离正态，因而采用 ML 估计方法分析渐进协方差矩阵。采用 S-B 法校正的卡方，以及相应的 CFI、NNFI(TLI)、RMSEA、SRMR 等拟合指数及部分指数的变化评估和比较模型的优劣。在全体样本上进行模型选择的分析，根据有关一般自尊的文献，建构出一系列备选模型，包括特质相关误差相关模型(单一自尊特质因素，加上正向项目的误差相关，负向项目的误差相关)。在所有模型中，该模型的拟合最好，各拟合指标见表 3-10。

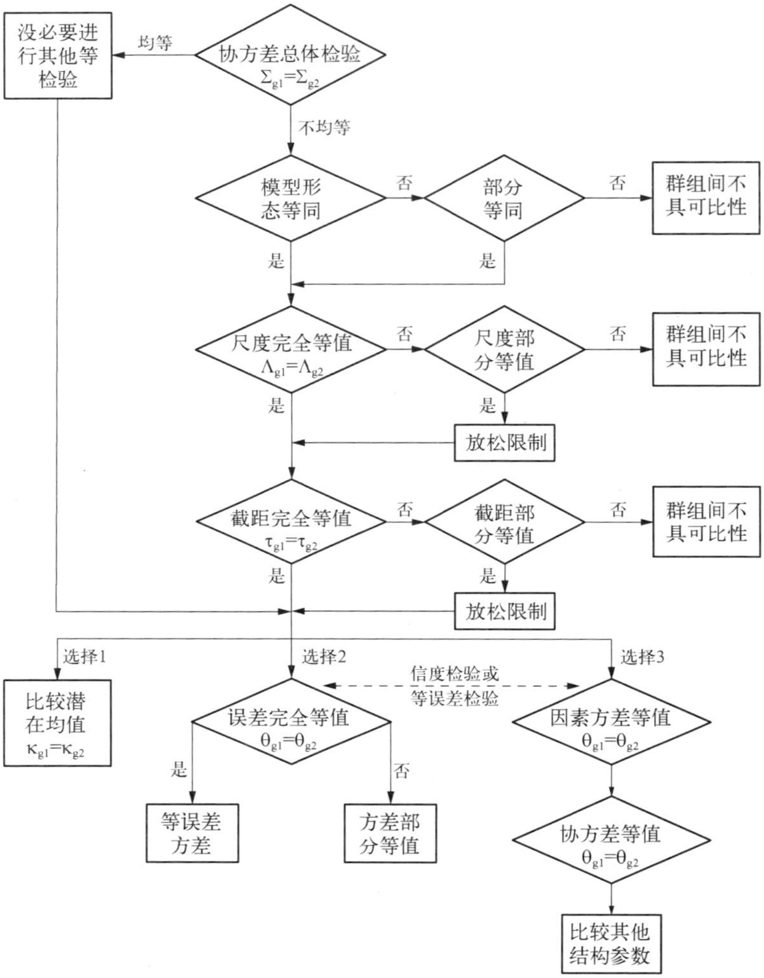

图 3-5 等值检验的参考流程图

表 3-10 最优模型的拟合指数(全体样本)

NTWLS χ^2(C2)	S-B χ^2(C3)	df	CFI	NNFI	RMSEA(90%CI)	SRMR
85.39	53.25	15	0.996	0.989	0.034(0.024~0.044)	0.018

注：其他备选模型的结果没有一一呈现。该模型中为估计的收敛设定某个误差相关为 0。

等值检验结果：以表 3-10 评价的模型为基线模型，进行性别等值检验，检验的顺序和结果见表 3-11。

表 3-11 等值检验系列模型的拟合指数及变化

模 型	C2	C3	df	CFI	NNFI	RMSEA(90%CI)	比 较	$\Delta\chi^2(\Delta df)$	ΔCFI
总体检验 1	137.74	86.24	55	0.997	0.995	0.023(0.013～0.031)			
总体检验 2	178.30	118.85	65	0.995	0.993	0.027(0.019～0.035)			
男生	76.17	48.71	15	0.991	0.974	0.047(0.032～0.062)			
女生	38.63	23.95	15	0.999	0.996	0.022(0.000～0.038)			
M1	114.80	72.27	30	0.996	0.988	0.035(0.025～0.046)			
M2	132.19	87.44	40	0.995	0.990	0.032(0.023～0.042)	M1	13.57(10)	0.001
M3	163.56	108.85	50	0.994	0.990	0.032(0.024～0.041)	M2	**21.40(10)**	0.001
M3.2	136.60	90.43	45	0.996	0.991	0.030(0.021～0.039)	M2	2.94(5)	0.000
M4	175.83	112.25	65	0.995	0.994	0.025(0.017～0.033)	M3.2	23.18(20)	0.001
M5	173.21	110.12	64	0.996	0.994	0.025(0.017～0.033)	—M4	2.28(1)	0.001
M6	218.47	146.88	75	0.993	0.992	0.029(0.022～0.036)	M4	**43.79(10)**	0.002
M6.2	187.30	124.51	73	0.995	0.994	0.025(0.017～0.032)	M4	11.47(8)	0.000
M7	186.40	123.46	72	0.995	0.994	0.025(0.017～0.033)	—M6.2	0.81(1)	0.000

注：为了收敛和识别模型，项目 1 和项目 5 的误差协方差设定为 0。M1＝形态等同模型；M2＝负载完全等同模型；M3＝误差方差完全等同模型；M3.2＝误差方差部分等同模型；M4＝误差协方差完全等同模型；M5＝检验因素方差等同模型；M6＝指标截距完全等同模型；M6.2＝指标截距部分等同模型；M7＝潜在均值跨组自由估计模型。黑体表示在 0.05 水平上显著。

总体检验 1 以女生方差协方差为准,将男生的设置与之等同,结果显示卡方是显著的,不过其他指数显示该模型具有非常好的拟合;总体检验 2 同时考虑了均值模型。该检验的语法见表 3－12。表 3－12 中协方差矩阵、渐进协方差矩阵,以及指标均值由与 LISREL 配套的 PRELIS 所提供,保存在与语法文件相同的文件路径中。通过将所有指标变为潜在变量,同时将指标与潜在变量之间的符合设定为 1,误差方差设定为 0,因素的方差和协方差设置为自由估计,这样便能将观测变量之间的方差和协方差矩阵变为等值检验的形式。在该例子中,观测变量个数为 10,方差协方差数据点为(10＋1)×10/2＝55,因此检验两组方差协方差的总体等值性的自由度为 55。语法中还包含检验均值模型中截距部分的等值。

表 3－12　等值检验中总体检验的语法示例

```
Female Group
DA NI=10 NO=1223 MA=CM NG=2
LA
P1 P2 P3 P4 P5 P6 N1 N2 N3 N4
CM=female_e22.cov
AC=female_e22.acm
ME=me_female.dat
MO NX=10 NK=10 TD=ZE PH=FU,FR LX=FU,FI TX=FR KA=FI
LK
P1 P2 P3 P4 P5 P6 N1 N2 N3 N4
VA 1 LX(1,1) LX(2,2) LX(3,3) LX(4,4) LX(5,5) LX(6,6) LX(7,7) LX(8,8) LX
(9,9) LX(10,10)
PD
OU ME=ML RS EF SS SC AD=OFF ND=3
Male Group
DA NI=10 NO=1032 MA=CM
LA
P1 P2 P3 P4 P5 P6 N1 N2 N3 N4
CM=male_e22.cov
AC=male_e22.acm
ME=me_male.dat
MO NX=10 NK=10 TD=ZE PH=IN LX=FU,FI TX=IN
LK
P1 P2 P3 P4 P5 P6 N1 N2 N3 N4
VA 1 LX(1,1) LX(2,2) LX(3,3) LX(4,4) LX(5,5) LX(6,6) LX(7,7) LX(8,8) LX
(9,9) LX(10,10)
PD
OU ME=ML RS EF SS SC AD=OFF ND=3
```

可以通过逐一检验各个参数的均等设置对模型拟合的影响来确定部分等同模型，顺序的确定可以参考修正指数。进行因素方差等值检验时，单位化方法变为固定负荷法，与 M4 相比，其他均为固定方差法。项目 2、项目 6、项目 7、项目 9 和项目 10 的误差方差设置为跨性别自由估计。项目 3 和项目 6 的截距跨性别不均等。M7 中女生均值设置为 0，男生均值估计为－0.01，与 0 相比无显著差异。该模型的语法见表 3－13。

表 3－13　M7 语法示例

```
Female Group
DA NI=10 NO=1223 MA=CM NG=2
LA
P1 P2 P3 P4 P5 P6 N1 N2 N3 N4
CM=female_e22.cov
AC=female_e22.acm
ME=me_female.dat
MO NX=10 NK=1 TD=SY,FI PH=FU,FI LX=FU,FI TX=FR KA=FI
LK
SE
FR LX(1,1) LX(2,1) LX(3,1) LX(4,1) LX(5,1) LX(6,1) LX(7,1) LX(8,1) LX
(9,1)
FR LX(10,1)
FR TD(1,1) TD(2,2) TD(3,3) TD(4,4) TD(5,5) TD(6,6) TD(7,7) TD(8,8) TD
(9,9) TD(10,10)
FR TD(7,8) TD(7,9) TD(7,10) TD(8,9) TD(8,10) TD(9,10)
FR TD(1,2) TD(1,3) TD(1,4)
FR TD(1,6) TD(2,3) TD(2,4) TD(2,5) TD(2,6) TD(3,4) TD(3,5) TD(3,6) TD
(4,5) TD(4,6) TD(5,6)
VA 1 PH(1,1)
PD
OU ME=ML RS EF SS SC AD=OFF ND=3
Male Group
DA NI=10 NO=1032 MA=CM
LA
P1 P2 P3 P4 P5 P6 N1 N2 N3 N4
CM=male_e22.cov
AC=male_e22.acm
ME=me_male.dat
MO NX=10 NK=1 TD=IN PH=IN LX=IN TX=IN KA=FR
LK
SE
FR TD(2,2) TD(6,6) TD(7,7) TD(9,9) TD(10,10)
FR TX(3) TX(6)
PD
OU ME=ML RS EF SS SC AD=OFF ND=3
```

嵌套模型之间卡方的变化不是直接相减，而是根据 S－B 法进行校正。此处是对 NTWLS 卡方(C2)进行校正，采用 S－B 最初建议的方法，即分别估计两个待检验的模型（M_0 和 M_1，M_0 是限制更多，自由度更少的模型）的卡方，然后结合自由度的信息计算以下各个成分：$c_{M0}=T2_{M0}/T3_{M0}$，$df_{M0}\times c_{M0}$，$c_{M1}=T2_{M1}/T3_{M1}$，$df_{M1}\times c_{M1}$，两个模型的自由度之差 $m=df_{M0}-df_{M1}$，$c_d=(df_{M0}\times c_{M0}-df_{M1}\times c_{M1})/m$，以及未校正的卡方之差，校正后的卡方之差等于未校正的卡方之差除以 c_d。表 3－11 中呈现的是校正后的结果。

与图 3－5 建议的检验流程不尽相同，此处先进行所有方差和协方差的等值检验，然后进行均值结构的等值检验。

3.2.3 路径分析的概念和原理

路径分析(path analysis，PA)是一种分析多个变量之间因果路径的统计技术，结构方程建模能同时建构多个变量（包括多个因变量）之间的结构模型，因而能用于路径分析中。这种取向的路径分析就具有结构方程建模其他应用具有的优势，比如能处理潜在变量和考虑测量误差等。

和结构方程建模的其他应用一样，路径分析基于变量之间的共变结构，一般是相关矩阵或方差协方差矩阵。尽管路径分析可以推测和检验因果关系，但是对于孰因孰果以及因果程度等问题的揭示并不那么明显。经过模型的建构、检验、修正和简化，最后一个问题是获得的模型与我们要研究的某个特定的过程背后的因果机制关系如何。

选择和检验的模型是否揭示变量之间的因果路径，对此问题可以根据不同的标准来判定，模型的拟合并不是唯一的标准，不能仅仅因为模型拟合好就轻易说模型是正确的，我们完全有理由相信还有其他拟合相当甚至更好的模型存在，比如对于同一组变量可以建构出多个等价模型（数学意义上的等价，而不是因果关系上的等价）。因此，需要借助多个标准来判定模型的正确性。除了模型拟合情况之外，模型的合理性和意义、内源变量的变异被模型中涉及的变量解释的程度，以及参数估计的可重复性都是需要考虑的重要标准。这些标准不仅在路径分析中适用，在其他模型取向的分析中同样适用。

路径模型的元素是变量之间的关系,相关是没有明确因果方向的关系,是整个路径分析的基础。在此基础上,还有其他几种可能的关系:单向因果关系(一个变量是原因变量,另一个变量是结果变量,例如 $X \rightarrow Y$),单向因果关系序列(最初的原因变量通过一系列中间的阶段性的结果变量影响最后的结果变量,例如 $X \rightarrow Y_1 \rightarrow Y_2$),互为因果关系(一个变量与另一个变量互为原因和结果,这两个变量在因果上具有反馈循环效果,例如 $X \rightarrow Y$ & $Y \rightarrow X$),循环因果关系(在互为因果关系的基础上,中间有其他变量参与,例如 $Y_1 \rightarrow Y_2 \rightarrow Y_3 \rightarrow Y_1$)。这些关系元素构成路径模型,包括两个基本类别:递归模型和非递归模型。前者是路径分析默认探讨的模型,与传统的多元回归更接近,因而可用回归分析获得各项参数,而非递归模型无法用传统的回归分析进行分析。两类路径模型的差别还在于递归模型中所有因果关系是单向的,并且残差项相互独立,而非递归模型允许更多样的关系,包括变量之间互为因果关系,允许残差之间存在相关。路径模型需要满足回归分析的所有假设:线性关系,变异可加性,数据类型的要求,误差正态且独立。路径分析适用于外显变量的关系建模,也能处理包含潜在变量的情形。

变量之间关系的呈现方式有两种:路径图和一组结构方程式(也称为路径模型)。成套结构方程式是几个回归方程的组合,结构方程式中用于描述变量之间关系程度和方向的系数称为路径系数。和传统回归分析框架下的效应及其分解类似,路径分析中的效应分为中介效应和间接效应,不同的是路径分析中除了可以根据估计的参数计算不同类型的效应之外,还能通过输出结果的设定直接呈现所需的效应。

路径模型的设定是进行路径分析的基础,模型的合理性评估是指判断模型背后的理论基础。从理论出发,我们能确定变量在因果链上的顺序,如果模型很好地根植于某个理论或研究设计,那么能排除很多备选模型。这对模型选择来说无疑非常高效、便利,但前提是依据的理论是合理的。在很多情况下,模型的合理性并不是很明确,此时就需要实证检验。例如,已有的理论并没有明确揭示两个内源变量的因果顺序,此时可通过设置两个变量之间的双向因果关系检验哪个变量对另一个变量的效应更大或更显著，借此推测变量之间的因果顺序。相对来说，这种根据实证证据来确定变量之间因果顺序的情况比较少见。根据理论，我们不仅能确定变量之间的因果顺序，而且能推断模型中哪些部分是完整的，哪些部分可能存在误差。

带有潜在变量的路径模型是一个全模型，包括前面提到的测量模型和结构模型，也称为结构回归模型。全模型中包含的参数的种类和数量较多，因而需要谨慎处理模型识别问题。对于测量模型部分，不管是内生潜在变量还是外生潜在变量，从每一个潜在变量对应的观测变量中选出一个，将其负载固定为 1，以作为其他指标的负载参照，这种做法可以让潜在变量的方差自由估计。对全模型的识别有两种方式。这里介绍博伦(Bollen，1989)建议的两阶段法。第一阶段是进行单纯的测量模型的参数估计，第二阶段是将第一阶段中的潜在变量视为观测变量，然后以路径分析的方式进行结构模型分析。这种方法将结构回归模型分析拆分为因素分析和路径分析两个部分，其优点在于简化模型识别，减少因参数过多而导致的未能识别的问题；其缺点在于不能对所有观测变量的相互关系进行整体的模型建构和分析，未能发挥潜在变量设置的优势。也就是说，两阶段法带来的好处可能比不上其付出的代价，因而该方法的使用并不多见。

带有潜在变量的路径模型往往估计的参数众多，从而导致参数估计出现膨胀现象，即结构方程模型中待估计的参数数量越多，模型自由度越大，估计出来的卡方值越容易超过显著性水平，从而得到模型拟合度不佳的结果。在全模型中，往往是测量模型导致参数膨胀问题，结构模型需要估计的参数并不多，并且是研究者更为关注的部分。例如，使用路径分析来检验人格特质对结果变量的效应时，就常常会遇到参数膨胀问题，因为人格特质的测量常常涉及很多项目和维度，结果变量的测量也如此。参数膨胀问题的解决方法，除了两阶段法之外，还可以采用适当的打包技术以减少观测变量的数量，减少测量模型中待估计的参数个数。根本的解决途径是研究设计过程中尽量提高测量信度，选择有效的变量(相关高的变量)进入模型。

3.2.4 路径分析的应用：中介效应模型

概念和数据背景

我们已经在回归分析框架下探讨过中介的问题。路径分析也能处理中介效应的问题，并且能考虑变量的测量误差，利用潜在变量进行分析。接下来，我们通过一个例子演示用带有潜在变量的路径分析来检验中介效应。在该模型中，由于内生变量不是潜在变量，而外生变量是潜在变量，因此这种全模型称为部分潜在模型（相对于完全潜在模型）。

使用的数据是有关人格知觉与关系质量之间关系的数据。在单向视角的成对关系（相对于双向视角，即收集关系双方的数据并进行配对）中，用假定相似性（人格知觉中的自我知觉与知觉对象之间的相似性，计算两种知觉在项目水平上的相关，是一种自下而上计算的相似性）、感知相似性（直接以人格特质的相似性为知觉对象，要求知觉者评定与某个对象在特质上的相似性）和关系质量三个变量之间的关系来演示中介效应模型。

实例演示

数据准备阶段：第一步，考虑到性别因素和关系类型因素对变量的影响，因此路径分析使用的数据是将相似性和关系质量在评定者性别、被评定者性别、关系类型、评定者与被评定者的性别关系上回归的标准化残差，同时删除 3 个标准差之外的数据共 4 例。该分析是在 SPSS 回归分析模块下完成的。随后，我们可以用 LISREL 自带的数据分析模型 PRELIS 进行数据筛查，所用的语法示例见表 3－14。运行之后就会得到所有变量的描述统计信息，包括变量的偏态和峰态情况的检验，以及

表 3－14 数据筛查语法示例

```
! TI data screening 加上！以确保不会出现因为加上标题行而出错
DA NI=6 NO=195
RA FI='E：Lisrel data files\mos. psf'！如果输入的是文本数据，则需要界定数据格式
比如 FO(19F4. 2/13F4. 2)表示文本数据中每个 case 有两行数据，第一行包括 19 个变
量，每个变量占据 4 列，保留两位小数，第二行包括 13 个变量。
CO ALL！表明所有变量均为连续变量
OU MA=CM XT！在结果中输出协方差矩阵，XT 表示不输出统计量。如果要输出相
应的结果，则需对应的语法，比如 SM=moscm. CM SA=mosacm. AC，这个语法是指将
协方差矩阵以及对应的渐进协方差矩阵存为相应的文件。
```

表 3-15 数据筛查分析结果

Total Sample Size = 195

Univariate Summary Statistics for Continuous Variables

Variable	Mean	St. Dev.	T-Value	Skewness	Kurtosis	Minimum	Freq.	Maximum	Freq.
ZRE_RAS	0.059	0.883	0.931	−0.792	0.328	−2.976	1	1.774	1
ZRE_PRQS	0.065	0.885	1.025	−0.448	−0.233	−2.527	1	1.686	1
ZRE_SIM1	0.048	0.933	0.713	−0.415	−0.014	−2.779	1	2.029	3
ZRE_SIM2	0.039	0.959	0.563	−0.413	−0.369	−2.523	1	1.910	1
ZRE_DIFF	−0.012	0.977	−0.166	0.262	−0.356	−2.112	1	2.506	1
ZRE_ASS	0.042	0.944	0.625	−0.263	−0.134	−2.573	1	2.629	1

Test of Univariate Normality for Continuous Variables

	Skewness		Kurtosis		Skewness and Kurtosis	
Variable	Z-Score	P-Value	Z-Score	P-Value	Chi-Square	P-Value
ZRE_RAS	−4.158	0.000	1.008	0.313	18.309	0.000
ZRE_PRQS	−2.519	0.012	−0.629	0.530	6.742	0.034
ZRE_SIM1	−2.347	0.019	0.107	0.915	5.522	0.063
ZRE_SIM2	−2.334	0.020	−1.176	0.240	6.830	0.033
ZRE_DIFF	1.512	0.131	−1.119	0.263	3.539	0.170
ZRE_ASS	−1.516	0.130	−0.276	0.782	2.374	0.305

Relative Multivariate Kurtosis = 1.077

Test of Multivariate Normality for Continuous Variables

Skewness			Kurtosis			Skewness and Kurtosis	
Value	Z-Score	P-Value	Value	Z-Score	P-Value	Chi-Square	P-Value
3.909	5.048	0.000	51.686	2.574	0.010	32.108	0.000

续 表

Means	ZRE_RAS	ZRE_PRQS	ZRE_SIM1	ZRE_SIM2	ZRE_DIFF	ZRE_ASS
	0.059	0.065	0.048	0.039	−0.012	0.042
Standard Deviations	ZRE_RAS	ZRE_PRQS	ZRE_SIM1	ZRE_SIM2	ZRE_DIFF	ZRE_ASS
	0.883	0.885	0.933	0.959	0.977	0.944
Covariance Matrix						
	ZRE_RAS	ZRE_PRQS	ZRE_SIM1	ZRE_SIM2	ZRE_DIF	ZRE_ASS
ZRE_RAS	0.780					
ZRE_PRQS	0.575	0.782				
ZRE_SIM1	0.308	0.333	0.870			
ZRE_SIM2	0.370	0.370	0.570	0.920		
ZRE_DIFF	−0.336	−0.276	−0.343	−0.397	0.954	
ZRE_ASS	0.341	0.317	0.418	0.522	−0.439	0.891

Histograms for Continuous Variables

ZRE_RAS

Frequency	Percentage	Lower Class Limit
1	0.5	−2.976
2	1.0	−2.501
10	5.1	−2.026
11	5.6	−1.551
15	7.7	−1.076
33	16.9	−0.601
40	20.5	−0.126
48	24.6	0.349
28	14.4	0.824
7	3.6	1.299

注：表中只呈现部分结果，顺序也作了调整。

连续变量的多元正态性检验。该例子中六个变量的单变量峰态均不明显，偏态量也不明显。尽管多元正态性检验得到显著的结果，但总体来说可以将数据视为正态分布加以分析。

第二步，建立测量模型。和前面介绍的验证性因素分析不同，全模型中测量模型的建立主要是确定哪些指标测量哪些变量，每个指标由哪些项目构成。在本示例中，六个项目就是六个指标，其中两个项目测量一个潜在变量，三个项目测量另一个潜在变量，一个项目测量内生显变量。依照验证性因素分析程序检验或修订测量模型。在评价结构模型之前，我们希望得到一个有效的测量模型，以使我们更加确信结构模型的检验结果。

第三步，检验假设的因果结构模型。先检查待检验的假设模型，区分自变量和因变量，以确定变量的顺序（表 3－17 中所示先因变量后自变量），以及相应的测量和结构矩阵。

接着，用表 3－16 中的语法进行带有潜在变量的路径分析以检验中介效应模型。图 3－6 所示的路径分析拟合指数为：$n=195$，$\chi^2=13.54$，$df=7$，$p=0.06$，RMSEA＝0.069，NNFI＝0.98，CFI＝0.99，SRMR＝0.031。假定相似性对于关系质量的总效应为 0.49，其中直接效应为 0.04，通过感知相似性的间接效应为 0.45，标准误为 0.10，即感知相似性起到完全中介作用。

表 3－16　中介效应模型语法示例

```
TI Sample of mediation effect model
DA NI=6 NO=195 MA=CM NG=1
RA FI='E: Lisrel data files\mos. psf'
MO NX=1 NY=5 NE=2 TD=SY,FR BE=FU,FI LY=FU,FI GA=FI PS=SY
TE=SY
LE
Sim RQ
FR LY(2,2) LY(3,1) LY(5,1) BE(2,1) GA(1,1) GA(2,1)
VA 1 LY(4,1) LY(1,2)
PD
OU ME=ML RS EF SS SC AD=OFF ND=3
```

表 3－17 协方差矩阵

	RAS	PRQC	Sim1	Sim2	Sim3	ASS
RAS	0.780					
PRQC	0.575	0.782				
Sim1	0.308	0.333	0.870			
Sim2	0.370	0.370	0.570	0.920		
Sim3	−0.336	−0.276	−0.343	−0.397	0.954	
ASS	0.341	0.317	0.418	0.522	−0.439	0.891

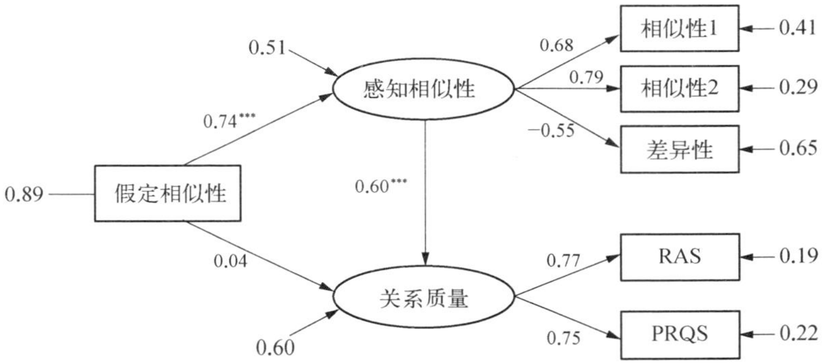

图 3－6 中介效应模型示例

如果全模型拟合不佳，则需要查看如何调整模型以改善模型拟合，只需在输出指示中加上 MI 即可。这种操作具有探索性质，研究者要清楚地知道什么时候探索，什么时候停止探索。尽管没有一个严格的规则指引这种操作，但是最好遵守以下规则：对实质性理论有全面、深入的了解，在多个拟合指标基础上确定适当的评估标准，关注模型的简洁性。

3.2.5 路径分析的应用：调节效应模型

相比于中介效应模型，人们更少使用路径分析来直接检验调节效应，带有潜在变量的情况则更少。当调节效应模型中涉及多个因变量或潜在变量时，或者当研究者需要考虑误差因素时，传统的回归分析框架不足以解决此类问题，结构方程建模框架下的路径分析策略就能派上用场。

在传统的回归分析框架下处理调节效应问题涉及交互作用项的创建，常常会遇到这样的问题：交互作用项可能与其他变量之间存在一定程度的共线性。多重共线性越明显，对参数估计的影响就越大，乘积项往往与其成分(可称为主效应项)具有中度到高度的相关。在结构方程建模框架下也面临同样的问题，我们很难创建一个不与自变量和调节变量高相关的潜在乘积项，这就导致在结构方程建模时遇到困难。如果能有效降低自变量、调节变量、交互作用项对应的指标之间的相关，就有可能在结构方程建模中纳入潜在交互作用项。为此，利特尔(T. D. Little)及其同事提出，完全正交化的方法可解决带有潜在变量的调节效应问题，即找到一种方法使得建构的乘积项与其成分完全正交，这样在结构方程建模识别和参数估计时就不会遇到很大障碍，模型容易聚合并且得到易于解释的结果。

我们用一个具体的例子来介绍利特尔等人提出的完全正交的方法。罗斯(Jose, 2013)的例子是一份自我报告的数据，包括压力、沉湎和抑郁3个变量。依照利特尔的建议，对多项目的测量采用打包技术进行处理，每个构念形成3个包。将50个与压力相关的项目随机打包成3类(SP1, SP2, SP3, 自变量)，18个与沉湎相关的项目随机打包成3类(RP1, RP2, RP3, 调节变量)，27个与抑郁相关的项目随机打包成3类(DP1, DP2, DP3, 因变量)。这9个包的取值均由所包含项目的均值度量。打包并且计算出数值之后，就得到3个潜在变量对应的指标，随后要创建交互作用项的指标。具体来说，就是将自变量的3个指标分别乘以调节变量的3个指标，得到9个乘积项指标(SP1RP1, SP1RP2, SP1RP3, SP2RP1, SP2RP2, SP2RP3, SP3RP1, SP3RP2, SP3RP3)。这样直接相乘得到的指标与自变量和调节变量的指标有中度到高度的相关，接下来就要通过9个回归分析进行正交化处理。具体来说，就是将这9个乘积项指标在它们的构成指标上(比如自变量和调节变量的6个打包指标)回归，保留残差项(命名为Res11, Res12, Res13, Res21, Res22, Res23, Res31, Res32, Res33)。回归残差项完全正交化后，就可以用LISREL等软件估计图3-7所示的模型。

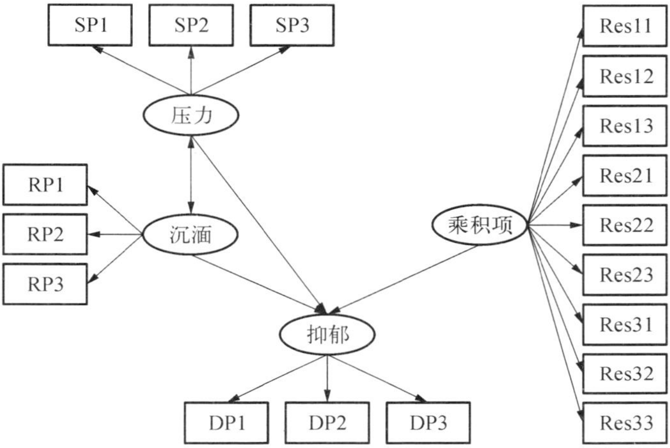

图 3－7 带有潜在乘积项的调节效应模型

注：全模型中方差项、误差项、部分协方差项没有呈现出来。9 个乘积项指标之间允许一定模式的相关。

利特尔等人的完全正交化方法的优点在于能消除多重共线性以使模型估计更顺畅，缺点在于要先进行回归求出残差，操纵起来比较麻烦，而且可能改变主效应的大小，尤其是当乘积项与主效应项之间原本就存在有意义的相关时，这种处理就人为去除了这种相关。

除了利特尔等人建议的完全正交化方法外，还有其他备选方法可以解决带有潜在变量的调节效应问题，MPlus 中有一个"Xwith"的命令也能进行此类分析。同样是先将原始项目进行打包处理，得到新的指标，然后用表 3－20 所示的语法来分析。

表 3－18 打包和完全正交化过程

```
/* SPSS 打包过程，乘积项的生成，完全正交化过程。
Compute SP1=mean(str1,str2,str3,str4,str5,str6,str7,str8,str9,str10,str11,str12,
str13,str14,str15, str16).
Compute SP2=mean(str17,str18,str19,str20,str21,str22,str23,str24,str25,str26,
str27,str28,str29,str30, str31,str32,str33).
Compute SP3=mean(str34,str35,str36,str37,str38,str39,str40,str41,str42,str43,
str44,str45,str46,str47, str48,str49,str50).
Compute RP1=mean(rum1,rum2,rum3,rum4,rum5,rum6).
Compute RP2=mean(rum7,rum8,rum9,rum10,rum11,rum12).
```

续 表

```
Compute RP3=mean(rum13,rum14,rum15,rum16,rum17,rum18).
Compute DP1=mean(dep1,dep2,dep3,dep4,dep5,dep6,dep7,dep8,dep9).
Compute DP2=mean(dep10,dep11,dep12,dep13,dep14,dep15,dep16,dep17,dep18).
Compute DP3=mean(dep19,dep20,dep21,dep22,dep23,dep24,dep25,dep26,dep27).
```

/＊上述随机化打包过程可以先在每个量表的所有项目的序号基础上生成一列随机变量,然后根据随机变量进行排序,50 个项目的压力量表则按照 16、17、17 个项目打包成 3 包,18 个项目的沉湎量表则按照 6、6、6 个项目打包成 3 包,27 个项目的抑郁量表则按照 9、9、9 个项目打包成 3 包。因为打包形成的指标有所不同,因此参数估计和模型拟合情况会存在差异。

```
Compute SP1RP1=SP1 * RP1.
Compute SP1RP2=SP1 * RP2.
Compute SP1RP3=SP1 * RP3.
Compute SP2RP1=SP2 * RP1.
Compute SP2RP2=SP2 * RP2.
Compute SP2RP3=SP2 * RP3.
Compute SP3RP1=SP3 * RP1.
Compute SP3RP2=SP3 * RP2.
Compute SP3RP3=SP3 * RP3.
```

/＊计算自变量 3 个指标与调节变量 3 个指标的乘积项。这里不需要进行指标的中心化。尽管中心化在回归分析中是降低多重共线性的一种举措。

```
REGRESSION
/missing listwise
/statistics coeff outs r anova
/criteria=pin(.05) pout(.10)
/noorigin
/dependent SP1RP1
/method=enter SP1 SP2 SP3 RP1 RP2 RP3
/save Resid.
```

/＊以上线性回归语法的关键是将每一个乘积项在与之相关的自变量和调节变量指标上回归,并保留未标准化的残差值,作为随后新的乘积项指标。取代相关变量的回归残差之后,可以用相关分析来检验新的乘积项是否与自变量、调节变量具有明显相关。随后将后缀为 sav 的 SPSS 数据文件(共 18 个指标),转化为 PRELIS 中后缀为 psf 的数据文件。

表 3-19 潜在变量调节效应模型的 LISREL 语法示例

```
TI latent moderation
DA NI=18 NO=575 MA=CM
RA=LME.psf
SE
7 8 9 1 2 3 4 5 6 10 11 12 13 14 15 16 17 18/
MO NY=3 NX=15 NE=1 NK=3 LY=FU,FI LX=FU,FI TD=SY,FI TE=SY,FI
PH=SY,FI PS=SY,FI GA=FU,FR
LK
Str Rum Res
```

续 表

```
LE
Dep
FR LY(2,1) LY(3,1)
FR LX(2,1) LX(3,1) LX(5,2) LX(6,2) LX(8,3) LX(9,3) LX(10,3) LX(11,3) LX
(12,3) LX(13,3) LX(14,3) LX(15,3)
VA 1 LY(1,1) LX(1,1) LX(4,2) LX(7,3)
FR TE(1,1) TE(2,2) TE(3,3)
FR TD(1,1) TD(2,2) TD(3,3) TD(4,4) TD(5,5) TD(6,6) TD(7,7) TD(8,8) TD
(9,9) TD(10,10) TD(11,11) TD(12,12) TD(13,13) TD(14,14) TD(15,15)
FR PH(1,1) PH(2,2) PH(3,3) PH(1,2) PS(1,1)
PD
OU ME=ML ND=3 SS SC MI
```

表 3－20　MPlus 中“Xwith”命令检验潜在变量的调节效应

```
TITLE: Latent Moderation
DATA: FILE IS latent. dat;
FORMAT is 7F8. 2;
VARIABLE: NAMES ARE Ra Rb Rc Sa Sb Sc Dep;
USEVARIABLES ARE Ra Rb Rc Sa Sb Sc Dep;
ANALYSIS:
Type=random;
Algorithm=integration;
MODEL:
Rum by Ra Rb Rc;
Soc by Sa Sb Sc;
RumxSoc | Rum xwith Soc;
Dep on RumxSoc;
OUTPUT: SAMPSTAT tech1 tech8;
```

当调节变量为类别变量时，这类变量调节其他潜在变量或外显变量之间关系的问题就可以转换为多组验证性因素分析问题，如果在某些路径系数上存在跨组不均等的情况，则表明存在调节效应。如果调节效应显著，则需要进行类似于回归分析框架下的简单斜率分析并绘制图形以呈现调节的具体模式。

3.2.6　含有工具变量的路径模型

多元回归的一个假设是误差之间的独立性，这个假设可换一种方式表述，即内生变量（回归分析中为结果变量，结构方程建模中为被其他变量预测的变量)的残差项与所有预测变量(若有测量误差,则包含真值和误差项)不相关。一旦违背这个假设,估计得到的预测系数就存在偏差和不一致。在实际的研究设计和统计分析中,这个假设并不能很好地成立,至少有三种原因导致误差之间存在相关:第一,虚假相关。由第三变量带来的相关,这个变量是内生变量和预测变量共同的预测变量,但是分析的模型未能考虑这个变量,即忽略重要变量而导致的偏差。第二,反向因果。反馈模型中内生变量通过直接或间接的方式影响原因变量,这就是前面提到的非递归模型。第三,测量误差。预测变量的测量存在误差。

出现上述三种情况,传统的多元回归分析不能很好地应对,带有工具变量的路径分析能处理这些情况(混淆变量和测量误差在非实验设计中属于常见问题)。工具变量(instrumental variable, IV)是指在回归模型中与其他变量满足一定关系模式的变量,以图3-8所示的路径图为例来说明,在该模型中,X的变化不仅与Y有关,而且与误差u有关,如果变量I满足两个条件,就能称之为X对Y的效应的工具变量:第一,I与X相关,I的变化导致X的变化,但是在控制X的前提下不会导致Y的变化,也就是I对Y不存在直接效应;第二,I与u没有关系。此外,工具变量的个数应不少于需要工具变量的变量的个数。

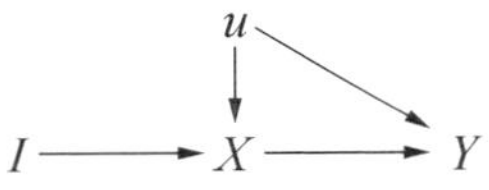

图3-8 带有工具变量的路径图

我们用回归分析框架的术语来描述工具变量的含义,假设结果变量Y与预测变量X之间的关系如下:

$Y=\alpha+\beta X+\varepsilon$,其中$Cov(X,\varepsilon)\neq 0$,即预测变量与误差之间存在相关。

假如变量I同时满足以下两个条件:

(1) $Cov(I, X)\neq 0$,I与X相关;

(2) $Cov(I, \varepsilon)=0$,I与其他所有影响Y的因素无关。

I通过X与Y相关,在控制X的条件下,I对Y没有影响。如果I满足这些条件,那么可称之为工具变量。在这个前提下,I与Y之间的间接关系的程度为：

$$Cov(I, Y) = Cov(I, \alpha + \beta X + \varepsilon) = \beta Cov(I, X) \Rightarrow \beta = Cov(I, Y)/Cov(I, X)$$

在考虑工具变量的条件下估计值为：$\hat{\beta}_I = Cov_e(I, Y)/Cov_e(I, X)$。

如果没有外生变量（这里是指工具变量），那么可以采用普通最小二乘法直接估计回归系数：$\hat{\beta}_{OLS} = Cov_e(X, Y)/Cov_e(X, X)$。

假设 $Y = \alpha + \beta X + \varepsilon$，其中 $Cov(X, \varepsilon) \neq 0$，且 $X = \gamma + \delta I + \varepsilon'$，其中 $Cov(I, \varepsilon) = 0$，这就意味着 X 与 Y 的误差项是相关的，即 $Cov(\varepsilon, \varepsilon') \neq 0$。也就是 X 可以分解为两部分：一部分可由工具变量解释（与误差无关），另一部分与误差相关。通过引入工具变量，将外生变量 X 变成预测性的内生变量，使其分解为由 I 预测的部分和残差部分。Y 不直接在 X 上回归，而只在与误差无关的 X 部分 $(\gamma + \delta I)$ 上回归，这一部分并没有得到直接测量，我们可以从 OLS 回归中得到该部分的良好估计值。可以进行一个两阶段的 OLS 回归，具体步骤如下：

第一阶段，预测变量 X 在工具变量 I 上回归，估计 $\hat{X} = \hat{\gamma} + \hat{\delta} I$，在 SPSS 中保存回归值。

第二阶段，结果变量 Y 在与误差项无关部分的估计值 $(\hat{X})$ 上回归。

在以上关于工具变量的两个假设中，工具变量与预测变量之间存在相关的假设很好检验，只需将 X 在 I 上进行 OLS 回归，如果回归系数的检验显著，则意味着它们是相关的。关于工具变量与误差项相关为 0 的假设，我们可以先计算残差项的估计值，然后计算工具变量 I 与残差项估计值之间的相关，如果该相关检验结果和 0 没有显著差异，则第二个假设成立。如果工具变量与残差项存在相关，并且工具变量与预测变量相关较低（称之为弱工具变量），那么考虑工具变量的估计结果将受到很大影响。也就是说，尽量避免使用弱工具变量，一个经验标准是将预测变量在工具变量上回归的回归系数的显著性检验的临界值设定为 3.50，保证工具变量与预测变量具有较高的相关。

工具变量可用于控制混淆变量和测量误差，主要应用于经济学、流行病学领域，在心理学领域应用相对较少。结构方程建模下的路径分析能实现对其他混淆变量和测量误差的控制。

3.3 结构方程建模的其他应用和发展

3.3.1 参数显著性检验：Bootstrap 法

基本原理

在结构方程建模中，虽然参数显著性不像在其他单个统计分析技术中那么重要，但往往也需要提供这方面的信息。比如，需要报告参数估计的标准误（*SE*），然后采用 t 检验法进行统计显著性检验。这种基于理论的标准误计算方法对数据的样本量和分布有要求，一般要求正态分布。当统计量的分布形态很复杂或者未知，或者当样本量不足以支撑直接进行统计推断，或者要在小样本条件下计算统计效力时，t 检验方法就显得力不从心。

参数估计显著性的另一种检验方法是生成要估计的某个参数的实证分布，根据参数分布的标准差检验参数估计的显著性，这就是标准误的实证估计法。生成实证分布的一种方法是在一个样本数据中进行有放回的抽样（Bootstrap），然后在每一个样本基础上进行参数估计，以获得一个抽样分布。其背后的理念是，某个原始样本是该样本来源的总体的代表，尽管可能不是一个非常有代表性的样本，但是我们从样本中进行多次抽样就近似于从总体中进行多次抽样。在这个进行多次抽样而得到的样本基础上计算统计量形成的分布就近似于该统计量的抽样分布，称之为有放回抽样分布。

抽样的次数足够多，得到的抽样分布就接近正态。根据中心极限定理，样本均值的抽样分布接近正态，只要抽取的均值样本足够大就行。这种分布形态符合我们的预期。再抽样分布的中心与原始样本的均值接近，也就是说抽样分布的均值可以作为原始样本均值的良好无偏估计，因为均值的抽样分布以总体的均值为中心，而再抽样的分布形态与我们预期的抽样分布的形态一致。有放回抽样的离散程度是这种抽样分布需要关注的一个特征，即前面所说的有放回抽样的标准误（根据这个分布计算得到的标准差称为有放回标准误，Bootstrap standard error，BSE）。一般情况下，均值抽样分布的标准误估计为总体的标准差除以每个抽样的样本量 n 的平方根（$\sigma/\sqrt{n}$）。实际估计时，可用一个随机样本的标准差 s 估计（$s/\sqrt{n}$）。通过有放回抽样所得的均值抽样分布能够计算出分布的标准差，与估计的有放回抽样的标准误接近。这些结果表明，有放回抽样所得的抽样分布和一般的抽样分布属性相当。也就是说，通过计算上的优势（实际抽样，并且每个样本均需要计算）以达到理论上的目的（中心极限定理，均值抽样分布的均值和标准差）。有放回抽样的方法在理论不清晰时更显其效果，不过相比于理论能清晰描述如何运作，我们对有放回抽样具体如何发挥作用不甚明了。

有放回抽样所得的抽样分布的均值、标准差和分布形态可以从实际数据中得出，不需要通过理论来预期。这个实证分布不以总体参数为中心，而是以有放回抽样的目标样本的统计量为中心。有放回抽样的思路与我们用样本统计量估计总体参数的思路类似，即用已有的样本数据替代总体，然后从这个样本数据中进行抽样（再抽样）以模拟抽样分布的建立过程。

有放回抽样分布的两个随机变异来源分别是：从总体中抽取原始样本的误差和从原始样本中进行再抽样时的误差。

步骤

有放回抽样是再抽样方法中的一种，一般步骤如下：

第一步，有放回抽样。我们在一个原始样本基础上进行有放回的重复抽样。有放回是指，每抽取一个观测数据之后再将其放回到原始样本中，使得下一次抽样依然在完全一样的原始样本中进行，也就是说每个观测数据有可能被多次抽到。重新得到的每个样本的样本量可以由研究者决定，一般与原始样本的样本量相同。有放回抽样得到的样本个数一般很大，比如上千个。

第二步，形成有放回抽样分布。我们在每一个通过有放回抽样得到的样本上计算相应的统计量，比如均值、路径系数、方差、协方差等，如此便得到某个统计量的有放回抽样分布。

第三步，计算置信区间。如果某个统计量的有放回抽样分布表现为正态和较小偏差（有放回抽样的均值与原始样本均值的差异），就可以使用有放回抽样的标准误和 t 分布估计参数的置信区间。根据每个样本含有的个案数减 1 确定 t 临界值以及置信度，置信区间等于原始样本的统计量加减临界值然后乘以有放回抽样的标准误。

两个群体相比较的有放回抽样的问题是在单个群体基础上的延伸，当两个样本相对独立时步骤一般为：分别从两个样本中进行有放回的抽样，计算两个抽样在关心的统计量上的差异，重复这样的操作若干次，以得到关于差异的有放回抽样分布，检验有放回抽样分布的分布形态等属性，包括偏差、有放回抽样的标准误等。

如前所述，有放回抽样的抽样分布有两个误差来源：原始样本的抽样误差和有放回抽样的抽样误差。相对来说，原始样本获取过程中的误差是主要来源，解决方法是获得较大的原始样本。有放回抽样分布不能解决小的原始样本带来的误差，在有放回抽样过程中，每个有放回抽样的样本量越大，所得的抽样分布越可靠。因此，针对小样本而言，包括有放回抽样推断在内的各种推断都需要谨慎。

实例演示

数据简介：收集 221 名少数民族（主要是维吾尔族）大学生的数据，涉及四个主要变量，即对学校所在地的地方认同（PI1），毕业后的去留意向（LOS1），对生源地的地方认同（PI2），毕业后的去留意向（LOS2）。我们感兴趣的问题是，对学校所在地的地方认同将预测对学校所在地的去留意向，对生源地的地方认同将预测对生源地的去留意向，对生源地的去留意向反向预测对学校所在地的去留意向。

数据分析过程：首先对数据进行筛查，发现对生源地的地方认同和去留意向具有明显的偏态和峰态分布，因而对这两个变量进行一定的非线性转换。转换后数据的描述统计信息如表 3－21 所示。

表 3－21 均值、标准差和相关矩阵

变 量	均 值	标准差	LOS1	LOS2	PI1	PI2
LOS1	3.31	0.85	1.00			
LOS2	2.34	0.79	−0.24	1.00		
PI1	2.97	0.75	0.63	−0.07	1.00	
PI2	1.93	0.84	−0.09	0.52	0.15	1.00

注：LOS2 和 PI2 都呈现较明显的负偏态，因而采用乘方方法处理，为了控制标准差，再除以某个常数。LOS2 是原始数据经过平方之后再除以 10 的结果，PI2 是原始数据经过四次方再除以 200 的结果。转换之后对变量之间相关的影响不大。

直接使用结构方程建模进行路径分析，关注的三条路径的标准误如表 3－22 所示，显著性检验结果表明这三条路径均显著。

表 3－22 参数估计结果

X Y	LOS1	LOS2	PI1	PI2
LOS1	0.41			
LOS2	−0.22(0.055)	0.46		
PI1	0.70(0.058)		0.56	
PI2		0.49(0.054)	0.06	0.71

随后，在 PRELIS2 的"Statistics"菜单里选择 Bootstrapping，设置有放回抽样的样本数为 1 000，每个样本的个案数为原始样本的样本量，将要分析的矩阵（这里是协方差矩阵）、均值向量保存为相应的文件名。对应的语法如表 3－23 所示。

表 3－23 PRELIS 语法进行有放回抽样

```
SY=bootstrap. psf
OU MA=CM IX=123456 XM BS=1000 SF=100 BM=mafile ME=mefile SD=sdfile
```

在上述有放回抽样形成的 1 000 个协方差矩阵和均值向量基础上，再进行 1 000 次路径分析，得到 1 000 组我们关注的路径，即形成有放回抽样分布。采用有放回抽样方法进行路径显著性检验，语法如表 3－24 所示，如果 95%的置信区间不包括 0，则认为显著。

运行之后，得到 1 000 组我们关心的路径系数，计算得到 PI1 对 LOS1 的预测系数的均值为 0.70，BSE=0.066，PI2 对 LOS2 的预测系数的均值为 0.49，BSE=0.064，LOS2 对 LOS1 的预测系数的均值为 −0.22，BSE=0.062。95%的置信区间分别为[0.570，0.830][0.364，0.616][−0.34，−0.098]。

表 3-24 在每个有放回抽样基础上进行路径分析

```
TI Bootstrapping example
DA NI=4 NO=221 MA=CM RP=1000
CM=mafile
ME=mefile
LA
LOS1 LOS2 PI1 PI2
MO NY=2 NX=2 PS=SY,FI PH=SY,FI GA=FU,FI BE=FU,FI
FR PS(1,1) PS(2,2)
FR PH(1,1) PH(2,2) PH(1,2)
FR GA(1,1) GA(2,2)
FR BE(1,2)
OU XO=1 SV=outsv.txt BE=beta.txt GA=gamma.txt PS=pesi.txt PH=phi.txt
```

3.3.2 非线性结构方程建模

前面介绍的结构方程建模均默认变量之间是线性关系，对于非线性情况结构方程建模也能处理。当面临非线性问题时，有两种方案：一是如果能将非线性转换为线性，则先对变量进行相应的转换处理，再进行线性条件的结构方程建模。二是如果不容易进行线性转换，或者事先不确定如何转换，则进行非线性的结构方程建模。多元回归分析框架下涉及的交互作用和二次方效应，就是非线性的具体表现形式，在结构方程建模框架下，对非线性的考虑和建模越来越受到关注。相比于多元回归分析用观测变量进行的分析，非线性的结构方程建模有其特点，也有其相应的方法学问题。

在多元回归分析框架下，我们常用交互作用项分析一个变量对另一个变量的效应在第三个变量的不同水平上是否一致，具体做法是在回归方程中纳入乘积项，如果乘积项的回归系数显著则说明存在交互作用。可将二次方项看作变量对自身的调节，即一个变量在不同水平下，对因变量的预测关系是不同的。比如针对有两个预测变量的回归情况，我们在回归方程中可以纳入这两个变量的主效应项、交互作用项和二次方项。对连续变量交互作用项和二次方项效应的检验，多元回归分析是最常用的方法。当然，这种方法的核心问题在于，测量的信度（误差）常常被忽略。结构方程建模能考虑测量误差，提供更好的选择。随着统计技术的发展，人们对潜在变量之间的非线性关系有了更好的认识和理解。

普通的结构方程建模包含潜在变量的线性关系，有两个预测变量的完整的非线性结构方程建模则包含调节效应、两个二次方项效应（见图 3-9）。

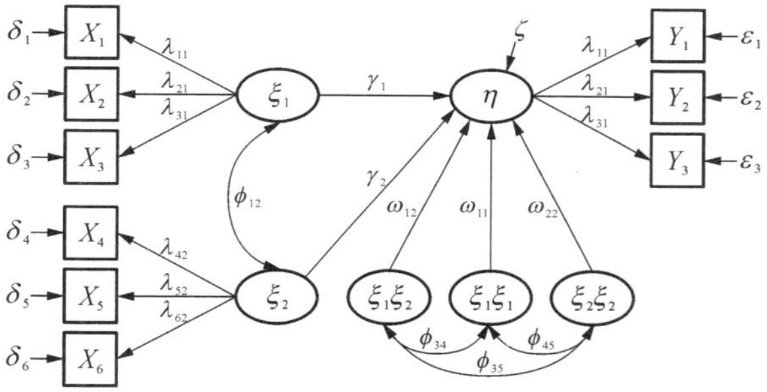

图 3-9 非线性结构方程建模（包含潜在变量交互作用项和二次方项）

对于图 3-9 所示模型，需满足以下几个假设：

a. 外生观测变量之间满足多元正态，均值为零；

b. 外生潜在变量满足二元正态，均值为零；

c. 所有误差项（残差项）为均值为零的正态分布；

d. 外生观测变量的误差项之间的相关为零，相互独立；

e. 内生观测变量的误差项之间的相关为零，相互独立；

f. 内生观测变量和外生观测变量的误差项之间的相关为零；

g. 内生潜在变量的残差项与所有观测变量的误差项以及外生潜在变量的相关为零。

和非线性回归模型一样，非线性结构方程建模面临几个严重的方法学问题，尽管非线性结构方程建模能解决某些问题，但有些问题会得到累加甚至产生新的问题。

非线性回归模型面临的主要问题如下：

a. 信度或测量误差。非线性回归模型中原始的预测变量和生成的新的预测指标，均存在测量误差。多元回归中的普通最小二乘估计会因为信度低而出现偏差和不一致，多个低信度的测量累加会导致研究者低估非线性效应，以及降低非线性效应显著性检验的效力。也就是说，最好当观测变量的信度很高时，才使用非线性回归。

b. 效度问题。包括结构效度和效标关联效度。当回归方程中的预测变量只有一个指标，并且只有线性项时，所得结果从样本向总体推广就不那么合理。

c. 多重共线性问题。当预测变量之间有较高相关时，会导致某些数学运算难以进行或者变得不稳定，这就是多重共线性问题。在多元回归框架下，多重共线性主要影响参数估计和标准误估计。如果预测变量之间没有相关，那么在回归方程中增加新的预测变量并不会改变原有变量的预测系数；如果预测变量之间相关，那么参数估计会随着引入回归方程的预测变量的变化而变化。在非线性回归中，多重共线性的问题更加严重，因为乘积项往往与其成分变量相关，这就导致交互作用项等效应变得模糊不清，即便原本没有显著效应也可能得到显著的估计结果。多重共线性分为非实质性的多重共线性和实质性的多重共线性两类。前者可以通过中心化来避免，比如在交互作用的乘积项和二次方项生成过程中，对成分变量进行中心化，就能很好地降低非实质性的多重共线性。实质性的多重共线性来自预测变量分布的不对称。也就是说，如果预测变量是正态分布或至少是对称的，那么中心化能消除实质性的多重共线性。

d. 连续变量的二分化。有时候，将连续变量二分可以解决多元回归分析面临的问题，因为研究者习惯用方差分析的方法检验类别变量之间的交互作用。但是，这种方法本身也存在问题，其中最大的问题是削弱变量之间的关系，此外分组标准具有样本依存性，不同样本可能会有不同分界点。根据调节变量将样本进行分组，然后分别进行回归分析比较回归系数，这种处理也存在一些问题。首先，连续变量被人为划分为类别变量后信息有所损失，如果没有证据表明是双峰分布，那么统计上不建议使用这种做法。其次，二分化导致测量信度降低，继而削弱相关。最后，在分组分析中，经常比较复相关系数而不是回归斜率。亚群体的形成很有可能会导致某些群体有更小的误差项，因为调节变量与误差变量有关，这就导致解释的变异比例更大，但这并不是因为自变量与因变量的关系更强。

在结构方程建模中也面临以上问题，尤其是 c 和 d 两个问题，结构方程建模的优势并不能让它免于这些不足。除此之外，非线性的结构方程建模还存在其他问题。

a. 潜在乘积项的分布。主要挑战在于多元正态性问题。比如，一个非线性结构方程建模中有两个潜在预测变量以及它们的乘积项或二次方项，即便两个潜在变量的分布是正态的，乘积项和二次方项也有可能不是正态的，甚至结果变量也有可能不是正态分布的。潜在非线性项的分布往往偏态和峰态明显，严重偏离正态，随着预测变量协变异越大，偏离越严重。由于非线性结构方程建模中包含分布不正态的非线性成分，因而被预测的内生潜在变量的分布也会受到影响。

潜在非线性效应的分析方法有两大类：同方差模型和异方差模型。前者假定预测变量和结果变量满足多元正态性，后者假定结果变量在预测变量不同水平上的方差不相等。结构方程建模常用的极大似然法及其变式估计可被归入同方差方法类别。这些方法的使用，在结构方程建模中每增加一个乘积项，多元正态受到的影响就会变大。在估计非线性模型时，正态的偏离会导致两个后果：一是假定正态分布使用的估计程序的稳健性得不到保证，二是如果估计方法是渐进自由分布的，那么需要对这些方法的效力和有效性进行检验。

b. 多重共线性下的非线性参数估计的无偏性。

除了调节效应模型之外，非线性结构方程建模还有其他应用。比如，项目反应理论本质上就是一种非线性模型，当测量满足以下三个条件时，它可与因素分析结合起来，这三个条件是：测量的是单一特质，项目反应采用两点计分，以及两参数的项目反应理论模型是合适的。许多典型反应测量都能较好地满足前两个条件，而且有大量证据表明，两参数的项目反应理论模型对于大多数单维的两点计分的测量是适用的。随着模型和分析技术的发展，多级计分和多维度的情况也有相应的项目反应理论模型。

3.3.3 探索性结构方程建模

约雷斯科格（K. G. Jöreskog）于 1969 年开发出验证性因素分析方法，这是相对于探索性因素分析而言的。随后，研究者进一步开发出结构方程建模以及 LISREL 软件。其中，验证性因素分析主要用于测量模型的检验。在实际使用过程中，验证性因素分析程序常用于探索。比如在验证性因素分析中，如果某个事先设置的路径或模型被拒绝，则会根据提示进行修正以期达到提高拟合的目的。如果执行了这类程序，就是探索性质的，而不是纯粹的验证性质的。在这种情况下，探索性因素分析带有负载旋转，是更可取的方法。通过因素旋转比通过检验模型拟合指数能更直接地发现错误负载等情况。对这个问题的解决还可以通过探索性结构方程建模方法，即将探索性因素分析和验证性因素分析结合起来。在探索性结构方程建模方法中：

（1）允许带有旋转的探索性因素分析测量模型（EFA 组）。

（2）整合验证性因素分析测量模型部分。

（3）允许 EFA 组进入其他结构方程建模参数。

对探索性结构方程建模的原理、操作技术和应用的介绍可以参考马什等人（Marsh et al.，2009）、阿斯帕鲁霍夫和穆滕（Asparouhov & Muthén，2009）的文章。

3.3.4 均值模型

前面在多组验证性因素分析中讨论过潜在均值和均值模型，除此之外，主要介绍的是协方差结构模型。均值结构模型是结构方程建模能够处理的另一类问题。

在传统的单变量或多因变量的分析中，人们通常关心代表不同群体的观测均值之间存在多大程度的差异。由于这些均值是从原始数据中直接计算而来的，因此可称之为观测值。相对地，潜在变量的均值不能直接观测计算，而是通过潜在变量对应的指标间接得到的，但是这些指标是直接观测得到的。前面介绍的多组验证性因素分析中提到的均值结构的等值性，目的就是比较不同组潜在变量的均值是否相等。

在协方差结构分析中，指标的协方差结构蕴含着所有关键参数的信息。如果观测变量的均值为零，那么在回归方程中截距也为零，也就是说在回归方程中可以不考虑截距项。实际情况并非都如此，很多情况下指标的均值并不为零，因而有必要将截距项纳入回归方程。由于观测变量的均值与模型中的其他参数有关，因此截距项必须与其他参数一同估计。在检验潜在均值差异时，依据的基础既有协方差结构也有均值结构。

均值结构与协方差结构的差异。前面提到，在协方差模型中，内生观测变量和外生观测变量的均值被假定为零，不纳入分析，并且假定内生观测变量的残差与外生观测变量的相关为零。因此，在协方差结构分析中，方程如下：

$$y = \beta x + \varepsilon$$

在均值结构分析中，y 的均值对分析来说不可忽略，也不能假定其为零。为了更好地界定 y 的均值，考虑截距项就很有必要。因此，回归方程为：

$$y = \alpha + \beta x + \varepsilon$$

从上述两个回归方程可以看出，均值结构方程比协方差结构方程多了截距的参数。尽管截距对于 y 的均值的界定有价值，但并不总是等于均值。我们对均值结构方程求期望值，得到以下结果：

$$\mu_y = \alpha + \beta \mu_x$$

y 的均值受到三个参数的决定，即截距、斜率和外生变量的均值。也就是将因变量的均值分解为不同部分，这正是均值结构术语的内涵所在。

下面我们简单介绍 LISREL 的概念框架：

$\eta=\alpha+B\eta+\Gamma\xi+\zeta$（内生潜在变量分解方程）。内生潜在变量分解为内生潜在变量的截距，内生潜在变量之间的预测，外生潜在变量的预测，残差。

$y=\tau_y+\Lambda_y\eta+\varepsilon$（内生观测变量分解方程）。内生观测变量分解为内生观测变量的截距，内生潜在变量的均值，内生观测变量的误差。

$x=\tau_x+\Lambda_x\xi+\delta$（外生观测变量分解方程）。外生观测变量分解为外生观测变量的截距，外生潜在变量的均值，外生观测变量的误差。

上述三个方程中，截距是常量。与协方差结构方程类似，均值结构方程也需要满足以下四个假设：

（1）内生潜在变量的残差与内生观测变量的误差相关为零。

（2）内生观测变量的误差与内生潜在变量的相关为零。

（3）内生观测变量的误差与外生观测变量的误差相关为零。

（4）残差和误差的均值为零。

表 3－25　LISREL 中均值结构模型的其他参数矩阵

模型类型	矩阵代码	程序代码	默认形态	默认估计模式	矩阵类型
均值模型	τ_x	TX	NX×1	FI	回归
	τ_y	TY	NY×1	FI	回归
	α	AL	NE×1	FI	回归
	κ	KA	NK×1	FI	回归

3.3.5　同方法偏差及其控制

同方法偏差的概念、影响和来源

在相关研究中，同方法偏差（效应）为人诟病，被认为是影响研究结果的一个重要因素，为此人们寻求多方法多来源验证，寻求实验研究方法，寻求能降低和剥离方法效应的统计方法以控制同方法偏差。前面介绍的多质多法矩阵是一种选择。方法效应按照来源和方法可分为两种，即共同来源偏差和共同方法效应。前者是同一来源使用多种方法之间的相关可能蕴含共同来源所致的偏差，后者则是不同来源使用同一方法所致的效应。

对共同方法变异的关注由来已久且不见有消退的迹象。方法变异是测量误差的重要来源,会威胁研究结论的效度。方法变异既包括随机成分,也包括系统成分,后者对研究结果有严重威胁,可能导致一种与原有假设不同的新的解释,导致有偏差的结论。比如,发现 A 与 B 两个变量之间存在相关,这个相关可能是由共同的方法因素导致的,而不是真实的相关。

共同方法变异导致的偏差会影响测量结果以及测量之间的关系。已有多质多法模型的元分析结果表明,大约有 26%的变异源自共同方法偏差之类的测量误差。这种方法偏差对变量之间关系的影响的证据也很多,当不控制共同方法变异时,变量之间共同变异的平均值为 35%,控制之后只有 11%。共同方法变异对变量之间关系的影响,既体现在程度上,也体现在方向上。这种变异的存在会导致两类错误的增加:当方法之间的相关高于特质之间的相关时,方法因素会提高观测到的相关;当方法之间的相关低于特质之间的相关时,方法因素会降低观测到的相关。

共同方法偏差的来源有以下几类:

共同来源或评定者,预测变量和效标来自同一个人,包括一致性动机、内隐理论(虚假相关)、社会赞许性、宽大效应、默许偏差、情绪状态。

项目特征效应,包括项目的社会赞许性、项目期望特征、项目模糊性、相同量表格式、相同量表锚定点、积极和消极措辞。

项目背景效应,包括项目启动效应、项目嵌入背景、情境诱发的情绪、量表长度、项目或构念混合在一起。

测量背景效应,包括在同一时间点测量预测变量和效标变量、在同一地点测量预测变量和效标变量、使用相同媒介测量预测变量和效标变量。

共同方法偏差的控制

有两种主要方式可控制共同方法偏差:研究程序设计和统计控制。可以从以下几个方面考虑改进研究程序:确定预测变量和效标变量的共同之处，通过研究设计加以消除或降低；从不同来源获取数据；对多个变量的测量要在时间、空间、心理或方法上做到分离；保证隐私和匿名性，消除评价焦虑；平衡问题顺序；改善量表项目。

以下介绍波多萨科夫等人（Podsakoff, Mackenzie, & Podsakoff, 2003）总结的统计控制方法的概念和技术：哈曼的单因素检验法、偏相关法、控制单一直接测量方法因素、控制单一未测量潜在方法因素和多质多法的控制方法。

哈曼的单因素检验法。将所有构念对应的项目纳入因素分析，以检验单一公因子能解释所有项目变异的多少（见图 3－10）。这种方法的潜在问题是它只能检验公因子的影响程度，并不能控制共同方法变异。没有特定的标准以确定第一个因子解释的变异多大才需要考虑公因子，并且随着变量数的增加，得到多个因子的可能性也增大，使得该程序不那么可靠。

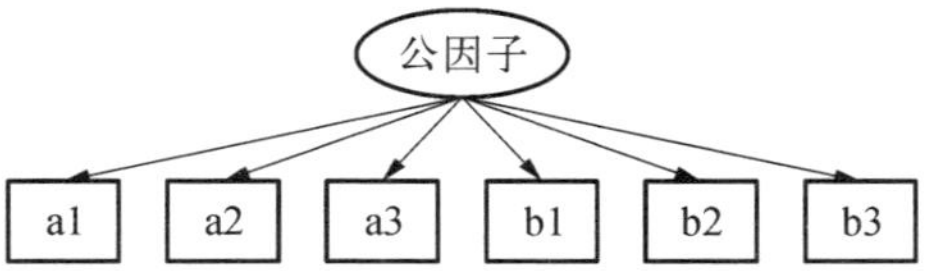

图 3－10　哈曼的单因素检验法

偏相关法（见图 3－11）。控制变量有不同选择：一是社会赞许性等带有方法意味的因素，二是假定与 A 和 B 在理论上无关的变量，三是方法公因子。方法公因子并不是直接测量的变量，而是对关注的变量测量涉及的项目进行因素分析，然后抽取未旋转的第一个因素，并不需要确认具体的方法偏差来源。社会赞许性之类的因素则需要确认具体的方

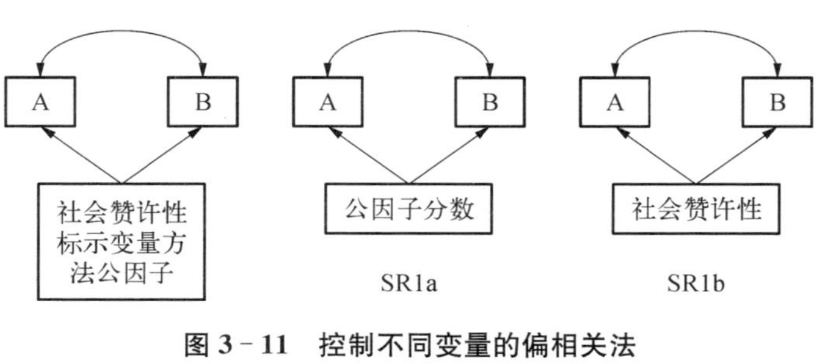

图 3－11　控制不同变量的偏相关法

法偏差来源,并进行有效测量。在路径分析中,我们可以通过比较控制这些变量和不控制这些变量所得参数估计的差别来判断方法变异的影响是否存在,以及影响有多大。偏相关法的缺点是未能区分测量水平和结构水平的方法偏差,未能考虑方法因素的测量误差,一次只能控制单一来源的方法偏差,未能考虑特质与方法之间的交互作用,未能比较控制和不控制选择的因素模型拟合的差异。用某个特定测量的方法类因素替代方法变异,这种做法未必恰当。控制方法公因子的变异时,可能将那些我们关注的构念之间的真实变异也排除出去,继而导致有偏的参数估计,对分析中包含的变量个数敏感。

控制单一直接测量方法因素。相比于偏相关法,控制单一直接测量方法因素考虑构念的测量误差,但是和偏相关法一样,控制的方法因素未能考虑测量误差。图 3 - 12 的两个模型中,右边的模型需要确定具体的误差来源并进行有效测量,左边的模型则不需要。这种方法的缺点是未能考虑方法因素的测量误差,一次只能控制一种方法偏差来源,未能考虑特质和方法之间的交互作用。

控制单一未测量潜在方法因素。相比于图 3 - 12 的两个模型,图 3 - 13 两个模型中的方法因素是潜在变量,即考虑测量误差。左边的模型不需要额外测量方法因素,只需从已有项目中抽取方法变异;右边的模型则需要确认具体的方法因素并进行有效测量,以此来替代方法变异。这种方法的缺点是一次只控制一种来源的方法偏差,未能考虑特质和方法之间的交互作用。

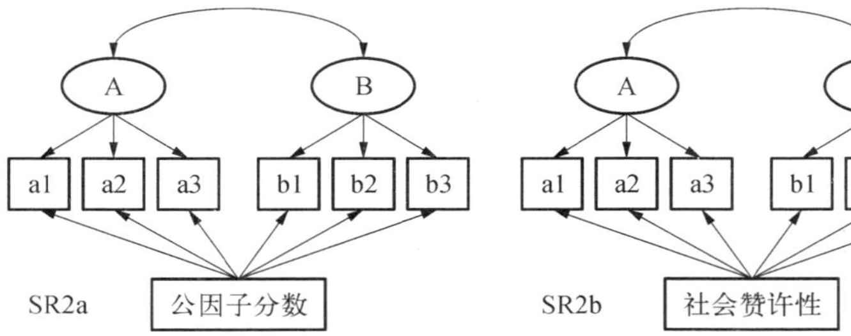

图 3 - 12 控制单一直接测量方法因素

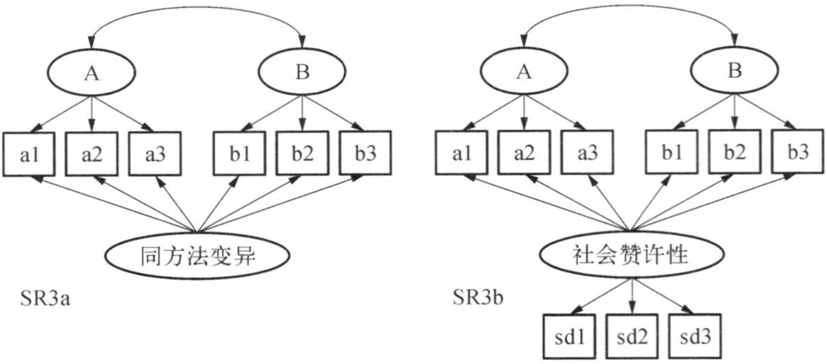

图 3－13 控制单一潜在方法因素

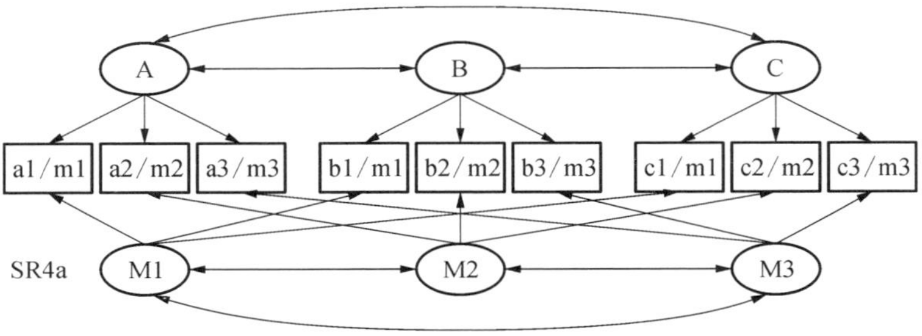

图 3－14 经典的多质多法模型

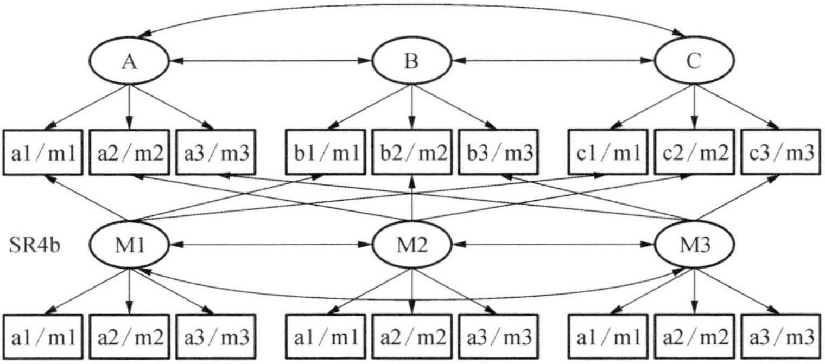

图 3－15 测量特定方法的多质多法模型

多质多法的控制方法。该方法将我们关心的项目变异分解为三个部分：特质、方法和误差。通过结构方程建模，我们能在控制方法变异且考虑测量误差的条件下检验构念之间的关系。这种方法的缺点在于模型比较复杂,可能导致模型识别遇到问题。此外,这种方法也未能考虑特质和方法之间的交互作用。

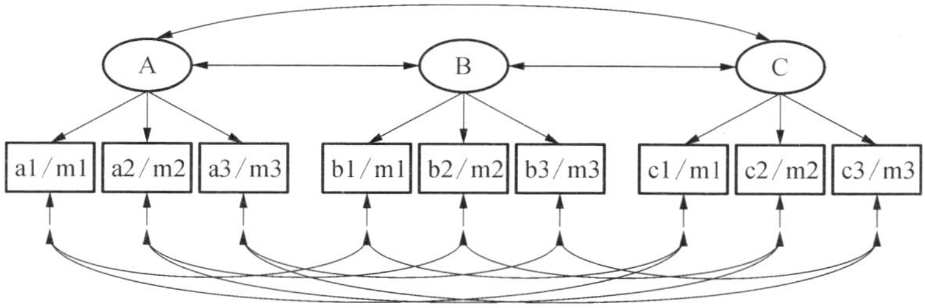

图 3-16 误差相关模型

在误差相关模型中,与我们关心的构念相关的项目变异可分为两个部分,即特质解释的变异和误差变异,并没有在模型中增加潜在的方法因素。但是,对误差之间的相关有不同处理,即允许那些使用相同方法测量的项目的误差项相关。另外,误差相关的设定导致参数的标准误估计有偏差,不适合进行统计检验。该方法常常假定方法之间不相关,这种假定经不住检验,当然也未能考虑方法和特质因素之间的交互作用。

以上所有对共同方法变异的统计检验或控制方法都未能考虑特质和方法因素之间的交互作用。贝克格(Bechger, 1998)在其文章中建构了一个直接乘积模型,用以考察特质和方法的交互作用,这个模型能区分测量和结构水平的偏差,考虑测量误差,同时控制多个偏差来源。但是,这个模型比较复杂,交互项的概念不清晰,性质不明确,很难判定什么时候存在交互作用,研究中很少有这种交互作用,即便有,效应也很小,因此这里没有呈现。

在研究中控制共同方法偏差,总体建议是:运用设计良好的测量(问卷和项目经过良好的设计),用其他程序和统计补救以控制方法偏差。具体来说,通过回答四个问题以选择对应的控制方法(见图 3-17)。

3.3.6 形成性模型和反映性模型

当测量水平和分析水平不一致时,或者当分析水平不能直接通过相

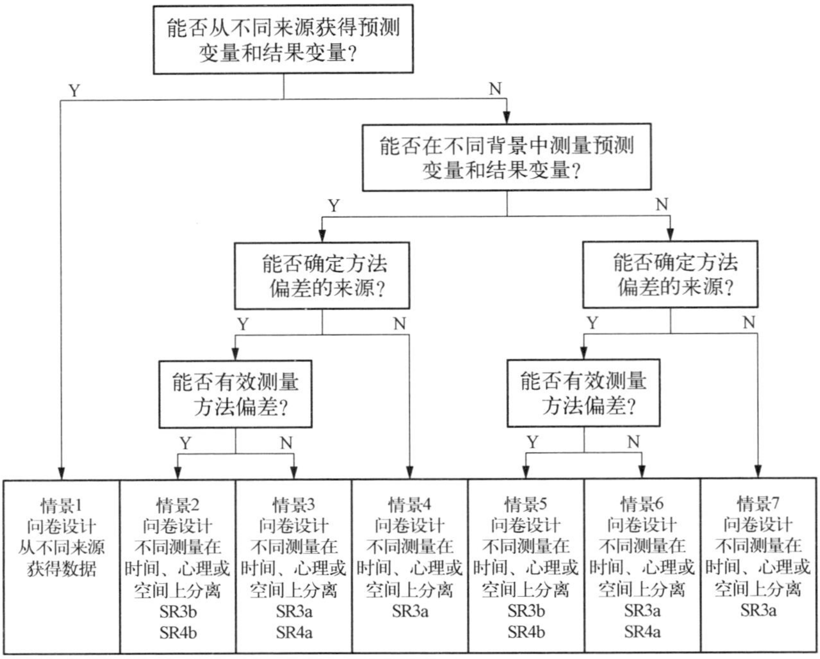

图 3-17 共同方法偏差的控制方法选择流程图(Y 表示“可以”，N 表示“不可以”)

应水平被观测到时，就需要进行跨水平整合，在这种情况下，不同水平包含相同变量，通过低水平整合而来的高水平结构被称为背景变量或分析变量，包含此类变量的多水平建模被称为背景分析模型。根据需要整合的结构的性质以及测量的参照，低水平的数据可通过两种途径整合为高水平的数据：形成式或集成式整合，以及映射式或成分式整合。

形成式整合结构的特点是，形成水平 2 的不同水平 1 的个体存在差别，不可相互替代，因此两个水平上的变量反映的可能并不是相同的构念。映射式整合的特点是，水平 1 的测量是为了提供反映水平 2 结构的指标，所有水平 1 指标通常是相同组内的不同个体用于测量相同的水平 2 构想的，它们可以互换，因此映射式测量与通过个体反映测量群体水平构想的概念一致。在组织心理学文献中，参照转化测量表示测量的参照从个体转化为群体。尤其当测量的参照是整个群体时，这样的整合测量可以被看作是映射式的。纯粹的成分模型，比如映射整合测量，要求完全的同型异构，其中每个群体成员提供几乎相同的分数，因此水平 1 构想在组内没有变异，但是水平 1 与水平 2 构想完全相同是很少见的，有学者提出“模糊”成分结构的概念，这种结构既有成分也有集成过程。于是，基于水平 1 结构整合而来的水平 2 结构在纯粹的映射式和纯粹的形成式连续体之间变化。

除了跨水平整合外，还存在其他整合的情况。前面介绍的带有潜在变量的模型几乎都是反映性模型，即观测指标受到潜在变量影响，在路径图中，单向箭头由潜在变量指向观测指标。在某些情况下，假定观测指标变异导致潜在变量变异是更为合理的，即在路径图中，单向箭头由观测指标指向潜在变量。我们可以用图 3－18 中的两个路径图加以说明。

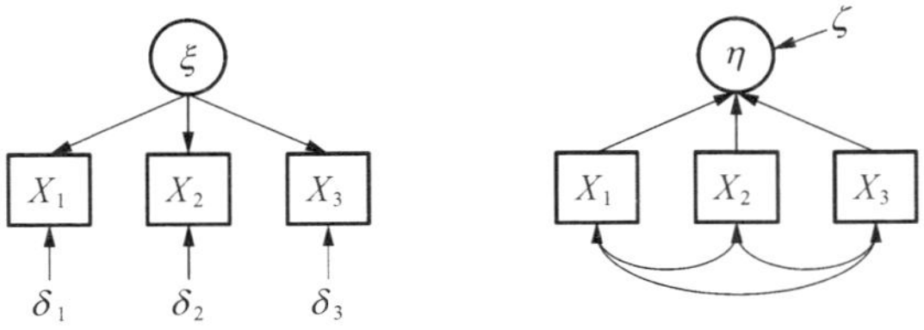

图 3－18　反映性模型和形成性模型路径图

图 3－18 左边的路径图是一个典型的反映性模型路径图，指标的变异由潜在变量决定，潜在变量对各个指标的影响程度构成的矩阵即为负载矩阵。右边的路径图是一个典型的形成性模型路径图，潜在变量的变异由构成它的成分决定，各个指标对潜在变量的影响程度构成相应的矩阵。反映性模型和形成性模型的主要区别有：

（1）两种模型对潜在变量与指标的关系的设定不同。反映性模型认为潜在变量影响指标，各个指标都是潜在变量的同样有效的测量，即指标之间可相互替代。形成性模型则认为指标影响潜在变量，不同指标代表潜在变量的不同方面，指标之间不可相互替代。

（2）两种模型对指标之间关系的要求不同。反映性模型要求各个指标之间呈正相关，形成性模型对指标之间的相关没有特定要求。

(3) 两种模型对误差的设定不同。反映性模型的误差是项目水平的测量误差,形成性模型的误差则是潜在变量构念水平上的残差。

形成性模型要可识别和估计,需满足以下条件:

(1) 指定潜在变量的测量单位,单位化方法有多种选择。

(2) 模型中自由估计的参数个数小于或等于与模型中指标个数有关的某个数,即 $p(p+1)/2$,该法则被称为 t 法则。

(3) 需要两条或两条以上从形成性潜在变量指向其他反映性潜在变量或指标的路径。具体方法有三种:一是在理论假设基础上增加两个反映性指标(如图 3-19 左所示);二是增加两个或两个以上反映性内生潜在变量(如图 3-19 中所示);三是综合前两种方法,在模型中既增加形成性潜在变量的反映性指标,也增加内生潜在变量(如图 3-19 右所示)。

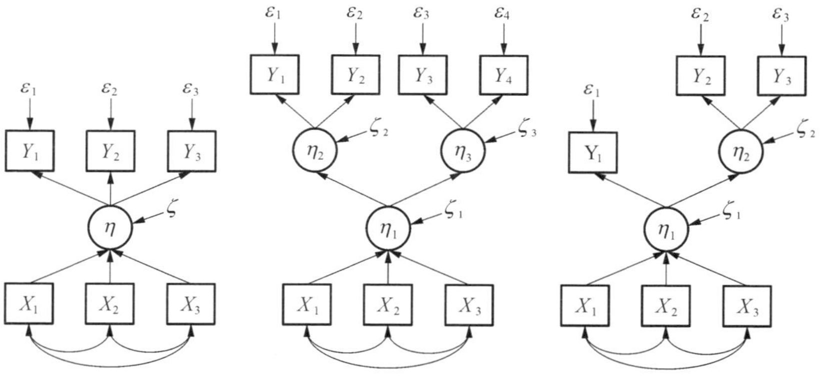

图 3-19 可识别的形成性模型示例

在实际应用中该如何选择形成性模型和反映性模型呢?这两个模型并不是竞争的非此即彼的模型,对某个潜在变量的建构方式,取决于我们对变量的理解,变量本身的性质并不确定是形成性的还是反映性的,因而对变量的测量并不天然局限于某类模型。

对形成性模型的质疑有三:一是变量解释的模糊性。由于形成性模型中潜在变量的含义与其相关的指标有关,因此不同研究者选择不同指标得到的形成性潜在变量有所区别。二是模型识别的第三个条件还涉及反映性指标或作为结果变量的潜在变量,选择不同的指标和结果变量,形成性潜在变量的内涵可能不同,这一不同将会表现在残差项上。三是形成性模型的指标之间不可替换,不同指标的前因后果变量可能不同,这就对形成一个独立变量的必要性提出质疑。

尽管存在以上质疑,研究者依然要意识到形成性模型和反映性模型是两种备选的模型。

4 多水平设计和分析

第三章介绍的结构方程建模是一组包含因素分析和回归分析等的集成技术，能够从潜在变量的角度分析均值和协方差结构，进而对误差加以建模。这些统计技术对数据的一个基本假设是观测值的独立性。一旦这个假设不成立，又没有采用适当的方法检验和区分出这种非独立性，参数估计或标准误估计将会产生偏差，甚至出现错误。

我们生活的世界是以各种形式嵌套组织起来的，致力于了解我们自身以及周围环境的社会科学收集的数据，多数带有层级嵌套的性质。比如，教育系统中经常可见的层层嵌套关系，学生嵌套在班级中，班级嵌套在学校中，学校嵌套在某个地区的教育系统中等；家庭系统中的嵌套关系，家庭成员嵌套在家庭中。其他社会结构和系统也存在嵌套关系，比如大型公司系统中的各级嵌套关系，员工嵌套在某个团队中，团队嵌套在某个部门中；跨文化研究中，个体嵌套在文化或国家中；成对关系研究中，个体嵌套在关系中；以个人为变量的研究中，不同时间点的行为状态嵌套在个人水平中。当研究对象正是这样的系统，或者在抽样过程中不能进行简单随机抽样，而是通过整群、分层等抽样方法进行抽样，得到的数据就具有层级结构的性质，每个层级或群体中个体的数据可能存在类似的共变因素，群体内的个体之间并不是相互独立的。这样的数据特点违背了以往在单一水平上进行因素分析、信度分析、回归分析的基本假设之一：观测值的独立性。那么，如何处理这样的数据呢？是忽略这种层级结构特点，按照惯常的方式进行单一水平的分析，还是另辟蹊径，挖掘数据的真实含义?

多水平建模技术考虑到数据层级结构的性质,将多个水平的影响纳入模型,该模型有多种叫法,比如阶层线形模型、一般线形混合模型、嵌套模型、混合模型、随机系数模型、随机效应模型、随机参数模型、分段设计等。多水平建模技术考虑到统计模型的参数不仅可以在一个水平上变化,是一般线形模型的扩展,而且适用于非线性模型。当人们面对多水平的现象和数据时,依旧用单水平的研究设计和数据处理方法,一个原因是不了解处理这种数据的方法,另外一个原因就是没有认识到各个水平的存在及其意义。因此,首先需要注意的是,必须认识到许多学科数据测量和分析的层级性以及理论的水平问题。一旦认识到层级性的存在,它将无处不在。

多水平研究具有抓住真实世界复杂性的潜力,因而能更好地搭建起理论研究和实践应用之间的桥梁。我们首先要有这个意识,即在心理学领域,许多问题都涉及多水平的现象,单独以微观或宏观视角看到的只是某个水平上的不完整的现象,因而我们需要在已有模型的基础上使用多水平设计和相应的数据分析技术,考虑自下而上的效应,在跨学科的研究问题上进行跨学科合作,通过多水平方法解决重要问题。

这样的建议对于心理学各个学科的相关研究都很中肯,实际上,心理学领域多水平技术的发展与应用是推动该取向的一股重要力量。比如,在社会与人格心理学领域,在多个场合对个体进行连续测量,收集个体的多种状态,从而对个体进行深度研究;在跨文化心理学领域,从个体的角度以及国家和地区的角度理解文化在各个层面是如何发挥作用的;在教育心理测量领域,研究对象处于教育系统内,这是一个典型的且覆盖面非常广的层级组织系统,对该系统内各种现象的研究,就是多水平研究。

本章将介绍多水平的概念、常见的研究设计方法、阶层线性模型软件操作示例、纵向研究设计、成对水平研究设计和数据分析。

4.1 多水平的概念和设计

4.1.1 社会科学研究中的单位和水平

既然社会具有层级性，社会科学研究的单位也就具有不同水平。所谓单位，也叫作研究元素，是研究者关注的特征所属的载体。选择研究单位的类型是研究者需要作出的重要决策，是确定研究问题的重要部分，在不同的单位条件下，需要的理论背景可能不同，或者说理论的适用性可能不同。

表 4-1 呈现了社会科学研究中四种类型的不同水平单位的例子。第一种类型是人。人格心理学研究关注人格发展，关注不同情境下个体的行为，这些问题涉及个体在不同时间段、不同情境下的特点。社会学的调查研究、政治学的民意调查，以及人格心理学研究都关注个体的特征。人际心理学关注关系双方如何相互影响，这属于成对水平。社会心理学关注群体中个体的行为过程，这些研究往往是在小群体中进行的。成对水平可视为小群体水平的一个特例。相对于小群体，集体则是大群体，工业组织心理学关注的一些焦点问题较多属于集体层面的问题。还有研究关注整个社会，比如文化心理学和跨文化研究。

表 4-1　社会科学研究中的单位

聚合水平	人	语　言	时　间	空　间
低水平	个体内	语素	分钟	家庭
	个体	词汇	小时	邻居
	成对	句子	月	城市
	小群体	段落	年	地区
	集体	篇章	年代	国家
高水平	社群	书籍	世纪	大洲

语言、时间和空间是三种单位类型。表 4-1 呈现的社会科学研究中的单位的例子在实际研究中会有所应用。有些领域的研究可能围绕

某个特定的单位展开，有些领域的研究则涉及多个不同水平的单位，后者为多水平的研究。聚合程度高，我们称之为高水平；聚合程度低，我们称之为低水平。高水平的单位往往由低水平的单位通过一定方式聚合而来。

例如，在教育系统中开展的研究有学生和班级两个水平，前者称为个体水平，后者称为群体水平，可以用数字表示，水平 1 表示个体水平，水平 2 表示群体水平，更大的数字表示更高的水平。每个水平都有若干单位。很显然，水平 2 中的某个单位与水平 1 中的各个单位之间并不是独立的，比如同一班级或同一团队中各成员之间具有很大相似性。

整个研究环节都涉及水平和单位问题，比如问题表述、研究假设、抽样过程、数据测量、数据分析、结果推广（从一个水平中抽取的单位所得结果的推广应用范围）等。

4.1.2 多水平和推论谬误

测量水平、分析水平和理论水平

严格来说，在心理学等行为科学研究中，测量水平、分析水平和理论水平必须保持一致，以避免水平相关的混淆和偏差，比如生态谬误和原子/成分谬误。理论水平是指想要推广的焦点单元，测量水平是指数据直接关联的水平，分析水平是指用于假设检验和统计分析的数据组织单元。

理论水平的一个关键概念是焦点单元，即想要推广的实体单元。在检验不同实体的关系时，不管是组内还是跨水平分析，首先必须确定这些实体是存在的。一旦确定存在，人们就可以描述不同实体之间如何相互关联，通过什么过程相互关联，对这些问题的思考和解决过程会促进多水平理论的发展。测量水平是指数据来源的实体单元，测量水平和分析水平并不总是一致的，因为有些分析水平不能直接测量得到，而需要通过其他水平的测量，在这种情况下需要说明数据整合的正当性，即根据测量结构的性质，提供进行不同类型数据整合操作的心理测量学效度证据。

方法论问题：推论谬误

进行多水平研究时，研究者需要明确指出数据收集的水平与另一个更高的分析水平之间是如何关联的，比如在聚合分析中，将分析的单元从个体水平提升到群体水平，就需要考虑这种聚合操作的合理性。相反，将原本属于高水平的属性赋予低水平的每一个单元，以分析低水平变量之间的关系，这种方法就是分解分析。数据分析水平应当与理论水平一致，若不一致则会出现谬误。根据个体水平的分析推论群体水平的现象，就可能犯原子/成分谬误；根据群体水平的分析推论个体水平的现象，就可能犯生态谬误。这是因为，群体水平的单元不是个体水平的单元的简单加和，个体也不是千人一面，而是各有特性。

如何处理不同水平的变量之间的关系，这既是研究设计所要面临和解决的问题，也是统计分析的问题。抽样时，如果所得数据属于个体水平，那么将结果向群体水平推论时，这种以低水平推论高水平，以小推大，以个体推论群体的方法面临的方法论问题是成分谬误。反之，根据群体水平的分析推论个体水平的现象，这种方法面临的方法论问题是生态谬误（见表 4-2）。

表 4-2　分析水平和推论水平不一致的推论谬误

推论水平／分析水平	研究推论的水平	
	个体水平	群体水平
个体水平		成分谬误
群体水平	生态谬误	

多水平设计和分析

为了避免上述两类方法论问题，研究者首先需要认识到多水平的客观存在，然后将多水平系统纳入研究设计，同时采取相应的分析方法来处理。多水平研究设计和分析方法比以往的单水平情况更加复杂，但与社会现实情境更为接近。

在心理学领域，个体水平上的分析能从理论和实证角度向个体内或群体水平拓展。这些多水平的拓展是出于提升实践效率的考虑，也就是说要在研究者与实践者之间建立一座桥梁，多水平的设计和分析有其必要性。

尽管人格心理学研究领域不像一般的心理学领域那样关注情境等高水平变量的作用，但同样面临其他形式的多水平问题。比如，人际互补这一问题，既有特质水平上的互补（双方在人际特质上满足某种理论界定的互补关系，这是个体水平），也有行为水平上的互补（双方具体行为显示出来的心理内涵满足某种理论界定的互补关系，这是个体内水平）。再比如，在有关人格发展的研究主题中，在多个时间点对样本中的个体进行测量，此为重复测量数据，其中不同时间点的数据嵌套在个体中。

4.1.3 多水平数据分析

多水平数据结构

嵌套是多水平数据结构的关键特征，即一个分析水平上的数据嵌套在另一个分析水平中。在人格心理学领域，最常见的嵌套是将个体不同时间点、不同空间下的数据作为个体内的观测数据点，可通过经验抽样的技术获得这种结构的数据。嵌套的存在意味着一组观测值的变异可以分解为不同水平的变异，如个体间变异和个体内变异。

以具体的研究情境为例加以说明：人际特质对关系质量的影响。在这个研究中，一方面，个体之间在特质水平上存在差异，这种差异与整体关系质量差异之间的相关是个体水平上变量之间的相关；另一方面，当个体面对不同的互动对象时，会表现出不同的互动行为，关系质量会不同，这是个体内水平上变量之间的相关。也就是说，关于这个问题，可以从两个水平加以理解，在个体水平上，那些拥有特定人际特质的个体的关系质量更高；在个体内水平上，那些能与某个个体互补的个体的关系质量更高。假设数据收集如表 4 - 3 所示。

表 4-3 多水平数据结构示例

ID	IT2	IT1	PIT1	Com	Sat
1	6	6.5	3	3.5	7
1	6	5.5	6	0.5	6
1	6	4.5	7	2.5	6
2	3	6	5	1	6
2	3	2	7	5	7
2	3	4	6	2	5
n	8	9	4	5	8
n	8	8	6	2	6
n	8	8	8	0	4

注：只关注互动双方中一方的互动满意度，避免将成对数据引入（变成三水平），以降低数据结构的复杂性。个体编号为 ID，表中人际特质是指人际二维中的能动性，行为累积是指互动体现出的能动性水平。以上数据仅为演示所用。

在表 4-3 中既有个体特质水平的数据（第二个变量），也有个体内具体互动情境的数据（后四个变量）。我们关心的因变量是人际互动满意度（Sat），它是在个体内水平上被测量的。自变量则包括我们关注的关系中某一方的特质，它是在个体水平上被测量的；个体在不同互动情境中表现出来的特点，它是在个体内水平上被测量的；与个体互动的对象的特质及其在互动情境中表现出来的特点，它是在个体内水平上被测量的。对数据的分析有多种选择，其中一种是聚合的方法，即通过一定的方式把个体内水平的数据聚合成个体水平的数据，比如计算满意度的均值并将其作为个体一般的人际互动满意度的指标，将多个互动对象的人际特质的均值作为个体面临的一般的互动对象的人际特质得分，将个体在多个互动情境中表现出的特质的均值作为个体的一般人际特质水平，将多个互动对象在具体互动情境中的特质的均值作为个体面对的一般的互动对象的特质水平。得到这些个体水平变量后就可以分析个体水平上的关系。另一种分析方法是将每一次互动作为分析的单位，将个体的特质指定到每一个具体的互动情境中，这是分解的取向。聚合是将低水平数据经过一定转换变为高水平数据的过程，而分解是将高水平数据赋予其对应的每一个单位的过程。

聚合的方法只考虑高水平的情况，而分解的方法未能考虑高水平变量，如背景变量的影响。多水平分析则能同时考虑数据结构中的不同水平，如利用多水平随机系数模型（multilevel random coefficient model，MRCM）分析人际特质与互动满意度的关系。不同个体互动满意度的均值可以通过回归方程中的截距来表示，截距与特质水平或均值水平的自变量的关系是分析的一个方面。另外，特定互动情境中的互动满意度与特定互动情境中个体和互动对象的人际表现之间的关系可以通过斜率来表示，从而检验斜率与特质或均值水平的自变量之间的关系。在技术上，多水平随机系数模型依靠的方程将所有分析水平的变量纳入其中，为了方便解释，可以将方程拆分为一系列相互嵌套的方程。

相对于传统的数据结构依靠的（普通最小二乘）回归方程，使用多水平随机系数模型等多水平模型分析多水平结构的数据的原因在于，多水平模型能更好地处理误差。传统的回归方程中假设的误差独立性在多水平数据中不能成立，如果忽略多水平的数据结构，就会导致将被忽略的变量带来的变异归结为误差项，即误差项被高估，而回归系数的标准误被低估，继而导致对回归系数的假设检验更容易得到显著的结果，即更容易拒绝虚无假设，造成Ⅰ型错误增加。

在研究中，我们对一个人进行一系列观察测量，很多研究会忽略观察测量的场合，尽管在测量场合中可能会考虑代表性抽样，但并不会特别关注到底是在什么样的场合中测量，而是假定测量场合是从所有可能的场合中随机抽取的。在这样的研究中，在一个场合的观测数据的基础上得到的系数可能与基于另一组观测值所得的结果相似，但不会完全一样。也就是说，系数估计存在抽样误差。普通最小二乘估计不能同时估计两种误差，因而参数估计的准确性不如多水平随机系数模型分析。多水平随机系数模型分析多水平数据的优势之一在于，它能将真变异和随机误差变异区分开来。经典测验理论认为，一组观测数据的变异可以分解为真分数变异和随机误差变异，即观测值的变异可能源于潜在构念和随机误差因素。在多水平随机系数模型中，系数的变异也能分为真变异和随机误差变异。

多水平分析比大多数单一水平分析更复杂，为了沟通交流更便利、有效，我们在随后的介绍中会用到特定的术语和符号。考虑到不同的多水平分析软件在操作等方面存在差异，接下来以 HLM6 为例来介绍多水平数据分析，而且选择最简单的两个水平的情况。当然，除了 HLM 系列软件之外，MLwiN、LISREL 8 和 SAS 等分析软件中也有相应的模块可用于处理多水平数据。如果不同的分析软件估计的是相同的模型，那么会得到相同的结果。在多水平随机系数模型中，高水平的不同单位包含的低水平的单位数可以不同。

阶层线性模型的原理和多水平随机系数模型分析

以表 4-3 中的数据为例，假如有 10 个被试（水平 2），每个被试与 10 个互动对象的数据被观测记录下来（水平 1，不同场合中的个体内数据）。在水平 2 上测量的变量是个体的人际特质得分（采用 9 点计分量表），在水平 1 上测量的变量包括个体表现出的人际倾向、互动对象的人际倾向，以及被试的互动满意度（均采用 9 点计分量表）。互动满意度是我们关心的结果变量，个体的人际特质、个体在互动中表现出来的人际倾向，以及不同互动对象在互动中表现出来的人际倾向是我们关心的不同水平的自变量。

多水平随机系数模型分析的第一步是建立零模型或无条件模型：

水平 1：$y_{ij}=\beta_{0j}+r_{ij}$

水平 2：$\beta_{0j}=\gamma_{00}+\mu_{0j}$

在水平 1 模型中，i 表示被试内不同的互动场合（水平 1），j 表示不同的被试（水平 2），水平 1 上的观测值可以分解为每个被试的截距（每个被试在水平 1 上观测值的平均）和测量误差。这里的误差是水平 1 上的随机误差。在水平 2 模型中，每个被试的截距可分解为总均值和误差，这里的误差是水平 2 上的误差。之所以称为零模型，是因为回归方程中不涉及其他的水平 1 或水平 2 上的变量。尽管零模型常常不能很好地拟合数据，但是能提供有用的信息，包括区分不同水平上的变异数。在两水平模型中，总变异等于水平 1 上的变异与水平 2 上的变异之和。变异在两个水平上的分布决定随后该选择什么样的分析方法。如果水平

1 上的变异所占比例很大，甚至占据全部变异，那么很难对水平 2 上的变异进行建模。零模型估计的变异为估计效应量提供了基线。在阶层线性模型中，变异的估计在固定效应检验之后呈现。总均值的检验就是检验均值与零是否有显著差异。随机误差项的检验则是检验截距能否可靠地区分随机变异和固定变异。在零模型基础上，我们引入预测变量，如水平 1 变量 IT1 和 PIT1。两个水平的方程则为：

水平 1：$y_{ij} = \beta_{0j} + \beta_{1j}(\text{IT1}) + \beta_{2j}(\text{PIT1}) + r_{ij}$

$$\beta_{0j} = \gamma_{00} + \mu_{0j}$$

水平 2：$\beta_{1j} = \gamma_{10} + \mu_{1j}$

$$\beta_{2j} = \gamma_{20} + \mu_{2j}$$

在水平 1 模型中，第二个系数是斜率，表示不同被试自身的人际倾向与互动满意度之间的关系。第三个系数也是斜率，是互动对象的人际倾向与互动满意度之间的关系。对截距和斜率的解释取决于如何对预测变量进行中心化。如果进行群体均值中心化，就要围绕每个个体在所有互动场合的人际倾向的均值进行中心化。在水平 2 模型中，截距和斜率均分解为固定效应部分和随机效应部分。对斜率固定效应部分的显著性检验，即相当于检验平均斜率是否显著。对斜率随机误差项的检验，即检验是否有必要将斜率区分为两个部分，如果不显著，就没有必要将其纳入模型。这种模型称为固定效应模型。

对多水平随机系数模型分析中各个系数的解释需要注意，这种模型给出的估计是非标准化系数。如果斜率等于 0.56，则意味着在人际倾向上增加 1 个单位，在结果变量上预期（或平均）增加 0.56 个单位。需要注意的是，在互动中并不是每个个体在人际倾向上增加 1 个单位就能在互动满意度上有相同的收益，有些人可能收益更多，有些人可能收益更少。有人觉得，如果随机误差所占比例越大，那么收益差别就会越大，反之，人与人之间在这两个变量上的关系的相似性越大。不显著的随机误差是指系数并不是随机变化的，而是可能随着其他变量而系统变化，即存在非随机的变异。既需要证明斜率不存在跨个体的差异，还需要证明斜率与水平 2 上的变量没有显著关联。

完成水平 1 模型之后，接下来就需要在水平 2 模型中增加相应水平的变量，比如特质水平人际倾向 IT2。

水平 1：$y_{ij} = \beta_{0j} + r_{ij}$

水平 2：$\beta_{0j} = \gamma_{00} + \gamma_{01}(\mathrm{IT2}) + \mu_{0j}$

在水平 2 模型中增加一个水平 2 变量，即不同个体的截距除了受到随机误差的影响，还受到一个系统变量的影响。

水平 1：$y_{ij} = \beta_{0j} + \beta_{1j}(\mathrm{IT1}) + \beta_{2j}(\mathrm{PIT1}) + r_{ij}$

$\beta_{0j} = \gamma_{00} + \gamma_{01}(\mathrm{IT2}) + \mu_{0j}$

水平 2：$\beta_{1j} = \gamma_{10} + \gamma_{11}(\mathrm{IT2}) + \mu_{1j}$

$\beta_{2j} = \gamma_{20} + \gamma_{21}(\mathrm{IT2}) + \mu_{2j}$

在上述两个水平的模型中，水平 1 模型有两个对应水平的预测变量，水平 2 模型中增加了一个水平 2 变量，用以描述截距和两个回归系数的系统变化（包括随机误差部分）。在水平 2 的三个方程中，纳入的预测变量是相同的，对此一般要求至少在初始方程中各个方程纳入的变量是相同的，在最后的方程中保留的变量则需要分析者根据结果和理论要求作出决定。在水平 2 的后两个方程中，水平 2 变量对水平 1 中回归系数的预测系数（可称之为水平 2 回归系数），描述的是回归系数的系统变化部分，也可称之为跨水平的交互作用或调节效应，即水平 2 变量取值不同时，水平 1 变量与结果变量的关系不同。可以通过与斜率相关的误差变异的变化来评估调节效应，即比较纳入和不纳入水平 2 变量时的误差变异。尽管这种评估方法看起来简单，但值得注意的是，当水平 2 模型选择固定效应模型时，随机误差项就不能得到估计，也就不能利用这种方法来评估跨水平的调节效应了。

与无条件模型或零模型对应的是条件模型，即在各个水平中增加预测变量。如果两个水平有对应的预测变量，则是一个完整模型。根据不同水平增加的预测变量的个数，以及是否设定随机误差项，可以形成不同的分析模型。将多水平的方程合并成一个总的方程称为合并模型。例如，上述第四组方程的合并模型就是将水平 2 中的系数代入水平 1 的方程之中。

阶层线性模型的假设与注意事项

基本假设。和普通最小二乘回归一样，多水平模型也需要满足一些基本假设。

假设 1：固定部分和随机部分必须涵盖必要的自变量，即各个水平的模型中没有遗漏重要的自变量。

假设 2：第一层的误差相互独立，且满足均值为零的正态分布。

假设 3：第二层的误差在组间相互独立，且满足多元正态分布。

假设 4：第二层的误差与第一层的误差相互独立。

随机效应和固定效应。多数情况下，研究者感兴趣的是模型中纳入的预测变量的固定效应。对随机效应的显著性检验则是检验真变异和随机变异能否进行可靠的区分，如前所述，这个检验并不能表明水平 2 不同单位上的系数是否存在变化。

是否纳入随机误差项需要考虑随机变异和非随机变异的实际情况。有随机误差项的系数称为随机系数，没有随机误差项的系数称为非随机系数或固定系数。前者的模型称为随机效应模型，后者的模型称为固定效应模型。固定系数并不意味着系数不存在变化，而是不存在随机变化部分，在水平 2 上依然可以纳入预测变量来描述系统的变化。在上面四组模型的水平 2 模型中均纳入随机误差项。

在模型中去掉随机误差项之后，参数估计的结果相对于包含随机误差项发生明显变化的情况并不鲜见。是否存在显著的随机误差项并不能决定是否对斜率的系统变异进行建模。当斜率不存在显著的随机变异时，固定效应模型能对斜率的变异进行建模。

还可以通过系数的估计值理解对系数加以固定的含义。在阶层线性模型软件中，数值可以存储在残差文件中。水平 2 的残差文件中包含截距和斜率等数据。当水平 2 的斜率方程中不包含预测变量，并且不纳入随机误差项时，得到的估计结果可以被理解为所有水平 2 上的单位拥有相同的斜率。纳入一个水平 2 上的预测变量后，同样不包含随机误差项，则这个固定的斜率可能随着水平 2 上的预测变量发生系统变化，这一变化不是随机变化部分，因此需要区分是否对斜率的变化加以建模，以及斜率是否存在变化。

我们不能根据一个不显著的随机误差项的结果得出水平 1 上的系数不存在变化的结论，要得出这样的结论需要考虑无数个可能的水平 2 上的预测变量的作用。也就是说，随机误差项的价值在于指示是否存在随机变化，对于系统变化部分并不能提供相应信息。如果存在显著的随机变异，则说明系数存在随机变化情况，也就说明有必要区分真变异和随机变异。

尽管随机误差项和假设检验的关联并不直接，但在检验固定效应之前必须进行适当的处理。误差结构的正确识别是模型正确识别的构成部分，未能正确识别会导致固定效应显著性检验的偏差，而且这种偏差的方向是不可预测的。

从理论和概念上来说，人格研究中的多数系数应当被纳入随机效应部分。但是，在一个模型中要估计的随机误差项越多，估计的可靠性就会受到越大的影响。多数多水平随机系数模型分析会同时估计所有随机误差项之间的协变异。多数多水平建模者认为应该删除不可靠的误差项，少数人认为需要在以往研究基础上纳入部分随机误差项。也就是说，删除不可靠的随机误差项需要充分的理由，那些被固定的系数也会非随机变化。

是否纳入随机误差项，主要有三大考虑：理论考虑、统计考虑和实践考虑。在理论上存在这种可能，即有些系数的推广空间很窄，或者说这些系数是描述特定人群的，需要被固定。在统计上，如果随机误差项不显著，那么系数估计可以被设定为固定的。在实践上，如果估计随机误差项及其协变异存在问题，不能收敛，那么可以选择固定效应模型。除此之外，有研究者提出另一组建议：第二层的组数，每组内的样本数，第一层与第二层残差项的分布，第二层各组是如何被抽取的，研究结果推论的一般化，分析的焦点。当组数少于 10 时，建议采用固定效应模型；当第二层每一组有自己的特征，而我们想在每一组建构相同的模型时，也建议采用固定效应模型。当每一组样本量都过小时，建议采用随机效应模型。当样本来自总体抽样的结果，而我们想推论回总体时，也建议采用随机效应模型。

中心化议题。中心化是指将原始数据转移到新的分数体系上，其本质是一种中心平移的操作。选择中心化方法是多水平分析中需要考虑的重要议题。中心化既会改变系数的意义，也会改变固定效应和随机效应的估计和显著性检验。

对两水平模型中水平 1 的预测变量的处理方法有三种：不中心化、群组均值中心化和总均值中心化。如果某个预测变量没有进行中心化，并且预测变量的取值不可能为 0，那么所得结果的意义并不是很清晰。如果进行中心化，那么转换后的数据取值为 0 是可能的，对系数的意义的解释更清楚。对连续变量而言，原始数据减去一个常数，使得取值为 0 成为可能。

当预测变量采用群组均值中心化处理，那么参考的数值是每一组数据的均值，也就是说水平 2 上不同组的中心化参考的数值可能是不同的。在个体内设计中，这个群组就是个体多次测量的均值。采用群组均值中心化方法处理预测变量，截距的估计值不会发生变化，截距相关的变异估计也不会发生变化。预测变量进行群组均值中心化后，人为消除组间差异，水平 1 上的变量在水平 2 上的差异并不是模型的一部分，对参数估计没有影响。

总均值中心化方法是指对所有水平 2 上的群组采用相同的均值，即根据所有群组的总均值进行中心化。采用这种方法进行中心化，与无条件模型得到的估计结果相比，截距和变异估计有变化，变化的程度与水平 1 上的预测变量在水平 2 上的均值差异的程度有关。预测变量均值的跨组差异越大，系数和变异估计的变化越大。也就是说，组和组之间均值的差异对参数估计有影响。

有人认为，群组均值中心化的方法会导致模型识别错误，因为水平 1 上的预测变量在水平 2 上的差异被人为消除，也就是说模型之中没有考虑这个差异。多水平随机系数模型分析依据协方差矩阵来估计参数，当不同组之间的方差差异很大时，估计参数可能会出错。涅兹莱克(J. B. Nezlek)采用群组均值中心化方法处理连续型水平 1 上的预测变量，试图使不同群组的回归方程尽可能接近，比较发现群组均值中心化和总均值中心化处理的分析结果非常相似。当然，出现这种相似的结果部分原因在于水平 1 上的预测变量在水平 2 上的均值差异不大。

尽管如此，选择数据处理方法并不简单。研究者可以比较不同处理的结果，并分析不同结果之间的异同。如劳登布什和布雷克(Raudenbush & Bryk, 2002)所说，选择中心化方法并没有普适的规则，需要根据特定的情景确定中心化方法。好在水平 2 上的变量的中心化没有那么复杂，只有两种选择——不中心化和总均值中心化。总均值中心化的效果与大多数普通最小二乘回归分析中的中心化的效果等同。中心化后参数估计具有一定意义，比如截距表示得分在均值水平的个体或群组，某个变量变化一个单位所能引起的在结果变量上的变化量的均值。水平 2 不中心化与水平 1 不中心化的意义一致，此时的截距表示水平 2 上的变量取值为 0 时，某个预测变量所能引发的变化的预期值。水平 2 中心化对模型中参数估计的影响不像水平 1 中心化对模型中参数估计的影响那么大。

总的来说，水平 1 上的预测变量的三种处理方式对结果的影响存在一定差别。相比于不中心化，群组均值中心化对水平 2 上以斜率为因变量的回归方程影响不大，对以截距为因变量的回归方程影响较大。当水平 2 模型中有预测变量时，总均值中心化和群组均值中心化在不同的水平 2 模型设定中会产生不同的影响，因为可能存在跨水平的交互作用。

两个水平的样本量。样本量与统计效力有关。影响统计效力的因素主要有三个：一是Ⅰ型错误的概率，概率增加，统计效力也增加；二是样本量，样本量增加，相同情况下的统计效力也增加；三是效应量，效应量越大，在其他条件不变的情况下，统计效力也越大。

在多水平设计和分析中，还涉及多个水平的单位数量的问题。不同学者对不同水平的样本量的确定有不同建议(如表 4 - 4 所示)。综合多人的建议可以看出，出于不同的分析目的，不同学者对两个水平的样本量的建议数值不尽相同。

表 4-4 多水平设计样本量的建议

作者	目标	第二层	第一层	备注
巴西里（Bassiri，1988） 里登等人（Leeden & Busing，1994）	跨水平交互作用有统计效力	≥30	≥30	赫克等人（Heck & Thomas，2000）；克雷夫特等人（Kreft & De Leeuw，1998）
克雷夫特等人（Kreft & De.Leeuw，1998）	跨水平交互作用有统计效力	≥20	足够多	
克雷夫特（Kreft，1996）		≥30	≥30	霍克斯（Hox，2002）
霍克斯（Hox，2002）	跨水平交互作用有统计效力	≥50	≥20	
霍克斯（Hox，2002）	关注随机效应的变异成分	≥100	≥10	
斯奈德斯（Snijders，2002）		≥20		
马斯等人（Maas & Hox，2005）	只关注回归系数的无偏	≥10	≥5	
马斯等人（Maas & Hox，2005）		>50		

注：表中文献未全部列在文末参考文献中。

决定系数的计算。决定系数也称测定系数。在普通最小二乘回归分析中，决定系数是指预测变量所能解释的变异在结果变量的总变异中所占的比例。在多水平模型中，由于回归模型的误差来自多个水平，因而需要分别估计各水平误差的大小，在各个水平上增加相应的预测变量后改变的变异的程度为可解释决定系数。以两水平模型为例，当不存在预测变量时（零模型），合并模型为：

$$y_{ij} = \gamma_{00} + \mu_{0j} + r_{ij}$$

对该模型加以估计的水平 2 和水平 1 的方差分别为 $\hat{\tau}_{00,\ null}$ 和 σ^2_{null}

加入水平 1 的预测变量后，多水平合并模型为：

$$y_{ij} = \gamma_{00} + \gamma_{10} x_{ij} + \mu_{0j} + r_{ij}$$

对该模型加以估计的水平 2 和水平 1 的方差分别为 $\hat{\tau}_{00,\ null}$ 和 σ^2_{null}

由于上述两个模型存在嵌套关系，因此水平 2 和水平 1 可解释的决定系数分别为：

$$R^2_{\tau_{00}} = \frac{\hat{\tau}_{00,\,null} - \hat{\tau}_{00,\,ANCOVA}}{\hat{\tau}_{00,\,null}} = \frac{\hat{\tau}_{00,\,reduced} - \hat{\tau}_{00,\,full}}{\hat{\tau}_{00,\,reduced}}$$

$$R^2_{\sigma^2} = \frac{\hat{\sigma}^2_{null} - \hat{\sigma}^2_{ANCOVA}}{\hat{\sigma}^2_{null}} = \frac{\hat{\sigma}^2_{reduced} - \hat{\sigma}^2_{full}}{\hat{\sigma}^2_{reduced}}$$

上述公式中，reduced 是指简约模型，full 是指完整模型。

类别变量的处理。和传统的单一水平的回归分析一样，在多水平建模中也会遇到预测变量为类别变量的情况。在人格心理学研究中，不可避免地会遇到类别变量。在多水平分析模型中利用类别预测变量的逻辑与传统的普通最小二乘回归分析类似，但在类别如何呈现和比较方面存在差别。对于类别变量可以采用对照编码或虚拟编码。类别变量的编码方式、多水平模型的设定和结果解释可参考涅兹莱克（Nezlek，2001）更为具体的介绍。

常见的多水平模型。前面介绍的多水平随机系数模型，是众多模型中的一种。依据多水平回归模型包含的变量的复杂程度，可对常见的多水平模型进行分类汇总（见表 4－5）。

表 4－5　常见的多水平模型汇总

模型名称	模型设定	备注
随机效应单因素方差分析模型	水平 1 和水平 2 均没有预测变量，零模型 两个水平均含有随机误差项	组内相关系数的计算
以均值为结果变量的回归模型	水平 1 没有预测变量 水平 2 有预测变量，预测水平 1 的截距	决定系数的计算
随机效应单因素协方差分析模型	水平 1 有预测变量 水平 2 没有预测变量，截距项有随机误差，斜率项没有随机误差	若无水平 2 截距项随机误差，则混合回归
随机系数回归模型	水平 1 有预测变量 水平 2 没有预测变量，截距项和斜率项均有随机误差	
以截距和斜率为结果的回归模型	水平 1 有预测变量 水平 2 有预测变量，预测水平 1 的截距和斜率，并且均有随机误差项	也称随机变动系数模型
非随机变动斜率模型	水平 1 有预测变量 水平 2 有预测变量，预测水平 1 的截距和斜率，斜率项方程不含随机误差项	

续 表

模型名称	模型设定	备注
克龙巴赫模型	水平 1 有预测变量 水平 2 有预测变量(每组均值与总均值的离差),预测水平 1 的截距	水平 1 变量群组中心化
情境模型	水平 1 有预测变量 水平 2 的变量非直接测量,是描述群组特征的变量,或者根据水平 1 变量转化而成	如将水平 1 自变量的均值作为水平 2 预测变量

4.2 HLM 软件操作示例

4.2.1 数据概述和准备

人际特质与人际关系的相关研究表明,个体的人际特质是影响其一般人际关系的重要因素,同时会影响特定人际互动的满意度。除特质因素之外,特定互动情境中互动双方表现出的人际倾向,以及双方人际倾向的关系也将影响互动双方的关系体验。如果只关心其中一方在不同互动情境中的关系体验,那么传统的单水平设计可能是这样的:收集很多个体在互动中的相关变量,然后在个体水平上计算个体的特质水平变量、人际倾向,以及互动对象表现出的人际倾向对个体互动满意度的效应。多水平设计也能解答这一问题,即收集每个人与多个不同互动对象的数据,从而在个体内水平上回答与不同人互动是否会有不同的关系体验这一问题。这种多水平设计就是人格心理学中最常见的个体内多水平设计。

假如有 10 个人参与研究,将每个人与他人互动的数据记录下来,得到的数据结构如图 4-1 所示。使用 SPSS 对该演示数据进行数据管理和初步分析,根据数据的特点将数据分水平存储为两个文件,分别命名为"level 1 data. sav"和"level 2 data. sav"。命名方式没特别要求,只要能快速识别对应文件的数据内容即可。在水平 1 和水平 2 数据中,有两个变量名同为"ID"的变量,可以将具有阶层嵌套关系的两个水平的数据关联起来。在这里,不同的取值代表不同的个体,总共有 10 个被试。在水

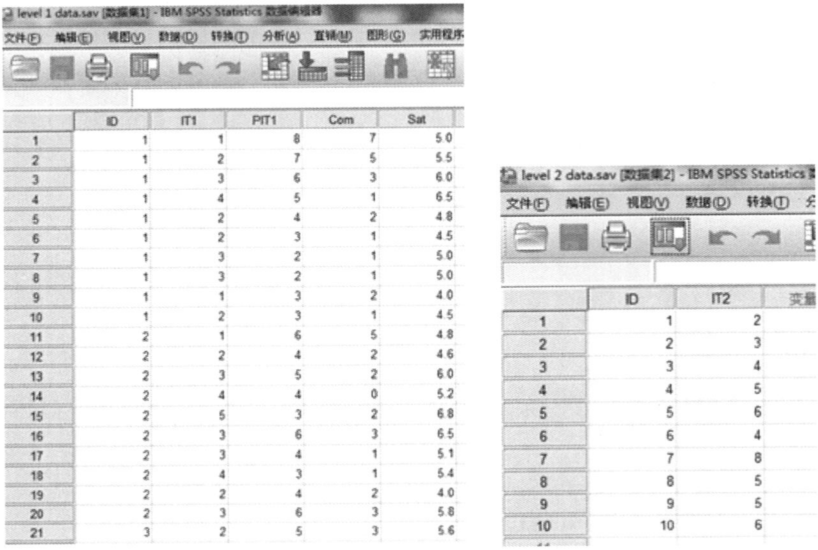

	ID	IT1	PIT1	Com	Sat
1	1	1	8	7	5.0
2	1	2	7	5	5.5
3	1	3	6	3	6.0
4	1	4	5	1	6.5
5	1	2	4	2	4.8
6	1	2	3	1	4.5
7	1	3	2	1	5.0
8	1	3	2	1	5.0
9	1	1	3	2	4.0
10	1	2	3	1	4.5
11	2	1	6	5	4.8
12	2	2	4	2	4.6
13	2	3	5	2	6.0
14	2	4	4	0	5.2
15	2	5	3	2	6.8
16	2	3	6	3	6.5
17	2	3	4	1	5.1
18	2	4	3	1	5.4
19	2	2	4	2	4.0
20	2	3	6	3	5.8
21	3	2	5	3	5.6

	ID	IT2	变量
1	1	2	
2	2	3	
3	3	4	
4	4	5	
5	5	6	
6	6	4	
7	7	8	
8	8	5	
9	9	5	
10	10	6	

图 4-1　SPSS 存储的用于 HLM 读取分析的两个水平的数据(IBM SPSS 20)

平 1 中可以看到,研究者收集了每个个体与不同对象互动的相关数据。另外,考虑到阶层线性模型不能进行缺失值处理,只能简单地删除,因此需要在 SPSS 等数据管理软件中做好有关缺失值的分析和前期处理工作。

单因素固定效应模型方差分析检验表明,10 个被试在因变量上的均值差异不显著[$F(9, 90)=1.30$,$p=0.249$],即被试的一般互动满意度没有显著差异。因变量上误差方差齐性的 Levene 检验结果表明,方差齐性假设得到满足[$F(9, 90)=1.57$,$p=0.137$]。需要说明的是,尽管是个体内设计,但这里并没有使用重复测验方差分析模型,主要是因为不同被试的互动对象都是随机选择的,数据结构不可区分,也就是说并没有一个明确的标准确定每个被试的数据顺序,采用惯常的被试内数据排列方式存在问题。水平 2 上的预测变量的均值为 4.80,标准差为 1.69。

综合整理两个水平涉及的所有变量,结果如表 4-7 所示。

表 4-6 水平 1 上的变量在水平 2 各个单位上的描述统计信息

被试编号	人际倾向	对象人际倾向	互补度量	互动满意度	样本量
1	2.30±0.95	4.30±2.11	2.40±2.07	5.08±0.74	10
2	3.00±1.16	4.50±1.18	2.10±1.37	5.42±0.87	10
3	3.90±1.20	5.30±1.49	1.80±1.69	4.97±1.04	10
4	4.10±1.20	5.50±1.58	2.00±1.49	5.09±0.82	10
5	5.00±1.49	5.60±1.35	1.60±1.43	4.89±1.02	10
6	3.40±1.27	5.40±1.27	2.60±1.17	4.92±0.71	10
7	7.90±0.99	5.60±1.71	2.50±1.72	5.78±1.38	10
8	5.00±1.16	4.30±1.64	1.30±1.42	4.85±0.99	10
9	5.10±1.37	5.00±2.11	2.10±1.66	5.52±1.24	10
10	5.20±1.40	5.10±1.66	1.50±0.97	5.73±0.78	10
总计	4.49±1.89	5.06±1.64	1.99±1.51	5.22±1.00	100

注：所有变量均被视为连续变量。互补度量这个变量并不是直接测量的变量，而是根据前面两个直接测量的变量差值的绝对值计算得来的，也可作为水平 1 上的预测变量。这里不涉及类别变量。互补度量在某种程度上等同于水平 1 上两个自变量的交互作用项，但是与乘积方式建构的交互作用项不同。示例数据中不存在缺失值情况。

表 4-7 演示所用数据涉及的所有变量

变 量 名	获得方式	角 色	水平 1	水平 2
互动满意度 Sat	直接测量	因变量	√	
人际倾向 IT1	直接测量	自变量	√	
对象人际倾向 PIT1	直接测量	自变量	√	
互补度量 Com	间接计算	自变量	√	
人际特质 IT2	直接测量	自变量		√

注：在一些多水平模型中，既包含只在个体水平或群体水平上起作用的变量，如个体的认知、情感等心理过程以及性别，也包含在多个水平上起作用的变量，如文化认同。后者的测量可借助形成式和反射式两种整合过程。

4.2.2 多水平模型设定

根据表 4-5 总结的各种模型并结合演示数据的特点，设定五个模型，它们在水平 1 和水平 2 上的模型总结如表 4-8 所示。模型的设定与分析者所要回答的问题、数据现状，以及理论基础相匹配。

表 4 - 8　多水平模型汇总

模型名称	水平 1 模型	水平 2 模型
模型 1：零模型	$Sat = \beta_{0j} + r_{ij}$	$\beta_{0j} = \gamma_{00} + \mu_{0j}$
模型 2：带随机效应的协方差模型	$Sat = \beta_{0j} + \beta_{1j}(IT1) + \beta_{2j}(PIT1) + r_{ij}$	$\beta_{0j} = \gamma_{00} + \mu_{0j}$ $\beta_{1j} = \gamma_{10}$ $\beta_{2j} = \gamma_{20}$
模型 3：随机回归系数模型	$Sat = \beta_{0j} + \beta_{1j}(IT1) + \beta_{2j}(PIT1) + r_{ij}$	$\beta_{0j} = \gamma_{00} + \mu_{0j}$ $\beta_{1j} = \gamma_{10} + \mu_{1j}$ $\beta_{2j} = \gamma_{20} + \mu_{2j}$
模型 4：均值为结果变量的模型	$Sat = \beta_{0j} + r_{ij}$	$\beta_{0j} = \gamma_{00} + \gamma_{01}(IT2) + \mu_{0j}$
模型 5：完整模型	$Sat = \beta_{0j} + \beta_{1j}(IT1) + \beta_{2j}(PIT1) + r_{ij}$	$\beta_{0j} = \gamma_{00} + \gamma_{01}(IT2) + \mu_{0j}$ $\beta_{1j} = \gamma_{10} + \gamma_{11}(IT2) + \mu_{1j}$ $\beta_{2j} = \gamma_{20} + \gamma_{21}(IT2) + \mu_{2j}$

4.2.3　多水平模型估计

当数据准备妥当，并且待分析的模型已经建构完毕，接下来就需要使用软件进行参数估计和统计检验。

图 4 - 2 左图是 HLM6.02 窗口操作版本的第一个界面，这个界面呈现的内容包括三位作者。在这个界面中能够点击进入的菜单有两个，最右边的“Help”有两个选项，其中“content”对应软件操作等相关的介绍。在学习和使用过程中，建议使用者根据需要进行查阅。如果使用者第一次分析某个数据，那么遵循如下操作流程：File→Make new MDM file→

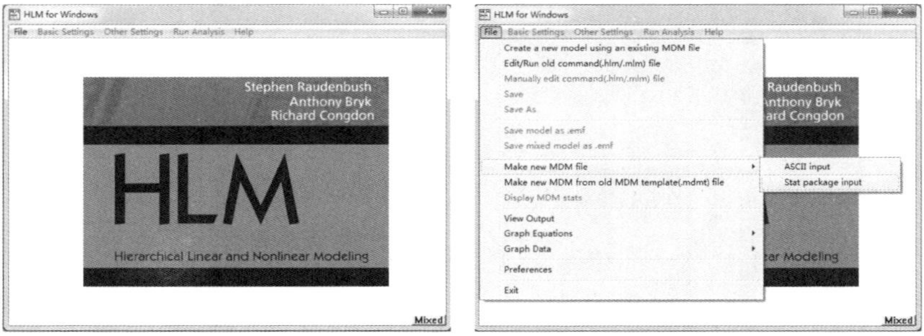

图 4 - 2　HLM 视窗操作的第一个界面和建立新的分析

Stat package input(如图 4 - 2 右图所示)。

随后进入图 4 - 3 左图界面,可以看到五个单选项,可将其视为大的模型类别,并且均为线性模型。HLM2 和 HLM3 是单一因变量的两水平和三水平模型,HMLM 和 HMLM2 用于个体内多测量,以及个体嵌套在更高水平的多因变量的建模,HCM2 模型适用于数据归属不单一的复杂情况。我们选择 HLM2 之后点击左下角的"OK"就进入图 4 - 3 右图界面。在该界面中,右上方有个方框,用于输入打算创建文件的文件名,该文件的后缀为"mdm"。该方框下面有个下拉菜单用于选择待读取数据的类型,考虑到存储的数据文件在 HLM6. 02 读取过程中可能出现问题,因此在输入文件类型中选择最后一个,并且在读取数据文件时,选择相应的文件。左上角是有关 MDM 临时文件的选项。该部分下面需要输入数据的嵌套类型,有两个选项,一个是个体嵌套于群体,另一个是个体内的多个测量嵌套于个体。此处演示选择第二个选项。接下来,则是读取水平 1 和水平 2 上的 SPSS 数据文件。读取每个水平之后,点击"choose variable"选择变量,变量选择界面如图 4 - 4 所示。在两个水平的变量选择过程中,ID 变量用于建立两个水平的嵌套关系,其他则对应水平内的预测变量或结果变量。变量选择完成之后,点击"save mdmt file"给文件命名以保存后缀名为"mdmt"的文件,得到图 4 - 5 左图界面。点击最下面"Make MDM"后会临时呈现黑色的界面,点击"Check Stats"就会得到一个有关数据描述的文本文件。

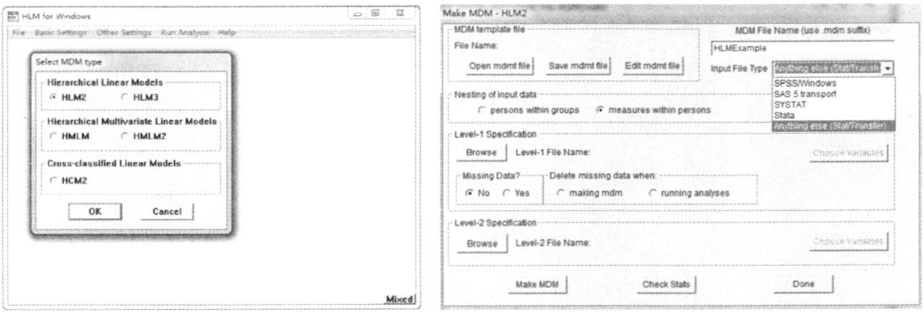

图 4 - 3 操作截图

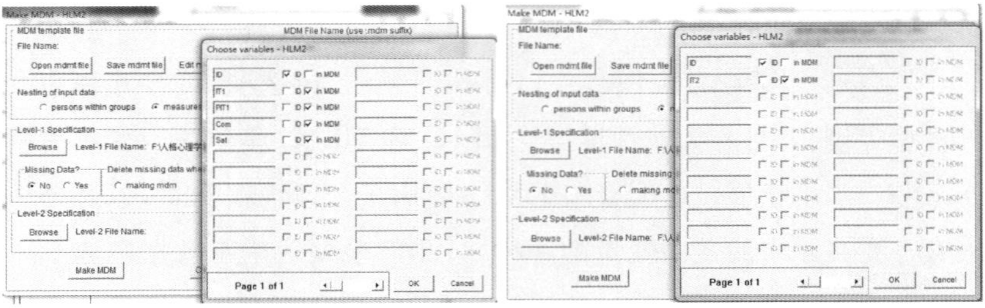

图 4－4　水平 1 和水平 2 上的变量选择

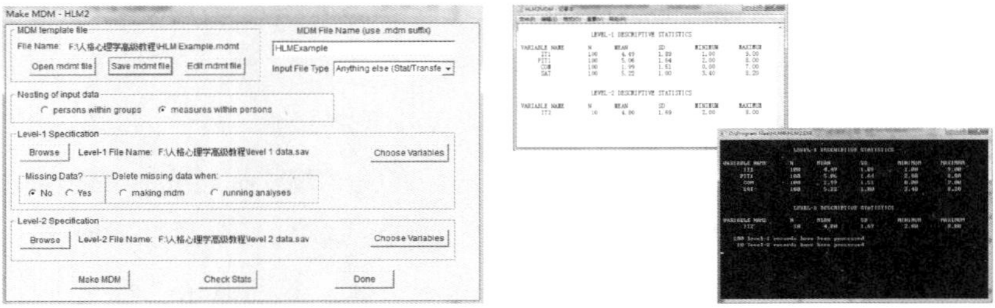

图 4－5　mdm 文件保存和数据核查

完成上述操作之后，点击“Done”就建立了后缀名为“mdm”的文件并转入 HLM 模型设立界面。在设立具体的模型之前，通过“File”菜单里的“Display MDM stats”查看基本信息（如图 4－6 所示）。

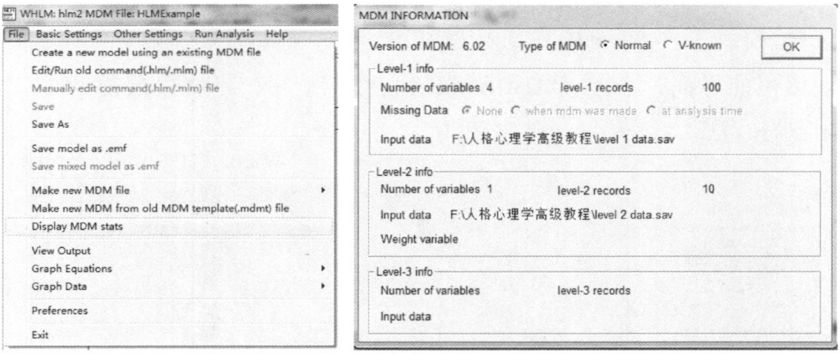

图 4－6　查看生成的 mdm 文件的基本信息

设立模型：左击选中的变量就会弹出一个小方框，选择里面的“Outcome variable”即可确定结果变量。确定结果变量之后默认的模型是零模型(如图 4-7 右图所示)。设立模型之后,点击菜单中与保存相关的命令或者点击“Run Analysis”菜单中与保存相关的选项,以保存后缀名为“hlm”的文件。点击运行,会呈现出如图 4-9 左图所示的黑底迭代过程。可设置软件允许迭代的最高次数。

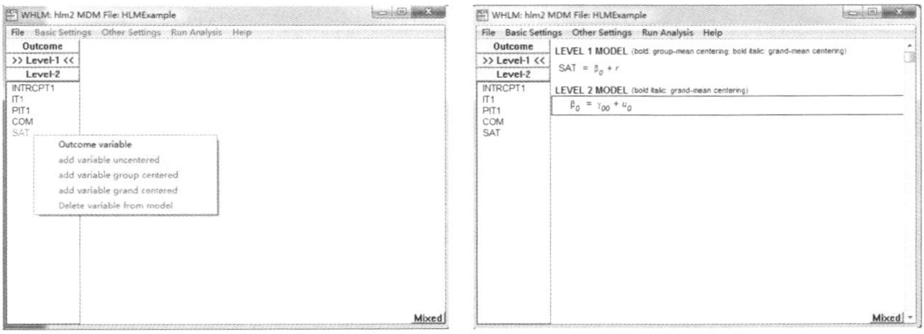

图 4-7 模型设立

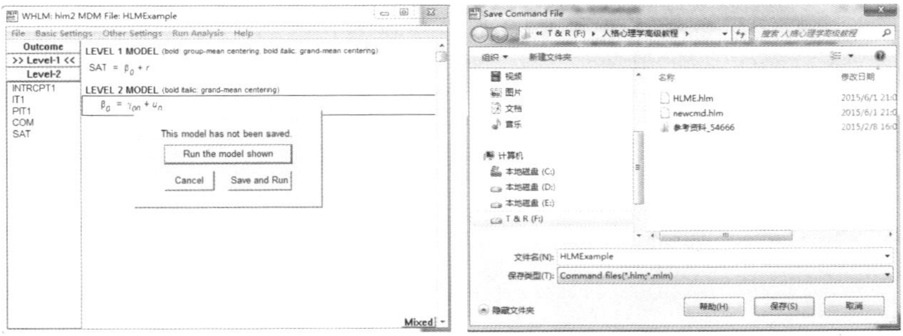

图 4-8 保存 hlm 文件

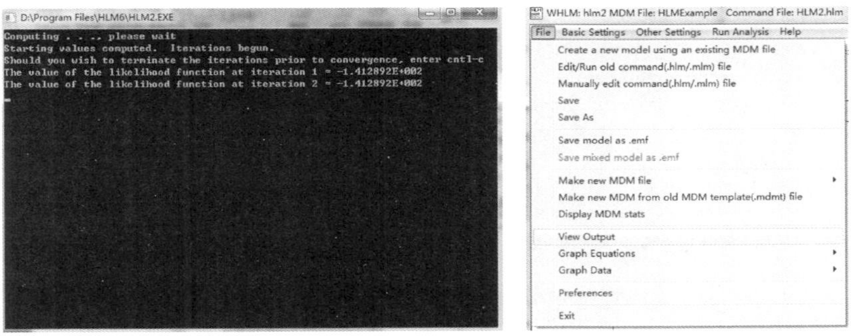

图 4-9 迭代过程和查看分析结果

如果在软件设定的最高迭代次数内不能达到收敛的程度，那么黑色dos界面会出现一个对话，通过键盘输入字母“y”即可突破最高迭代次数，以完成参数估计过程。完成参数估计之后，黑色界面消失。从“File”菜单中选择“View Output”查看结果（如表4-9所示），里面包含参数估计、参数显著性检验、方差成分、模型拟合度等信息。

表4-9 零模型估计结果

```
Program:                 HLM 6 Hierarchical Linear and Nonlinear Modeling
Authors:                 Stephen Raudenbush, Tony Bryk, & Richard Congdon
Publisher:               Scientific Software International, Inc. (c) 2000
                                              techsupport@ssicentral. com
                                                     www. ssicentral. com
------------------------------------
Module:      HLM2. EXE (6. 02. 25138. 2)
Date:        1 June 2015, Monday
Time:        21:51:56
------------------------------------
SPECIFICATIONS FOR THIS HLM2 RUN
  Problem Title:no title
  The data source for this run   = HLMExample
  The command file for this run = F:\HLM2. hlm
  Output file name                = F:\hlm2. txt
  The maximum number of level-1 units = 100
  The maximum number of level-2 units = 10
  The maximum number of iterations = 100
  Method of estimation:restricted maximum likelihood
Weighting Specification
-----------------------
                          Weight
                          Variable
             Weighting?   Name          Normalized?
Level 1         no
Level 2         no
Precision       no
  The outcome variable is       SAT
  The model specified for the fixed effects was:
----------------------------
   Level-1                   Level-2
   Coefficients             Predictors
------------   --------------
         INTRCPT1, B0      INTRCPT2, G00

The model specified for the covariance components was:
-----------------------------------
         Sigma squared (constant across level-2 units)
```

续 表

```
      Tau dimensions
            INTRCPT1
Summary of the model specified (in equation format)
----------------------------------------------------
Level - 1 Model
    Y = B0 + R
Level - 2 Model
    B0 = G00 + U0
Iterations stopped due to small change in likelihood function
******* ITERATION 2 *******
Sigma_squared =        0.96544
Tau
INTRCPT1, B0        0.02870
Tau (as correlations)
INTRCPT1, B0   1.000
------------------------------------------
  Random level - 1 coefficient    Reliability estimate
------------------------------------------
  INTRCPT1, B0                          0.229
------------------------------------------
The value of the likelihood function at iteration 2 = -1.412892E+002
The outcome variable is          SAT
Final estimation of fixed effects:
------------------------------------------------------------------
                                         Standard                   Approx.
  Fixed Effect            Coefficient    Error       T-ratio   d.f.    P-value
------------------------------------------------------------------
For          INTRCPT1, B0
  INTRCPT2, G00             5.224000   0.111915     46.678        9      0.000
------------------------------------------------------------------
The outcome variable is          SAT
Final estimation of fixed effects
(with robust standard errors)
------------------------------------------------------------------
                                         Standard                   Approx.
  Fixed Effect            Coefficient    Error       T-ratio   d.f.    P-value
------------------------------------------------------------------
For          INTRCPT1, B0
  INTRCPT2, G00             5.224000   0.106172     49.203        9      0.000
------------------------------------------------------------------
The robust standard errors are appropriate for datasets having a moderate to
large number of level 2 units.  These data do not meet this criterion.
Final estimation of variance components:
------------------------------------------------------------------
Random Effect              Standard       Variance      df     Chi-square   P-value
                           Deviation      Component
```

续 表

————————————————————————						
INTRCPT1,	U0	0.16942	0.02870	9	11.67587	0.231
level-1,	R	0.98257	0.96544			
————————————————————————						
Statistics for current covariance components model						
——————————————						
Deviance		= 282.578312				
Number of estimated parameters = 2						

完成零模型估计之后,通过设立新的模型并保存相应的 hlm 文件,开展新模型分析。当水平 1 和水平 2 中纳入预测变量,中心化方式就成为模型设立需要考虑的问题。在各个水平的变量列表中点击左键,出现中心化方式的三个选项。三个选项得到的方程中变量名的字体有所差别,群组均值中心化是黑体,总均值中心化是黑体加斜体(如图 4-10 所示)。

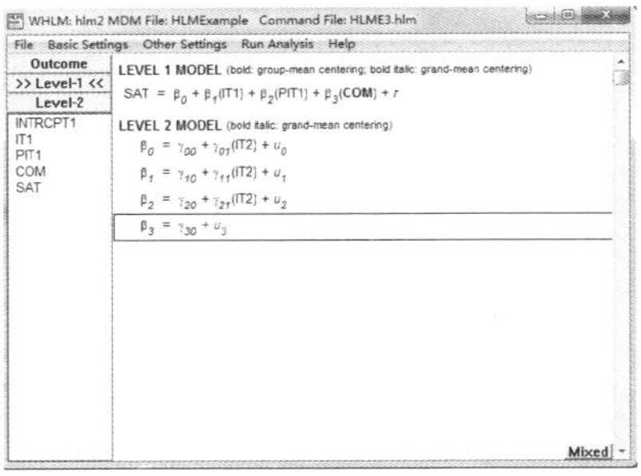

水平 1 三个预测变量中,COM 采用群组均值中心化方法处理,其他两个未中心化。采用不同处理方法的变量在字体上有所差别。

$SAT = \beta_0 + \beta_1(IT1) + \beta_2(PIT1) + \beta_3(\mathbf{COM}) + r$

COM 采用总均值中心化方法处理,其他两个未中心化。

$SAT = \beta_0 + \beta_1(IT1) + \beta_2(PIT1) + \beta_3(\boldsymbol{COM}) + r$

图 4-10 中心化选项及其对应的字体

表 4-8 中模型 5 对应的模型设立的 HLM 界面如图 4-11 所示。水平 2 三个方程中的最后一项均为随机误差项,即表明是随机效应模型。如果某个方程是固定效应模型,则通过左键点击随机误差部分以增加或消除随机误差项。

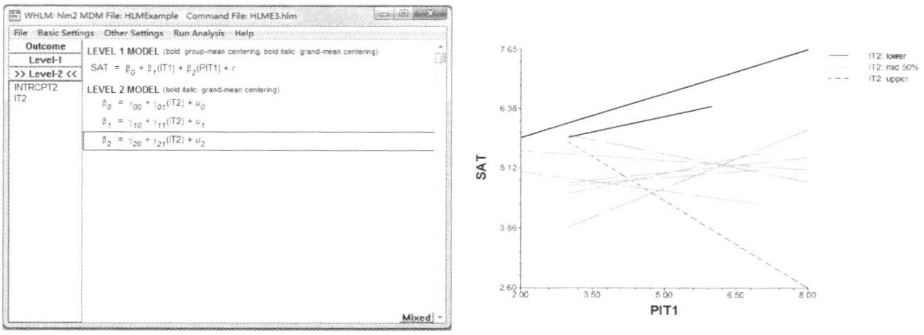

图 4-11 模型 5 对应的 HLM 设定界面和回归线

4.2.4 结果解读和报告

通过上述操作，分别估计和检验五个模型，汇总结果如表 4-10 所示。

表 4-10 模型参数估计和检验结果汇总

	参数	模型 1	模型 2	模型 3	模型 4	模型 5
固定效应						
截距项	γ_{00}	**5.22(0.11)**	**4.68(0.39)**	**4.16(0.43)**	**4.77(0.34)**	1.24(1.31)
均值斜率	γ_{01}				0.09(0.06)	**0.59(0.27)**
斜率 1 截距	γ_{10}		**0.12(0.05)**	0.18(0.13)		0.38(0.45)
斜率 1 斜率	γ_{11}					−0.03(0.09)
斜率 2 截距	γ_{20}		−0.00(0.06)	0.03(0.10)		**0.77(0.22)**
斜率 2 斜率	γ_{21}					**−0.15(0.04)**
方差成分						
水平 2	τ					
均值	τ_{00}	0.03	0.00	0.61*	0.02	0.67
斜率 1	τ_{11}			0.12***		0.17***
斜率 2	τ_{21}			0.08***		0.03*
水平 1	σ^2	0.97	0.95	0.51	0.97	0.47

注：稳健标准误估计方法适用于水平 2 样本量较大的情况，上述参数估计的标准误是非稳健估计值，固定效应估计部分括号内是标准误。

在零模型的方差成分分解基础上，计算组内相关系数 ICC=0.03/

(0.03+0.97)=0.03。也就是说，关于满意度的差异，由个体间差异导致的变异占总变异的3%。引入两个水平1预测变量后，模型2的各个方差成分相对于模型1的变化则反映出水平1预测变量的作用。水平1截距项的变异从0.03降到0，由于零模型截距的随机误差成分不显著，因此决定系数的计算不可靠。水平1误差项的方差从0.97降到0.95。从模型整体拟合检验结果来看，离异数不降反升，说明单纯增加水平1预测变量并没有改善模型对数据的拟合。随机系数模型允许截距和斜率随机变化，使得 τ_{00} 估计值变大，两个斜率项的随机变异均显著。第一层误差项的方差降到0.51，比模型2降低不少，改善的程度 $R^2=(0.95-0.51)/0.95=0.46$。模型的拟合度相比于模型2有所改善，离异数降低21.96。相比于模型1，模型4增加了一个系统变化因素，均值的个体差异之间的变异程度有所变化。

模型5则是在模型3的基础上，将斜率和截距作为结果变量并通过水平2变量来预测，属于随机效应模型。该模型中截距项最小，被试的平均满意度受到个体人际特质的系统影响，每增加1个单位，平均满意度平均增加0.59个单位。被试的人际倾向这一水平1变量对满意度的效应不显著，而互动对象的人际倾向对满意度的效应显著，即对方在互动中的人际倾向越明显，个体的满意度越高。两个跨水平交互作用中有一个是显著的，水平2的人际特质对个体自身在互动中人际倾向与满意度之间的关系不存在显著调节效应，但是会调节互动对象的人际倾向对自身关系满意度的效应，负向估计值意味着个体的人际特质越高，互动对象的人际倾向对自身满意度的影响越小。我们可以通过绘制跨水平的交互作用图来呈现这种效应(如图4-11右图所示)。该图通过线形将个体分为三类，即在水平2预测变量上得分在前25%的为一类，得分在25%～75%的为一类，得分在后25%的为一类。从现有的结果来看，在水平2的人际特质上得分高的个体(虚线)，互动对象的人际倾向越高，个体的满意度越低；在水平2的人际特质上得分低的个体(实线)，互动对象的人际倾向越高，个体的满意度也越高。

4.3 纵向研究设计

4.3.1 概念、类型和相关议题

纵向研究设计的概念

在研究设计中，根据时间节点收集至少两个时间点的数据，这样的研究设计称为追踪研究设计或纵向研究设计。与之相对的是横断设计，一般只在单一时间（期）收集数据。由于纵向研究设计在多个时间点收集数据，因此能测量变化，并解释变化的原因。和实验设计相比，纵向研究设计一般没有控制组，这种研究设计的控制主要是统计控制。

有些研究设计既不是纯粹的纵向设计也不是纯粹的横断设计，而是介于两者之间。以时间顺序横断设计为例，这种设计在不同的时间点测量不同的变量，但是对每个变量而言只测量一次，尽管数据是在多个时间点测量得到的，但本质上是横断性质的研究设计。如果不是在同一个时间点收集所有数据，而是在不同时间点收集不同样本的数据，那么这种设计本质上也是横断设计，对这些数据的分析与典型的横断设计分析相似。

还有一类研究设计并不是以时间为依据进行多次测量，而是根据情境进行测量，尽管不同情境下的测量时间并不完全相同，但这类研究并不关注跨时间的稳定性或变化，而是关注跨情境的稳定性或变化，因此称这种设计为纵向研究设计不合适，但是其数据结构和分析方法与纵向研究设计类似。

纵向研究设计的类型

根据数据收集的时间点，纵向研究设计可以分为前瞻性纵向设计（在不同时间点收集数据）和回溯性纵向设计（在同一时间点利用受访者的回忆收集数据）。根据是否追踪调查同一个个案，纵向研究设计可以分为趋势研究设计（在不同时间点收集可以进行比较的样本数据，但并

不是针对同一个样本)和追踪调查(对同一个样本进行重复测量)。根据测量时间点的个数以及不同时间点样本之间的关系,可将前瞻性纵向设计进一步细分。

梅纳德(Menard, 2008)根据在不同的时间点测量的样本特点及其与总体的关系,将纵向研究设计分为四种基本类型:全总体设计、重复横断设计、旋转式追踪设计和纵向追踪设计。图 4-12 呈现的四种数据收集图示说明了这四种纵向研究设计的特点。

纵向研究设计的测量议题

横断研究关注的所有测量问题,纵向研究同样关注。除此之外,纵向研究设计中还有其他需要特别关注的问题,例如测量的信度问题,纵向研究中用于衡量变化的分数的信度问题,要注意区分真实的变化和测量不可信带来的虚假的变化。由于追踪研究要在长时间内测量同一个变量,当间隔时间很长时,需要在不同时间点用不同方式操作相同的构念,因此可能面临许多问题。如果我们改变构念的操作测量方式,那么如何衡量变化,我们不能确定这种变化是源自测量构念的变化还是源自构念测量的变化。在生命全程研究中,不同阶段使用相同的测量可能并不能可靠和有效地测量相同的构念,因而在许多追踪研究中强调测量的一致性,以避免相同构念的不同操作和测量,否则就难以区分到底是构念本身变化了,还是测量结果变化了。帕特森(Patterson)这样看待构念测量方法是否一致的问题:在生命历程中对相同构念使用同一种操作测量方法并不总是最好的途径,而且相同的潜在构念可能会自己显现出来,因而需要在生命的不同阶段用不同的方法测量。当然,前提是要清楚地知道潜在构念在不同阶段会以何种方式表现出来。另外,也要注意测量是前瞻性的还是回溯性的。

在纵向研究的信度估计方面,内部一致性和重测信度尤其重要。除此之外,第三种形式的信度关注等同性(等值性),即在一个时间点测量的构念与在其他时间点测量的构念是等同的,或者说测量的构念并不会随着时间的变化而发生变化。对纵向研究中等同性的检验可以参照结构稳定性框架,与前面介绍的结构方程建模的测量和结构等值性检验有

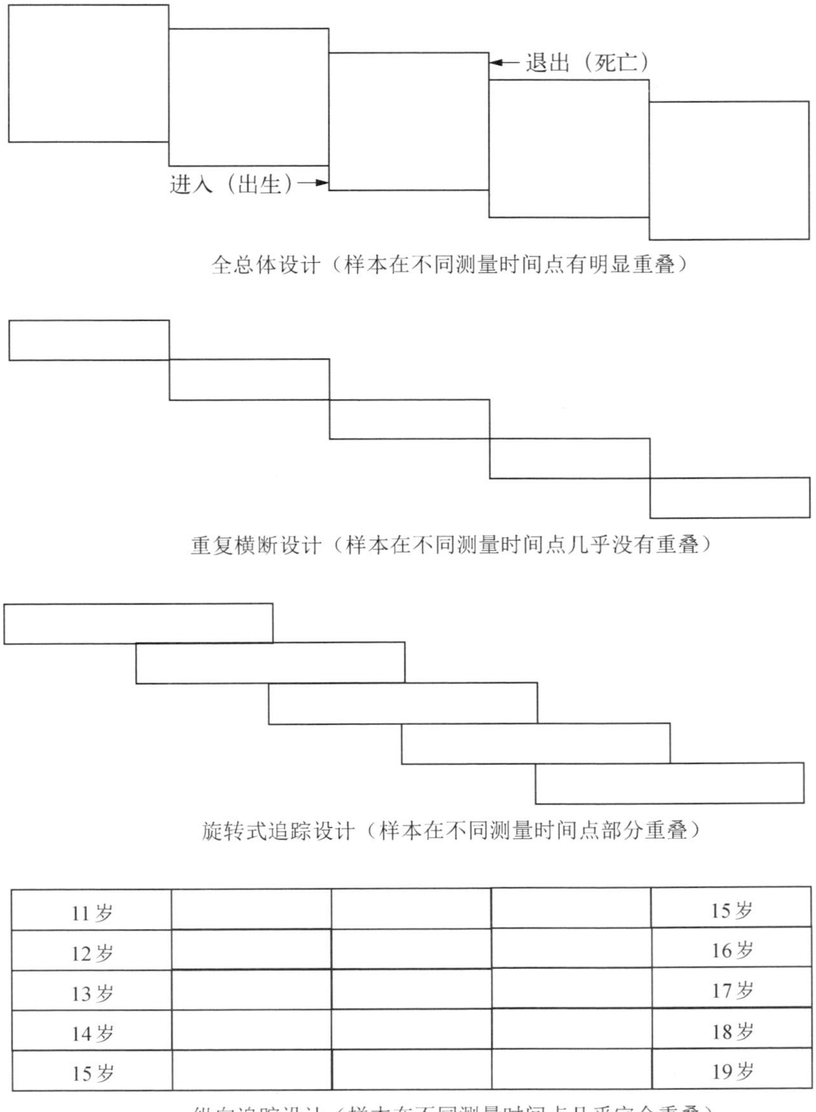

图 4－12　四种类型纵向研究设计的特点

相似之处。可以从三类变化中看出跨时间的稳定性：第一类为 alpha 变化，是指某种存在状态的水平变化，条件是用一个尺度不变的测量工具测量一个恒定不变的构念领域。如果发生 alpha 变化，则表明重测信度很高，当然前提是测量的构念结构不变。测量工具的结构应该具有跨时间的稳定性，如果测量工具的刻度发生变化，那么很难根据测量结果的变化说明测量对象真的有变化。第二类为 beta 变化，是指某种存在状态的水平变化，条件是与某个构念领域相关的测量连续体的一些间距（刻度）被重新校验而发生变化。如果发生 beta 变化，那么被试对研究者感兴趣的现象的排序很有可能会发生变化，从而导致重测信度较低。beta 变化还有可能会影响测量工具项目之间的关系模式，即影响测量工具的内部一致性。beta 变化在社会学、教育学和行为科学中可能会出现。第三类为 gamma 变化，是指对某一领域的重新界定或重新操作。beta 变化是指测量一个相对稳定的维度时刻度的变化，而 gamma 变化是指对实体的操作化的量子跃迁，测量工具中各个成分之间的关系模式发生变化。如果存在 gamma 变化，那么测量工具上结果的跨时间比较没有意义。

对以上三种变化的检验，可以在验证性因素分析框架中进行。一般来说，alpha 变化既可以用方差分析来检验，也可以用验证性因素分析来检验。在验证性因素分析框架中检验 beta 变化和 gamma 变化，与前面介绍的多组验证性因素分析一致。

对于变化的信度，如果测量两次，那么差异分数的信度为：$\rho^2_{Y_2-Y_1}=\dfrac{\rho^2_Y-\rho_{12}}{1-\rho_{12}}$，假定两次测量的信度为 ρ^2_Y，重测相关为 ρ_{12}。两次测量之间的相关越高，得到的差异分数的信度越低。即便每次测量的信度很高，差异分数依旧可能和随机误差差别不大。提高差异分数信度的方法有两种：一是提高测量本身的信度；二是两次测量之间的间隔时间足够长，以确保有真实的变化发生，从而避免差异分数只是随机变动。另外，间隔时间越长，两次测量的分数相关就越低，预期的差异分数的信度就会越高。

纵向研究设计的数据分析概述

和其他研究设计一样，纵向研究设计数据分析的第一步也是进行基本的描述统计，包括使用图示方法呈现数据信息。数据分析包括对各种时间相关效应进行探索，历史变化和发展变化是两种不同的变化，尤其要注意区分年龄、时期和队列效应。

对定性变化的度量和描述。首先要界定什么样的变化属于定性变化，界定的标准包括数据收集方法、数据测量水平等。以定性观察研究中的数据为例，这类数据的分析方法有对应的选择，事件历史分析可描述、分析和预测定性变化的时间线。

主流的纵向数据分析方法包括面板分析、结构方程建模和多水平建模。线性面板分析可处理结果变量为连续变量和类别变量的情况。对变化轨迹的分析，可以采用诸如潜在成长曲线建模、多水平成长曲线分析等方法。当多水平分析中的因变量为类别变量时，则称为多水平变化分析。

当纵向研究设计中的测量时间点很多时（常常多于 100 个），一般采用时间序列分析方法分析这样的数据结构。此外，时间序列分析通常不用于个体数据，而是用于单一的聚合数据，当然也不排除在某些情况下分开进行分析。在时间序列分析中，对数学要求最高的是频谱分析，即找到构成时间序列的不同成分，以及理解这些成分如何构成时间序列。对于更复杂的变化，可以采用非线性动力、混沌和突变理论加以描述。

在不同类型的纵向研究设计中，样本量以及测量时间点的个数不同，得到的数据结构有各自的特点，从而有对应的最适合的数据分析方法。研究者需要根据研究目的和掌握的研究资源选择最恰当的研究设计方法，并根据数据特点选择对应的数据分析方法。如果样本量不大，但是测量时间点很多，那么时间序列分析和决定动力模型是合适的分析方法；如果测量时间点不多，但是样本量很大，那么面板分析技术是最好的选择；如果测量时间点增加到 10 个或 10 个以上，那么潜在成长曲线、多水平成长曲线和变化模型、事件历史分析和定性数据分析成为可选的方法；如果样本量大，并且测量时间点多，那么事件历史分析、多水平成长曲线和变化模型是最好的选择。

纵向研究设计和建模的优点

纵向研究设计和建模有三大优点：

第一，通过观察不同时间点的行为以揭示变量之间的共变模式。

第二，通过检验用于描述多个时间点收集到的数据的模型，以检验变量之间可能的因果方向，这在横断研究中是很难做到的。

第三，纵向数据分析能提供有关结构稳定性的信息。

纵向研究设计中的变化相关问题

纵向研究的优势之一在于能度量变化，但是发挥这一优势需要满足几个条件，在设计之初就需要评价与变化的性质相关的假设。陈（Chan，2003）参考其他学者的工作后以问题的形式呈现这几个假设，通过评估研究设计能否很好地直接解决这些问题来评价纵向设计的恰当性。

问题 1：关心的变化是系统的变化还是随机的变化？

问题 2：关心的变化是可逆的还是不可逆的？

问题 3：变化是单一路径的还是多元路径的？

问题 4：变化的方式是连续的、渐变的量化，还是在量化变量上的大幅度转变，或者是在一系列具有实质性不同的阶段上的推进？

问题 5：发生的变化是绝对数值的变化还是测量标尺的变化，或者仅仅是操作方式发生变化而导致的变化？

问题 6：变化是群体中不同个体具有的共同特征，还是个体内跨时间的变化，或者两者都包括？

问题 7：假定所有个体具有相同函数形态的变化轨迹，那么用于描述个体变化轨迹的个体成长参数是否存在系统的个体间差异，如果存在，如何预测这些个体间差异，如何增强我们对这些差异的理解？

问题 8：变量之间的关系是否存在跨时间的变化？

问题 9：我们关心的跨时间的变化的特定方面是否具有跨群体的稳定性？

对以上九个问题的回答就是要确定跨时间变化的性质，明确这些问题对随后的数据分析至关重要。

4.3.2 常见的纵向模型

单因素纵向因素分析模型和均值模型

前面介绍的 alpha 变化、beta 变化和 gamma 变化中，检验 beta 变化和 gamma 变化用到的验证性因素分析是将不同时间点的测量模型视为不同的组，即采用多组验证性因素分析检验等值性。在纵向设计中，如果多次测量的样本完全一致，则可以在单组验证性因素分析中检验等值性。单因素纵向分析模型就是最简单的一种纵向模型，即用多个指标测量单一潜在构念，并在多个时间点进行多次测量，然后通过纵向验证性因素分析方法分析这种数据结构。模型示意图如图 4－13 所示，其中 $Y_1 \sim Y_3$ 表示在时间 1 上测量潜在构念的三个指标，$Y_4 \sim Y_6$ 是对应的三个指标在时间 2 上测量的结果，$Y_7 \sim Y_9$ 是在时间 3 上测量的结果。

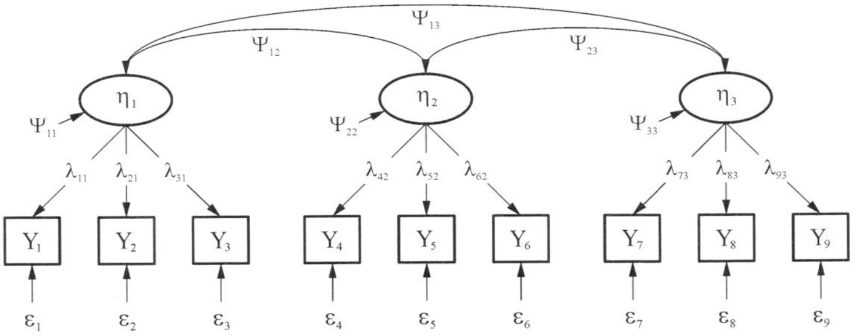

图 4－13 纵向因素分析模型(单因素情形)

该模型是在三个时间点上用相同指标测量同一潜在变量的相关模型，使用该模型能直接回答有关测量稳定性的问题，包括测量的构念是否相同，测量的精确度是否相同两个问题。

表 4－11 LISREL 框架下纵向因素分析模型对应的分析语法

```
! Title Single factor longitudinal factor analysis model
DA NO=500 NI=9 MA=CM! 假设数据
LA
Y1 Y2 Y3 Y4 Y5 Y6 Y7 Y8 Y9
CM=LFA. COV! 前期数据处理生成的协方差矩阵，蕴含相关和方差(标准差)信息
ME=LFA. DAT! 前期数据处理生成的均值向量，文件类型为 dat
SE
1 2 3 4 5 6 7 8 9/! 变量选择命令
```

续 表

MO NY=9 NE=3 PS=SY, FI LY=FU, FI TE=SY, FI! 因为前面提供了指标均值信息,这里对截距和潜在均值没有明显设定,是默认情形,即 TY=FI AL=FI。需要注意的是,当截距和斜率均设定为自由估计时,模拟识别会出现问题。当不提供均值信息时,则默认不包括均值模型,截距和潜在均值的设定就没必要,默认即可。 LE Eta1 Eta2 Eta3! 图 4-13 中从左到右的三个潜在变量对应的标签 FR LY(2,1) LY(3,1) LY(5,2) LY(6,2) LY(8,3) LY(9,3)! 每次测量的第一个指标负载固定 FR PS(1,1) PS(2,2) PS(3,3) PS(1,2) PS(1,3) PS(2,3)! 潜在变量的方差和协方差自由估计 FR TE(1,1) TE(2,2) TE(3,3) TE(4,4) TE(5,5) TE(6,6) TE(7,7) TE(8,8) TE(9,9)! 所有指标的误差方差自由估计,误差协方差设定为 0 VA 1 LY(1,1) LY(4,2) LY(7,3)! 将三个指标的负载固定为 1 进行单位化 PD OU NS SS SC ND=4 AD=OFF

考虑到不同时间点在相同指标上的测量误差不独立(如记忆效应),可以通过在模型中允许跨时间的相同指标之间的误差相关自由估计来解决这一问题,语法增加的具体内容如表 4-12 所示。增加这些设定之后如果能显著改善模型的拟合,那么说明记忆效应之类的系统因素影响指标之间的协方差。反之,则没有必要增加这个误差相关。增加误差协方差之后,潜在变量之间的协方差可能变小,也就是说观测到的潜在变量之间的相关可能受到所要测量的构念之外的记忆因素的影响而虚高。

表 4-12 误差相关自由估计

FR TE(1,4) TE(1,7) TE(4,7) TE(2,5) TE(2,8) TE(5,8) TE(3,6) TE(3,9) TE(6,9)

在上述模型设定中,每个潜在变量都有一个指标的负载固定为 1 用于单位化,对该模型进行估计,如果模型拟合良好,则可以进行随后的等值检验。和多组验证性因素分析不同,这里不需要设定多组中对应参数等同,只需要设定单组中对应参数等同。例如,关于测量的构念是否相同的问题,可以转换为三个指标在潜在变量上的负载是否相同的问题。设定等同之后,如果发现新的模型拟合没有显著变差,则说明因素负载具有跨时间的等同性,如果随后发现跨时间的变化,这种变化就不是结构的变化,而是相同性质的内容在量上的变化。

表 4 - 13 纵向因素模型的指标负载跨时间等同设置

MO NY=9 NE=3 PS=SY, FI LY=FU, FI TE=SY, FI TY=FR AL=FI! 以此为基线模型
EQ LY(2,1) LY(5,2) LY(8,3)! 第二个指标的负载设定为跨时间的等同性
EQ LY(3,1) LY(6,2) LY(9,3)! 第三个指标的负载设定为跨时间的等同性。通过变换单位化指标,也可检验第一个指标的跨时间的等同性

测量精确度等同的问题可以转换为误差方差等同的问题,有学者建议在检验误差方差等同之前先满足因子方差等同,在 LISREL 中可以通过表 4 - 14 中的等同设置来实现。如果该模型的拟合没有显著变差,则表明不同时间点测量相同构念的测量误差等同。

表 4 - 14 纵向因素模型误差方差等同设置

EQ PS(1,1) PS(2,2) PS(3,3)! 三个时间点测量的潜在变量的方差等同
EQ TE(1,1) TE(4,4) TE(7,7)! 第一个指标的误差方差设定为跨时间的等同性
EQ TE(2,2) TE(5,5) TE(8,8)! 第二个指标的误差方差设定为跨时间的等同性
EQ TE(3,3) TE(6,6) TE(9,9)! 第三个指标的误差方差设定为跨时间的等同性

在上述等同基础上,如果同时考虑均值模型,则需要增加两类参数,即指标截距和潜在变量均值。这一模型与图 4 - 13 所示的模型一样,可称为纵向均值和协方差结构模型。在 LISREL 中 Y 指标的截距向量的默认模式是“FI”,外生潜变量的均值向量的默认模式也是“FI”。纵向均值和协方差模型是在纵向协方差模型基础上增加了均值结构部分,新增加的两类参数的跨时间等同性检验的方式和协方差模型一样。潜在因子的均值、方差或协方差具有跨时间的等同性或不等同,反映出真实的变化模式。由于截距和潜在均值相互影响,因此均值模型中两者均自由估计会出现问题。在检验截距的跨时间等同性时,一般要求潜在因素的均值固定,可以通过表 4 - 15 中的设置来检验截距等同性。如果发现等同设置后的模型拟合显著变差,则说明截距具有跨组的差异性。关注这种等同的情况相对较少,因为人们更加关注潜在均值的等同。

要检验潜在因子均值的跨时间等同性,一般要求截距固定,或设定为跨时间等同,再把其中某个时间点的潜在均值设定为参照,可通过表 4 - 16 中的设置来实现。

表 4 - 15 纵向因素模型截距等同设置

```
MO NY=9 NE=3 PS=SY, FI LY=FU, FI TE=SY, FI TY=FR AL=FI! 以之前的协方差结构等同模型为基线模型,截距自由估计,均值固定
EQ TY(1) TY(4) TY(7)! 第一个指标的截距设定为跨时间的等同性
EQ TY(2) TY(5) TY(8)! 第二个指标的截距设定为跨时间的等同性
EQ TY(3) TY(6) TY(9)! 第三个指标的截距设定为跨时间的等同性
```

表 4 - 16 纵向因素模型潜在均值等同检验的基线模型

```
MO NY=9 NE=3 PS=SY, FI LY=FU, FI TE=SY, FI TY=FR AL=FI! 以之前的协方差结构等同模型为基线模型,截距自由估计,均值固定
EQ TY(1) TY(4) TY(7)! 第一个指标的截距设定为跨时间的等同性
EQ TY(2) TY(5) TY(8)! 第二个指标的截距设定为跨时间的等同性
EQ TY(3) TY(6) TY(9)! 第三个指标的截距设定为跨时间的等同性
FR AL(2) AL(3)! 第一次测量的均值固定为 0 以作为参照,后两次自由估计,以此作为均值等同估计的基线模型
```

在此基础之上,增加等同设定: EQ AL(1) AL(2) AL(3)。比较这个模型和对应的基线模型的拟合情况,如果模型拟合明显变差,则表明潜在均值存在显著差异。模型设定对应的语法如表 4 - 17 所示。

表 4 - 17 纵向因素模型测量和均值等同设置

```
! Title Single factor longitudinal factor analysis model
DA NI=9 NO=500 MA=CM NG=1
LA
Y1 Y2 Y3 Y4 Y5 Y6 Y7 Y8 Y9
CM
.820
.520 .860
.560 .520 .900
.385 .310 .292 .810
.310 .365 .290 .540 .850
.290 .295 .340 .540 .580 .890
.330 .185 .190 .340 .290 .290 .810
.190 .295 .190 .270 .350 .290 .550 .865
.190 .205 .320 .270 .280 .370 .550 .520 .900
ME
2.54 2.60 2.58 2.68 2.75 2.75 2.93 2.90 3.00
SE
1 2 3 4 5 6 7 8 9/
MO NY=9 NE=3 LY=FU,FI PS=SY,FI TE=SY,FI TY=FR AL=FI
```

续 表

```
LE
Eta1 Eta2 Eta3
FR LY(2,1) LY(3,1) LY(5,2) LY(6,2) LY(8,3) LYT(9,3)
FR PS(1,1) PS(2,2) PS(3,3) PS(1,2) PS(1,3) PS(2,3)
FR TE(1,1) TE(2,2) TE(3,3) TE(4,4) TE(5,5) TE(6,6) TE(7,7) TE(8,8) TE
(9,9)
FR TE(1,4) TE(1,7) TE(4,7) TE(2,5) TE(2,8) TE(5,8) TE(3,6) TE(3,9) TE
(6,9)
VA 1 LY(1,1) LY(4,2) LY(7,3)
EQ LY(2,1) LY(5,2) LY(8,3)
EQ LY(3,1) LY(6,2) LY(9,3)
EQ PS(1,1) PS(2,2) PS(3,3)
EQ TE(1,1) TE(4,4) TE(7,7)
EQ TE(2,2) TE(5,5) TE(8,8)
EQ TE(3,3) TE(6,6) TE(9,9)
EQ TY(1) TY(4) TY(7)
EQ TY(2) TY(5) TY(8)
EQ TY(3) TY(6) TY(9)
FR AL(2) AL(3)
EQ AL(1) AL(2) AL(3)
PD
OU SS SC MI ND=4 AD=OFF
```

成长曲线建模

成长曲线建模有两种分析取向：一种是结构方程建模框架的分析，另一种是多水平建模(multilevel modeling, MLM)。潜在成长建模(latent growth modeling, LGM)是相对于外显成长曲线建模(growth curve modeling, GCM)而言的，主要用于建立关注的结果变量与时间变量之间的关系，以及检验这种关系是否受到其他因素的影响。外显成长曲线模型可以用 HLM 分析，而潜在成长模型考虑测量误差和潜在构念，可以用结构方程建模分析。

假如在不同时间点测量不同个体，那么收集到的数据是多水平的数据，至少包括个体间水平(水平 2)和个体内水平(水平 1)。测量的时间点作为一个主要的预测变量，一般是水平 1 上的预测变量，对不同个体来说，这个时间点的设计(包括数量和间隔)可以相同，也可以不同。还有一个水平 2 上的预测变量，对水平 1 上的预测变量与结果变量之间的关系发挥作用。在 HLM 框架中，两水平的随机效应模型如下：

水平 1：$y_{ti}=\beta_{0i}+\beta_{1i}T_{ti}+r_{ti}$

水平 2：$\begin{aligned}\beta_{0i}&=\gamma_{00}+\gamma_{01}Z_i+\mu_{0i}\\\beta_{1i}&=\gamma_{10}+\gamma_{11}Z_i+\mu_{1i}\end{aligned}$

水平 1 模型是对不同个体建立时间变量与结果变量的随机效应模型，估计截距与斜率。水平 2 模型纳入相应水平预测变量以解释水平 1 中的截距与斜率，同样是随机效应模型。采用相应软件进行估计之后就能知道我们关注的变量随时间变化的趋势，以及这个趋势能否得到系统预测。上面的例子是线性的情形，除了线性成长变化趋势之外，还有其他关系模式。需要在原始数据基础上进行数据转换等处理，比如生成乘方项，继而检验特定曲线模式。

如果使用结构方程建模，那么对缺失数据以及测量时间点的确定相对于多水平建模有更严格的限制。例如，前面介绍的 HLM 框架下的分析数据，测量时间点的数量和间隔比较灵活，而在结构方程建模中一般要求所有个体的测量时间点的数量和间隔相同，因而研究者需要在这两种方法之间作出权衡。

潜在成长模型则将截距和斜率作为潜在变量进行估计(如图 4－14 所示)。模型识别始于结构模型，测量分数跨时间的变化轨迹由截距和斜率这两个变量所描述，除此之外，每次测量结果还允许对测量误差加以建模。如果估计得到的斜率不等于零，则意味着存在潜在的跨时间的变化。和其他结构方程建模一样，潜在成长模型也能评估模型的拟合度。在潜在成长模型中，除了均值之外，潜在截距和斜率

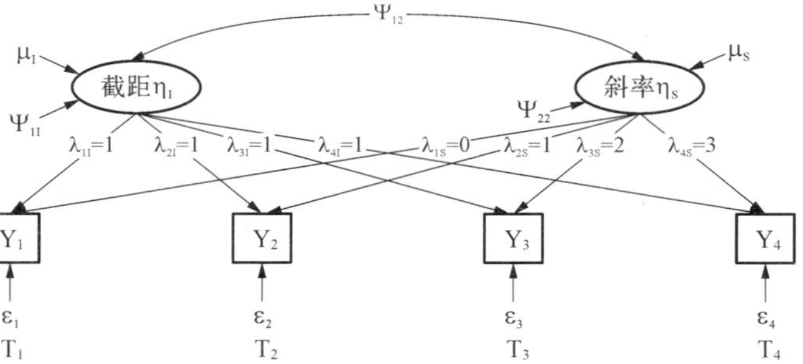

图 4－14　潜在成长建模(T_1、T_2、T_3、T_4 分别表示四个测量时间点)

还能估计方差和协方差。对于非线性的模型则可以增加相应的潜在变量。

表 4-18 与图 4-14 所示模型对应的 LISREL 语法

```
! Title Latent Growth Model
DA NI=4 NO=500 MA=CM NG=1
LA
Y1 Y2 Y3 Y4
CM
.820
.620 .860
.560 .620 .900
.485 .510 .592 .810
ME
2.54 2.64 2.78 2.85
SE
1 2 3 4/
MO NY=4 NE=2 LY=FU,FI PS=SY,FI TE=SY,FI TY=ZE AL=FI
LE
Inter Slope
FR PS(1,1) PS(2,2) PS(1,2)
FR TE(1,1) TE(2,2) TE(3,3) TE(4,4)
VA 1 LY(1,1) LY(2,1) LY(3,1) LY(4,1)
VA 1 LY(2,2)
VA 2 LY(3,2)
VA 3 LY(4,2)
FR AL(1) AL(2)
PD
OU SS SC MI ND=4 AD=OFF
```

如果考虑截距和斜率会随着某个变量系统变化,则可以在模型中增加预测变量。另外,结构方程建模还能处理多指标的情况,即每次测量都有多个指标,截距和斜率预测的是每次测量的潜在均值(如图 4-15 所示)。

表 4-19 与图 4-15 所示模型对应的 LISREL 语法

```
! Title Multiple Indicators Latent Growth Model
DA NI=15 NO=500 MA=CM NG=1
LA
I1 I2 I3 I4 I5 I6 I7 I8 I9 I10 I11 I12 X1 X2 X3
CM=MLGM.COV
ME=MLGM.dat
SE
1 2 3 4 5 6 7 8 9 10 11 12 13 14 15/
```

续 表

```
MO NY=12 NE=6 LY=FU,FI PS=SY,FI TE=SY,FI TY=ZE AL=FI NX=3
NK=1 LX=FU,FI PH=FU,FI TD=SY,FI TX=ZE KA=FR GA=FU,FI BE=
FU,FI
LE
Time1 Time2 Time3 Time4 Inter Slope
LK
IV
FR LY(2,1) LY(3,1) LY(5,2) LY(6,2) LY(8,3) LY(9,3) LY(11,4) LY(12,4)
FR PS(1,1) PS(2,2) PS(3,3) PS(4,4) PS(5,5) PS(6,6) PS(5,6)
FR TE(1,1) TE(2,2) TE(3,3) TE(4,4) TE(5,5) TE(6,6) TE(7,7) TE(8,8) TE
(9,9) TE(10,10) TE(11,11) TE(12,12)
FR AL(5) AL(6)
VA 1 LY(1,1) LY(4,2) LY(7,3) LY(10,4)
FR LX(2,1) LX(3,1)
FR PH(1,1)
FR TD(1,1) TD(2,2) TD(3,3)
FR GA(5,1) GA(6,1)
VA 1 LX(1,1)
VA 1 BE(1,5) BE(2,5) BE(3,5) BE(4,5)
VA 1 BE(2,6)
VA 2 BE(3,6)
VA 3 BE(4,6)
PD
OU SE SC SS TV RS MI ND=4 AD=OFF
```

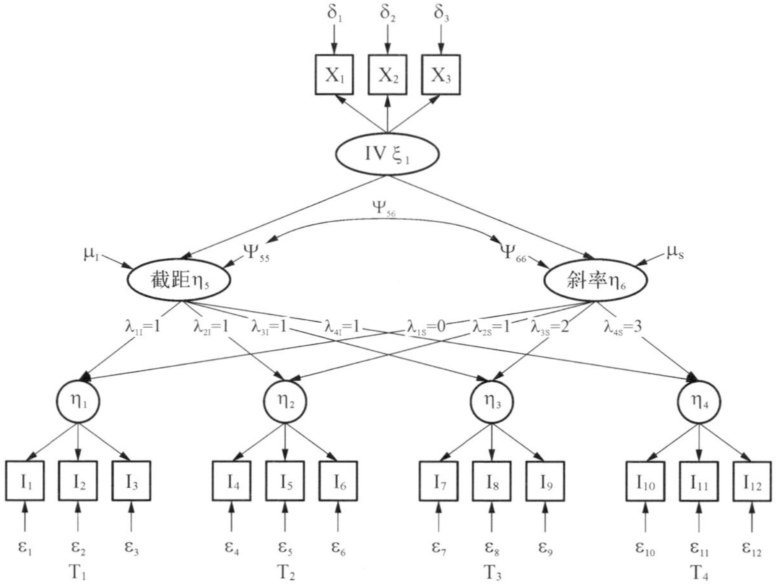

图 4-15 多指标潜在成长建模（T_1、T_2、T_3、T_4 分别表示四个测量时间点，部分参数未呈现）

纵向交叉滞后模型

分析交叉滞后设计收集到的数据，可以应用纵向交叉滞后模型。在该设计中，要在不同时间点测量收集到的多个变量（每次测量到的多个变量称为一个面板）。建立两个变量之间统计上的因果关系一般需要满足两个条件：一是两个变量之间的关系不能归因于同时影响这两个变量的第三个变量，二是一个变量必须在时间上先于另一个变量。较低的标准是两个变量之间存在共变关系。关于第三个变量的影响，可以通过横断设计解决；关于时间先后顺序的要求，则需要通过纵向设计实现。

我们以两个变量在三个时间点测量三次为例（如图 4-16 所示），这样的交叉滞后设计称为完整交叉滞后设计。在结构方程建模框架下，还可以纳入测量模型，即考虑测量误差和对潜在变量的关系进行建模。通过该模型可以估计构念的跨时间的相对稳定性（个体间相对位置的稳定性），也就是不同时间点测量的相同构念之间的相关或预测关系。一般来说，时间间隔越长，相对稳定性越低。在同一个时间点测量的不同构念之间的相关称为同步相关，在不同时间点测量的不同构念之间的相关

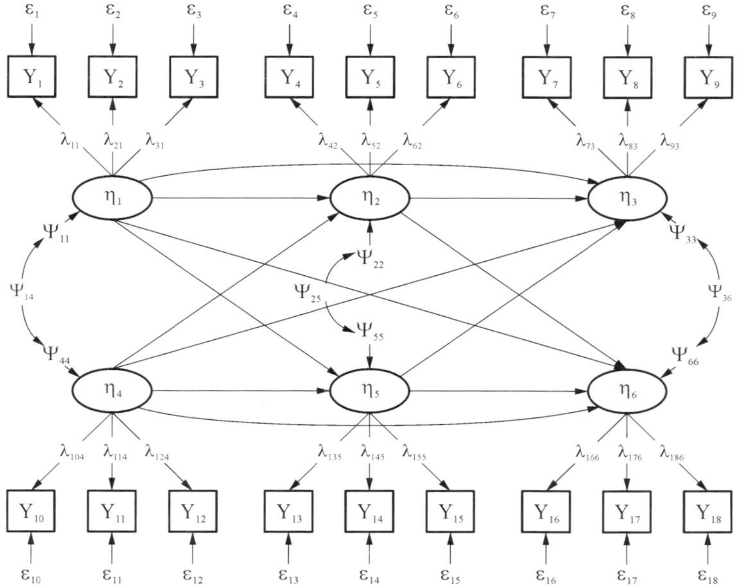

图 4-16 完整交叉滞后模型（带有潜在变量的情形）

称为滞后相关，通过比较不同滞后关系的大小可以推测变量之间的因果方向。这种逻辑背后需要满足三个假设：变量之间的因果关系不会随着时间的推移而发生变化；不同时间点的同步相关尽可能一致，相同时间间隔下的相对稳定性尽可能一致；交叉滞后设计较好考虑并测量到重要变量。

表 4-20　与图 4-16 所示模型对应的 LISREL 语法

```
! Title Fully cross lagged longitudinal model 只是协方差模型
DA NI=18 NO=500 MA=CM NG=1
LA
Y1 Y2 Y3 Y4 Y5 Y6 Y7 Y8 Y9 Y10 Y11 Y12 Y13 Y14 Y15 Y16 Y17 Y18
CM=FCLLM.COV
SE
1 2 3 10 11 12 4 5 6 13 14 15 7 8 9 16 17 18/
MO NY=18 NE=6 LY=FU,FI PS=SY,FI TE=SY,FI BE=FU,FI
LE
Eta1 Eta4 Eta2 Eta5 Eta3 Eta6
FR LY(2,1) LY(3,1) LY(5,2) LY(6,2) LY(8,3) LY(9,3) LY(11,4) LY(12,4) LY
(14,5) LY(15,6) LY(17,6) LY(18,6)
FR PS(1,1) PS(2,2) PS(3,3) PS(4,4) PS(5,5) PS(6,6) PS(1,2) PS(3,4) PS(5,6)
FR TE(1,1) TE(2,2) TE(3,3) TE(4,4) TE(5,5) TE(6,6) TE(7,7) TE(8,8) TE
(9,9) TE(10,10) TE(11,11) TE(12,12) TE(13,13) TE(14,14) TE(15,15) TE(16,
16) TE(17,17) TE(18,18)
VA 1 LY(1,1) LY(4,2) LY(7,3) LY(10,4) LY(13,5) LY(16,6)
FR BE(3,1) BE(5,1) BE(5,3) BE(4,2) BE(6,2) BE(6,4)
FR BE(4,1) BE(6,1) BE(6,3)
FR BE(3,2) BE(5,2) BE(5,4)
PD
OU SE SC SS TV RS MI ND=4 AD=OFF
```

4.3.3　人格领域的追踪研究

人格稳定性和变化的研究

人格领域的追踪研究可以回答包括人格的稳定性和变化这一重要议题在内的许多问题。和前面提到的有关变化的问题一样，人格稳定性和变化有不同的界定方法。为了更好地理解人格稳定性和变化的内涵，我们先介绍人格特质界定中一致性的不同操作方法。

人格心理学对一致性的概念提出了完备的模型(如图 4-17 所示)，

我们可以借反应常模的概念来理解人格特质。所谓反应常模，是指环境输入与表现型输出之间的函数关系，具有某个水平的人格特质即对相关情境线索有着特定形状的反应常模，弗利森（Fleeson，2001）称之为状态密度分布。描述分布形态的参数就是人格特质的参数，比如幅度和斜率，前者是一般水平，后者是变化水平，它们都属于人格，可区分为人格幅度和人格弹性。

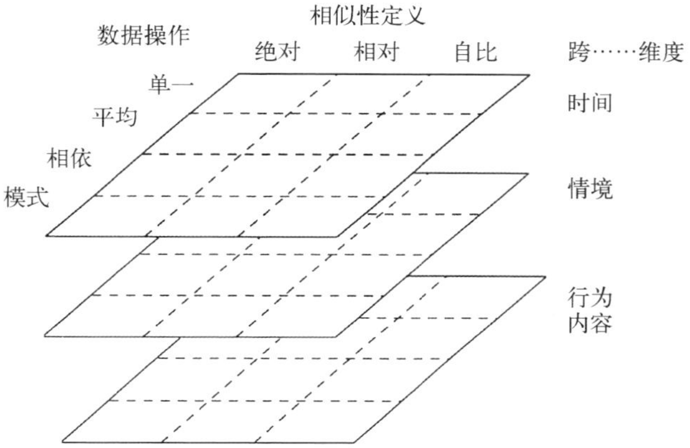

图 4 - 17　一致性概念的三维模型

在样本或总体背景下，两个最常用的稳定性界定方式是差异（相对）稳定性和均值水平（绝对）稳定性。差异稳定性也称为等级顺序稳定性，是指个体差异跨时间稳定性的程度，有些学者将其作为人格特质概念的核心，人们常常通过不同测量场景下的分数的相关来评价这一稳定性。均值水平稳定性是指，不同年龄组样本在人格的平均分数上的一致性的差异，或者纵向研究中平均分数跨时间的一致性的差异。与这两种人格稳定性和变化相关的证据很多。关于人格的差异稳定性的量化综述结果表明，差异稳定性随着年龄而增强，不同维度的稳定性相似，性别对稳定性来说不是一个实质上有效的调节因素。对于不同年龄阶段跨时间的稳定性问题存在争议，也就是说对于人格从什么时候开始变得很稳定这一问题存在争议。均值水平稳定性和变化同样有相应的证据，既包括横断研究的证据，也包括纵向研究的证据，这些研究所得证据具有很大的一致性。与这两种稳定性有关的研究常常使用相同的测量工具测量不同样本,或者在不同时间点测量相同样本,因而测量的一致性或者不变性是得出可靠结论的前提。

人格过程分析之日记法和经验抽样方法

人格过程是人格心理学关注的重要主题,通过研究这一主题,我们能更好地理解人格在日常生活中是如何得以体现和表达的。换句话说,在日常生活中研究人格,可以采用日记法或经验抽样方法。这些方法获得的数据具有时间短、频次高、捕获动态等特点,这对于那些过程取向的人格心理学家非常有利。日记的内容或抽样记录的经验包括思想、情感和行为,记录的时间范围相对于纵向研究来说更短,两次记录之间的时间间隔更灵活多变,每天记录的次数可以根据研究设计确定,总的来说比纵向设计的次数要多。如此得到的数据也是多水平的数据,即个体内多次测量的数据嵌套在个体水平上。

关注人格过程的研究者一般对单个变量的跨时间变化建模不感兴趣,而是关注两个或两个以上变量在一段时间内的相互影响模式。也就是说,经验抽样方法收集人格过程相关数据,常常不涉及时间这个变量。正是因为这种多水平数据结构比较灵活,所以分析时常常使用多水平建模框架,而较少采用结构方程建模框架。

研究示例

卢卡斯和唐纳伦(Lucas & Donnellan, 2011)在《人格与社会心理学杂志》(*Journal of Personality and Social Psychology*)上发表了一篇文章,该文章中的数据涉及两次测量,时间间隔为 4 年。第一次测量的样本分为 17 个年龄段,从 17 岁到 84 岁,每 4 岁作为一个年龄段。两次测量的样本有 69%重合,第二次测量时补充流失的样本。这样的操作为额外的分析提供了可能,一是评估可能存在的测量时期效应(测量时间点特异性的影响),二是评估年代效应(在某个特定年份出生的个体具有的独特效应),三是评估面板相关效应(panel-conditioning effect,由重复回答相同问题而带来的测量效应)。

研究者关注"大五"人格,测量工具由 15 个项目构成,每个维度通过

3个项目测量。在检验差异稳定性和均值水平稳定性之前,先检验跨年龄段、跨测量时间点的测量稳定性。对此,研究者利用纵向因素分析模型分维度开展研究。通过一系列检验得到每个维度的跨年龄稳定性模型,并在此基础上检验研究者关心的实质性问题,即差异稳定性和均值水平稳定性。此外,还分析了年代效应。

4.4 成对水平研究设计和数据分析

4.4.1 人际关系研究

心理学的一个经典界定就是“行为的科学”。人类行为常常发生于有他人在场的场合,因而社会互动的设计和数据分析就成为心理学的一个根本议题。人际关系是人作为社会存在的一个重要体现,人际关系的相关研究也是人格和社会心理学的重要主题之一,其代表性学术期刊《人格与社会心理学杂志》中有一个板块直接涉及这一主题,即人际关系和群体过程板块(Interpersonal Relations and Group Processes)。依照社会网络分析中的术语,人际关系中的个体称为行动者或节点,个体之间存在关系纽带或联结。因而,人际关系研究就是对节点以及节点之间联结的研究。

人际关系研究需要把握以下人际关系的特点:第一,成对性和群体性。成对关系是人际关系和人际互动的最基本单元,这样的单元往往可以找到一个大的群体背景。在群体中,存在多个成对的单元,共同构成一个网络。在这个网络中,除了“一对一”的成对性,还存在“一对多”和“多对一”的变异。成对关系是最简单的群体关系。第二,互依性和交互性。所谓互依性,是指关系中一方的结果会对另一方的结果产生影响,如果不存在互依性,也就不称其为“关系”了。交互性体现在认知、情感和行为各个层面,例如你在评判关系对象时,他/她同样会评判你,并且给予反馈。第三,动态性和过程性。在时间维度上,人际关系是一个持续的过程,有着不同的发展阶段,从关系的建立、维持到关系的损害、修复以至于破裂，关系双方本身也会随之变化。在空间维度上，不同场合下的关系会有不同表现。第四，双向性和非对称性。虽然关系双方存在互依性，但是这种双向的影响并不总是对称的，例如“单恋”等现象的存在。关系中非对称性的存在会给关系带来复杂性，也更加引发研究者的关注。

在诸多人际关系研究中，包括成对关系研究，收集到的数据往往是成对数据，因而这样的数据也就具有人际关系的特征，这里着重介绍静态取向下的互依性，并且主要是对象效应上的互依性。

4.4.2 成对数据

关系类型

根据关系属性，关系类型包括因婚姻、血缘形成的关系，因工作形成的关系，以及因一般的社会交往形成的关系等。例如在家庭关系中，有夫妻关系、亲子关系、兄弟姐妹关系；在学校中，有师生关系、同伴关系；在工作场合中，有同事关系、上下级关系；在其他场合中，有朋友关系、恋人关系。五种常见的人际关系包括夫妻关系、亲子关系、兄弟姐妹关系、上下级关系和朋友关系。

在上面提到的关系类型中，根据是否有明确的变量将成对双方区分开来，可以将收集到的数据分为可区分的成对数据和不可区分的成对数据。例如，在传统的异性夫妻或恋人关系中，可以根据性别将双方区分为丈夫和妻子；如果是同性婚姻或恋爱，就不能用性别因素来区分双方；亲子关系、师生关系、上下级关系则可以根据角色加以区分；兄弟姐妹关系可以根据性别或年龄长幼加以区分；异性朋友关系可以根据性别加以区分，同性朋友关系则不能。从可区分的成对关系中收集到的成对数据可系统有序地进入数据管理软件，不可区分的成对数据中双方的顺序则只能是人为安排。区分变量应该具有理论和实证意义，是否可区分本身也可以进行实证检验。

变量的类型

根据变量在成对间和成对内的变异情况，可以将其分为三种类型。

第一，成对间变量（between-dyads variables），变异只存在于不同对之间，相同对内双方的取值相同。例如，在以成对双方为单位的实验中，分配到实验组和控制组的对之间存在差别，而每一对内双方都接受或不接受实验操纵；其他的比如以异性夫妻为研究对象的研究中，婚龄就是一个成对间变量。第二，成对内变量（within-dyads variables），变异只存在于成对双方之间，其均值在不同对之间是恒定的。例如，在异性婚姻中性别就是一个成对内变量，实验室中双方发言的时间比例也是成对内变量。第三，混合变量（mixed variables），变异存在于成对间以及成对内两个水平上。例如，年龄、个性特征等变量在成对研究中往往是混合变量。相同变量在不同研究设计中可能归为不同类型的变量。

非独立性/互依性的来源

成对数据的非独立性或互依性抓住了人际关系的重要特征，相应的分析需要将这种特征考虑在内。为了选择更适当的分析模型，先要确定非独立性的来源。造成观测的非独立性的因素包括群组、时间和空间等因素。成对对象的研究中，非独立性主要有四类来源。

第一，成对双方具有某些相似特征，如社会经济地位、教育水平、生活地域等身份背景相似。婚恋领域内具有相似特征的人结合的现象被行为遗传学者称为选择性交配（assortative mating）。这些相似造成的非独立性叫作组分效应（compositional effects）。第二，对象效应。所谓对象效应，是指一个人的特点或行为会影响其对象，对象效应是人际关系的操作性特征。第三，相互影响（mutual influence）。对象效应侧重于两个变量在成对间的影响，相互影响则侧重于一个变量在成对变量间的影响，类似于人际关系中的互惠性（reciprocity）。第四，共同命运（common fate）。即成对双方在某个变量上的位置由一个共同的在成对水平上的原因变量影响。这四类来源导致研究者感兴趣的变量的非独立性。

非独立性/互依性的检验

在可区分的情况下，一般采用皮尔逊积差相关作为互依性的测度，即在区分变量一个水平上的成员在需要检验的变量上的得分与另一个水平上的成员的得分之间的相关。负向的相关也是有可能并且有意义的。显著性检验依照标准的相关系数显著性检验方法。显著性检验是与 0 的差异比较，而科恩(Cohen, 1988)对于相关程度大小的经验划定可以作为非独立性程度的参考。如果有多个区分变量，那么可以考虑偏相关；多个变量之间的非独立性检验则可用典型相关法。在不可区分的情况下，因数据排列的人为性，标准的相关系数将不再适合作为非独立性的度量指标，此时可以采用组内相关系数(intraclass correlation coefficient, ICC)，其中一种计算方法为 $ICC=(MS_B-MS_W)/(MS_B+MS_W)$，即成对间与成对内方差之差在方差之和中所占的比例。可以通过常用的统计分析软件如 SPSS 计算和检验组内相关系数。

可互换数据的相关计算方法

该方法是计算组内相关系数的另一种方法，并能分解出两种水平的相关，包括以下步骤：第一，总体相关的计算与一般相关的计算方法相同，如果有 n 对成对数据，那么相关计算涉及 $2n$ 个数据/案例。第二，检验互依性程度。方法之一是计算成对组内相关(pairwise intraclass correlation)，该指标的计算是通过互换成对数据在两列的位置，从而得到 $2n$ 个数据，然后计算相关，如果是两个变量之间的相关则是跨变量的组内相关(cross intraclass correlation)。第三，显著性检验。根据互依性程度校正样本量，继而应用 Z 检验进行显著性检验。第四，分离个体和成对水平效应。格里芬和冈萨雷斯将肯尼等人的群体相关模型用于可互换成对数据，建构一个潜在变量模型以分解个体水平和成对水平效应。第五，检验个体水平和成对水平相关的显著性。另外，在成对均值水平上的相关可视作两个水平不同权重的组合，而并非成对水平上相关的估计。

互依性对显著性检验的影响

由于传统的显著性检验对数据独立性存在要求，因而一旦严重违背独立性假设，那么对误差的估计将不再准确，继而影响显著性的检验，例如方差分析中方差估计将会受到影响。当非独立性存在但依然在个体水平上进行统计分析时，统计检验的Ⅰ型错误或Ⅱ型错误会因为因变量的类型以及非独立性的正负性而增加。这就意味着，非独立性分析发现存在互依性之后，成对数据的分析不能使用通常的方法，而是应该将这种互依性考虑在内以另辟蹊径，否则估计结果将会出现偏差，错失揭露互依性背后规律的时机，与忽略多水平数据阶层性特点导致的后果相似。

4.4.3 行动者—对象互依性模型

成对关系中互依性的存在，以及人们对互依性本身的关注，主要体现为对象效应的存在和对该效应的关注。行动者—对象互依性模型(actor-partner interdependence model, APIM)同时考虑到成对关系中存在行动者效应和对象效应，可谓因对象效应而出现的模型。该模型的基本框架见图 4－18。

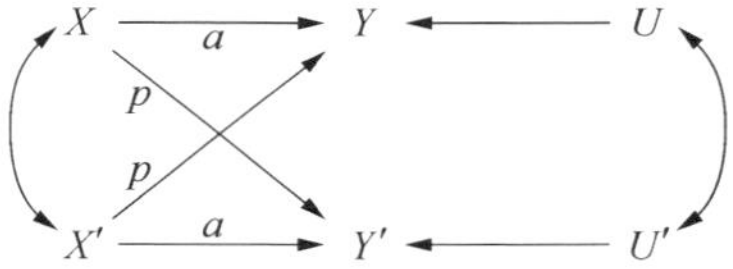

图 4－18 行动者—对象互依性模型示意图（a 表示行动者效应，p 表示对象效应）

主效应

行动者效应：一个人在预测变量上的得分对其在结果变量上的得分的效应，图 4－18 中 a 表示行动者效应，它类似于心理研究中常检验的效应，即个体内效应；回答诸如具有什么样特点的个体会有什么样的结果这一类的问题。对象效应：一个人在预测变量上的得分对其对象在结果变量上的得分的效应，图 4－18 中 p 表示对象效应，相对于个体内效应，对象效应类似于个体间效应；回答诸如具有什么样特点的个体会诱发其关系对象什么样的反应这一类的问题。

交互效应

图 4－18 不能直接体现交互效应。在行动者—对象互依性模型中，可以有几种不同的交互效应探索形式：乘积项的形式，也就是方差分析中最常见的交互作用项，以及回归分析中用乘积项探索交互作用的方式；相似性等指标的形式，通过差值或相关等指标计算出成对双方的相似性等指标，继而将该指标作为预测因子；其他形式，例如抽取双方中的高分形成一个新的变量作为预测因子。肯尼等人建议，探索交互效应时

需要控制主效应，但是也有研究者对此持保留意见。

以上三种交互作用形式均能应用于行动者—对象交互作用中，也可视为相同变量在成对双方间的交互效应。关注在什么情况下才存在对象效应，则是两个变量之间的交互作用问题，例如肯尼举例说在双方亲密性达到一定程度后，关系中一方的幸福感才会影响另一方的健康，即亲密程度与幸福感对健康的交互影响。

4.4.4 行动者—对象互依性模型分析方法之结构方程建模

有几种方法可以将互依性考虑在内，并同时对行动者效应、对象效应以及其他效应加以估计。这几种方法包括：联合回归法（pooled regression）、多水平建模（multilevel modeling）和结构方程建模（structural equation modeling）。每种方法均能借助不同的统计软件加以实现。在肯尼等人的书中，以及发表的期刊文章和著作章节中对前两种方法给出了比较详细的示例，包括程序的语法。尽管肯尼认为联合回归法相对于后两种方法显得“过时”了，但是对于不熟悉 HLM 和结构方程建模相关统计软件，而熟悉 SPSS 的人来说，联合回归法也是一种选择。下面着重介绍通过 LISREL 系列软件进行结构方程建模的过程，包括没有潜在变量的成对路径分析和有潜在变量的成对验证性因素分析。

没有潜在变量的可区分数据行动者—对象互依性模型的路径分析

在一个人为的成对好朋友来自工作场合的压力对离职意向的影响的数据上进行演示。设定为异性朋友，双方是可区分的，数据共有 176 对。数据格式如表 4-21 所示。

表 4-21　可区分数据的格式

Dyads	M_Ref	F_Ref	M_Str	F_Str
1	36	27	8	11
2	20	17	10	11
…	…	…	…	…
n	18	15	12	3

注：N 表示共有 n 对数据，即有 $2n$ 个被试。

使用原始数据进行分析，将 SPSS 文件转化为 Prelis 数据文件后，存为“Dis-APIM. psf”文件，没有潜在变量的路径分析的语法可参见 4.4.7 的语法示例，估计的结果如图 4－19 所示。接下来，检验行动者效应和对象效应是否存在性别差异，在语法中增加相应的限定。各个限定及其结果如表 4－22 所示。

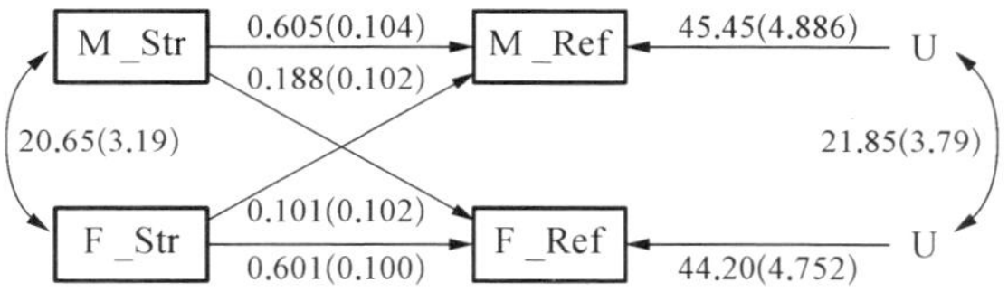

图 4－19 异性朋友成对压力对离职意向的预测
（括号内为标准误 *SE*）

表 4－22 有限定的模型总结

模型及限定	限定的语法	联合结果	χ^2 变化（*df* 变化）	结 论
行动者效应均等	EQ GA(1,1) GA(2,2)	0.603(0.061)	0(1)	A 跨性别均等
对象效应均等	EQ GA(1,2) GA(2,1)	0.144(0.061)	0.28(1)	P 跨性别均等
男性 A、P 均等	EQ GA(1,1) GA(2,1)	0.391(0.089)	14.81(1)***	男性 A、P 不均等
女性 A、P 均等	EQ GA(2,2) GA(1,2)	0.358(0.087)	21.15(1)***	女性 A、P 不均等

注：所有比较均参照没有限定的基线模型进行。*** $p<0.001$。A＝行动者效应，P＝对象效应。联合结果是限定部分估计结果。

有潜在变量的可区分数据行动者—对象互依性模型的路径分析

在上述例子中，每个变量均有 3 个测量指标，共有 12 个指标。此时，语法增加了相应的测量模型部分，同样可以对路径系数作出限定，结果如表 4－23 所示。

表 4－23 模型拟合及变化总结

模型及限定	限定的语法	联合结果	χ^2 变化(df 变化)	结　论
基线模型	/	/	70.74(42)	拟合良好
行动者效应均等	EQ GA(1,1) GA(2,2)	0.962(0.132)	0(1)	A 跨性别均等
对象效应均等	EQ GA(1,2) GA(2,1)	0.157(0.102)	0(1)	P 跨性别均等
男性 A、P 均等	EQ GA(1,1) GA(2,1)	0.663(0.157)	35.52(1)***	男性 A、P 不均等
女性 A、P 均等	EQ GA(2,2) GA(1,2)	0.621(0.156)	30.43(1)***	女性 A、P 不均等

注：所有比较均参照没有限定的基线模型进行。*** $p<0.001$。A＝行动者效应，P＝对象效应。联合结果是限定部分估计结果。

使用结构方程建模的特点

对可区分的成对数据使用结构方程建模最为简便。相比于其他方法，结构方程建模具有如下特点：能够评估整体模型拟合；能够处理有测量误差的情况，即可以进行潜在变量分析；能够比较便利地对模型加以限定和比较；路径分析情况下对样本量的要求不如在有潜在变量的情况下那么高；可以在路径模型中同时处理多个原因变量和结果变量。行动者—对象互依性模型的结构方程建模分析和其他情况下使用结构方程建模一样需要满足一些条件，比如数据的分布形态、变量之间的线性关系，以及模型的正确设定等。对于不可区分的成对数据，使用结构方程建模也能估计行动者—对象互依性模型。虽然结构方程建模对于可区分的数据显得笨拙和麻烦，使用多水平建模或联合回归法会更加便利，但结构方程建模潜力更大。

4.4.5 应用和评价

行动者—对象互依性模型在社会科学中的应用

行动者—对象互依性模型在社会科学诸多研究领域中有所应用。在社会认知领域，可以用行动者—对象互依性模型分析人际知觉中的准确性和偏差等议题；在情绪情感层面，可以用行动者—对象互依性模型分析成对关系中的情感交换、情绪调节等情感互动议题;在行为互动层面,可以用行动者—对象互依性模型探讨兄弟姐妹之间的独断与合作,以及恋人之间的协作、言语沟通、人际影响等议题。从研究涉及的具体主题和变量来看,包括诸如依恋、社会支持、关系满意度、关系质量、咨患同盟关系等各种人际相关变量,以及各种人格变量。

上述行动者—对象互依性模型的应用大多可归为横断研究,即预测变量和结果变量几乎是同时测量的,或者是在两个间隔很短的时间点测量得到的,预测变量和结果变量一般是两种不同的变量。除此之外,该模型也可用于纵向发展研究中,例如在时间轴上,对成对关系的两次重复测量之间的建构预测模型的行动者—对象互依性模型。在纵向发展研究中,则是在成对关系基础上进行时间预测,预测变量和结果变量一般是相同的变量。

行动者—对象互依性模型在研究设计和分析中应用的发展趋势不仅体现在研究内容的多样性上,而且体现在数量的递增上。这一发展趋势能够显示出,越来越多的研究者使用成对设计并在行动者—对象互依性模型框架下开展分析。

行动者—对象互依性模型的评价和发展

行动者—对象互依性模型和交叉滞后模型既有相似之处又有不同之处:前者发展于成对设计,后者则来源于纵向发展研究;前者预测变量是相同的,后者则有重复测量的变量;两种模型均是为了探索因果关系的模型,前者是在成对背景中探索因果关系,后者是探索时间预测关系;分析方法上可以相互借鉴和参考。成对关系中的纵向追踪研究设计,则可视为行动者—对象互依性模型和交叉滞后模型的结合。

成对设计以及行动者—对象互依性模型分析可归为多水平的设计和分析,在人际关系领域大有用武之地,相比于从个体角度探索人际关系,行动者—对象互依性模型考虑到成对数据的互依性特征,估计包含行动者效应、对象效应等在内的成对关系中的效应,能得到更加丰富的信息。但是,行动者—对象互依性模型并不是一个竞争模型,而是一个能够与其他模型互补的模型。它更多的是用以检验理论,而不是生成理论。选择行动者—对象互依性模型，包括对不同交互效应的操作，应该从已有理论出发，而不是通过事后的统计分析来选择。

对行动者—对象互依性模型具体的统计分析，除了前面介绍的结构方程建模分析方法之外，还有其他一些方法，因而有学者建议从方法学层面比较不同方法，考察不同样本量、互依性程度、数据分布状况等因素对不同估计方法的影响，发展出可兼容可区分的数据和不可区分的数据的方法。

成对设计和分析以及行动者—对象互依性模型对本土人际关系相关研究的启发

探索婚姻关系中双方的相互影响是行动者—对象互依性模型的一个重要应用。中国传统的价值取向包括“礼”，而“礼”包含对人伦关系的界定。与西方个体主义中平等和独立的观念相对，我们更加偏向于差序和互依，当然，随着文化的交流和融合，这种差异会慢慢缩小。这就出现了一些值得研究的主题：各类人伦关系中相互影响的规律，规律的跨文化差异，规律的时间发展特征。

传统的人伦关系对双方行为作出要求的目的包括维持双方的和谐关系。“君惠臣忠、父慈子孝、兄友弟恭、夫义妇顺、朋友有信”中，每对关系都涉及两方行为，可以从两个角度设计。例如，君臣关系演变为现在的上下级关系，探讨“惠”这一预测变量与关系质量的关系，同时测量上级给予下级的“惠”，下级感受到的来自上级的“惠”，并从双方角度测量感知的关系质量。大量研究表明，中国更加重视集体主义价值取向，而美国是个体主义价值取向的代表国家；在个体水平上则有独立性自我和互依性自我的区分，互依性自我能够在人际关系中体现出来。文化差异的研究有从群体水平上开展的，如价值取向研究；有从个体水平上开展的，如人格差异的研究；也有从关系水平上开展的，如探索不同文化背景下人际互动和影响的差异，此时行动者—对象互依性模型框架就能派上用场。有研究发现夫妻双方人格特质中的神经质对压力影响的性别不对称性，那么这种现象是否具有跨文化的一致性？此时，文化是一个成对间变量，如果该变量与其他变量或其他效应存在交互作用，那么表明人际影响存在文化差异。社会的变革与发展，文化的交流与融合，对社会各个层面均会产生影响。比如“女权运动”对夫妻关系的影响；再比如中国国家养老保险体系的建立和完善，可能对中国传统的“养儿防老”的思想产生冲击，此时家庭关系，尤其是父子关系可能会发生变化。因而，关注社会变革中人际影响的变化，有利于全面评估制度改革的效果，反过来辅助政策的制定、实施和完善。

4.4.6 其他成对模型

除了前面详细介绍的行动者—对象互依性模型（对象效应模型），还有其他分析成对数据的备选模型，包括相互影响模型和共同命运模型，我们以可区分的夫妻成对数据为例来说明这两个模型（如图 4-20 所示）。

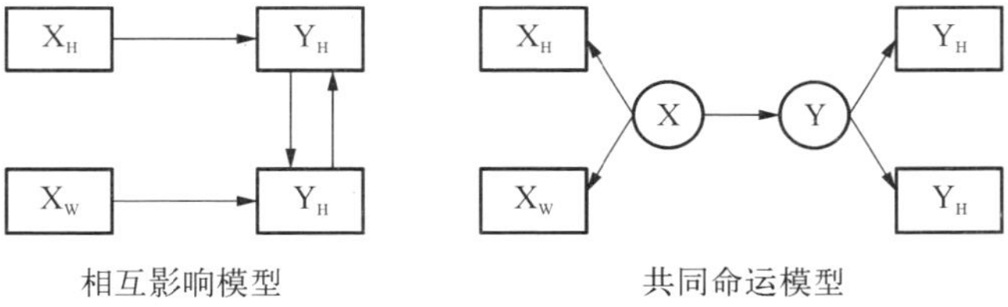

图 4-20 其他成对模型（以夫妻成对数据为例，H 表示丈夫，W 表示妻子）

4.4.7 语法示例

LISREL 语法和协方差矩阵示例

表 4-24 可区分成对数据分析语法示例

```
TI Path analysis with distinguishable dyads
DA NI=5 NO=176 NG=1 MA=CM
RA=Dis-APIM. psf! 这里使用原始数据，这个设置相对于上面的设置更优先
SE
2 3 4 5/! 变量顺序和表 1 五列一致
MO NY=2 NX=2 GA=FI PS=SY,FR PH=SY,FR
FR GA(1,1) GA(1,2) GA(2,1) GA(2,2)
PD
OU ME=ML RS EF SS SC AD=OFF ND=3
```

表 4-25 外显变量可区分成对数据协方差矩阵

	M_Ref	F_Ref	M_Str	F_Str
M_Ref	61.488			
F_Ref	36.092	63.557		
M_Str	23.786	19.143	35.852	
F_Str	16.269	26.234	20.653	37.195

表 4-26 带有潜在变量的不可区分成对数据分析语法示例

```
TI Path analysis with indistinguishable dyads and latent variable
DA NI=13 NO=176 NG=1 MA=CM
RA=Dis—APIM—Latent.psf
SE
2 3 4 5 6 7 8 9 10 11 12 13/
MO NY=6 NX=6 NE=2 NK=2 LX=FU,FI LY=FU,FI GA=FI PS=SY,FR PH
=SY,FR TD=SY,FI TE=SY,FI
LE
M_Ref F_Ref
LK
M_Str F_Str
FR LX(1,1) LX(2,1) LX(3,1) LX(4,2) LX(5,2) LX(6,2)
FR LY(1,1) LY(2,1) LY(3,1) LY(4,2) LY(5,2) LY(6,2)
FI LX(1,1) LX(4,2) LY(1,1) LY(4,2)
VA 1 LX(1,1) LX(4,2) LY(1,1) LY(4,2)
FR GA(1,1) GA(1,2) GA(2,1) GA(2,2)
FR TD(1,1) TD(2,2) TD(3,3) TD(4,4) TD(5,5) TD(6,6)
FR TE(1,1) TE(2,2) TE(3,3) TE(4,4) TE(5,5) TE(6,6)
FR TD(1,4) TD(2,5) TD(3,6) TE(1,4) TE(2,5) TE(3,6)! 相同指标的误差协方差
自由估计
PD
OU ME=ML RS EF SS SC AD=OFF ND=3
```

表 4-27 潜在变量各指标之间的协方差矩阵

	M_Y1	M_Y2	M_Y3	F_Y1	F_Y2	F_Y3	M_X1	M_X2	M_X3	F_X1	F_X2	F_X3
M_Y1	10.207											
M_Y2	6.151	10.377										
M_Y3	5.257	5.562	6.964									
F_Y1	3.928	4.332	3.655	8.420								
F_Y2	3.944	5.616	3.530	6.269	9.816							
F_Y3	3.719	3.741	3.627	5.746	6.703	7.886						
M_X1	2.419	3.479	2.453	2.526	1.823	1.395	5.706					
M_X2	2.196	2.099	1.935	1.898	1.021	1.014	2.438	4.698				

续 表

	M_Y1	M_Y2	M_Y3	F_Y1	F_Y2	F_Y3	M_X1	M_X2	M_X3	F_X1	F_X2	F_X3
M_X3	2.475	4.188	2.541	2.947	3.774	2.746	3.093	2.759	8.868			
F_X1	2.080	3.095	1.836	2.733	2.654	1.999	3.717	1.718	2.346	6.889		
F_X2	1.087	0.839	1.017	2.876	2.070	2.169	1.198	2.347	1.643	2.685	5.238	
F_X3	1.739	2.551	2.025	3.463	4.628	3.641	1.607	1.485	4.591	2.797	3.059	7.985

SPSS 中计算 ICC 的语法

表 4-28　不可区分成对数据 ICC 计算的 SPSS 语法

```
/* 计算不可区分成对数据的 ICC
preserve.
set printback=on.
data list free/dyad x. 1 x. 2.
begin data.
1 8 6
2 5 3
3 7 2
4 8 5
5 8 7
6 5 6
7 3 4
8 8 9
9 6 7
10 2 3
end data.
*\beginning of the program.
set printback=on.
compute alpha=. 05.
set printback=off.
set ovars labels onumbers values tvars labels tnumbers values.
save outfile=file1.
/* 以上语法以这种形式读入并存储数据。如果事先已经有一个. sav 的数据文件，并且其中的数据格式符合要求，即以成对的格式输入，并有标示成对的变量，那么上述命令不需要运行。alpha 的设置是为了下面计算置信区间，这里设置为习惯的 0. 05。上面变量名和下面是对应的，如果使用已有的数据文件，则对变量名进行调整.
get file=file1.
varstocases/make dv x. 1 x. 2/index=person.
/* 上述两行语法是转换数据格式，即将上述成对变量变成一个变量，case 数就变成原来的两倍，每对有两个 cases.
unianova dv by dyad/design=dyad/outfile=effect(file2).
get file=file2.
if(source_='S2') msb=ms.
if(source_='Error') msw=ms.
```

续 表

```
if(source_='S2') df1=df.
if(source_='Error') df2=df.
compute k=1.
aggregate/outfile=*/break=k/msb=max(msb)/msw=max(msw)
/df1=max(df1)/df2=max(df2).
compute icc=(msb - msw)/(msb + msw).
if (msb>=msw) f=msb/msw.
if (msb<msw) f=msw/msb.
if (msb>=msw) p=2*(1-cdf.f(f,df1,df2)).
if (msb<msw) p=2*(1-cdf.f(f,df2,df1)).
match files/file=*/file=file1.
/* 上述一段语法是通过方差分析计算出不同的变异,误差变异即成对内变异,组间变异即成对间变异。然后根据这些变异计算 ICC,并采用 F 检验检验显著性.
compute fl=(msb/msw)/idf.f((1-alpha/2),df1,df2).
compute fu=(msb/msw)*idf.f((1-alpha/2),df2,df1).
compute icclow=(fl-1)/(fl+1).
compute iccupp=(fu-1)/(fu+1).
/*上述是计算 ICC 的 95%的置信区间.
formats all(f8.2) df1 df2(f8.0) p(f8.3).
variable labels p"Sig. (2-tailed)" icc"ICC" f"F"
icclow"CI of ICC \n Lower Bound" iccupp"CI of ICC \n Upper Bound"
msb"Between Dyads \n Mean Square" msw"Within Dyads \n Mean Square".
n of cases 1.
summarize/tables=icc icclow iccupp/format=list nocasenum nototal
/title='Indistinguishable Members:\n Intraclass Correlation'
+' and Confidence Interval'/cells=none.
summarize/tables=msb df1 msw df2 f p/format=list nocasenum nototal
/title='F Test for Intraclass Correlation'/cells=none.
/*上述是对输出结果内容及呈现格式的界定
```

5 人格评估范式

相比于人格测验，人格评估的概念更为宽泛，是问题取向的综合性信息收集和解释判断的过程，是人格相关实证研究和实践应用的重要组成部分。人格评估中信息收集的方法有不同的选择，例如访谈法、评定量表法、自我报告法、投射技术和行为观察等。不同研究者可能关注不同领域的信息，并且对信息的解释方式有所不同，这就与人格评估的取向有关。

本章主要介绍五种人格评估取向的历史和发展，这些人格评估传统因其理论、操作和人员不同，从而被认为是该领域内的不同范式。每种范式都为我们解答“什么是人格”“我们如何测量人格”，以及“我们应该测量什么”等人格领域内的根本问题提供资料来源。这五种范式有其理论基础和代表性理论家，他们对人格这个概念给出不同的解释。

高尔顿认为，人格具有物质基础，我们可以通过个体的行动推断出这些物质基础，就好比我们通过与智力相关的行动来推断个体的智力一样。沙利文认为，人格的界定离不开人际关系，他认为人际关系模式即人格。克雷佩林认为，人格的混乱和障碍是有物质基础的，应该根据症状群来理解人格障碍。默里认为，人格的历史过程才是人格。弗洛伊德认为，人类并不是表面看到的那样，人类行为的动力来源于不为社会所接受的无意识动机，这些动机常常以伪装的方式表达出来，包括一些病理性症状。

人格这一概念如果不能被操作或测量就没有科学价值，上述五种理论背后有着不同的人格评估方法以检验理论和提供支撑。人格评估需要收集和评价与目标相关的不同来源的信息，包括心理测验结果、访谈内容、传记材料等。在这里，评估是指将用于操作化人格概念的测量工具和程序应用到其他更新、更宽的领域。根据诸多应用背后的理论背景，可将具体的测量程序分为五种。这五种人格评估范式的人格界定、测量和评估内容如表 5－1 所示。

表 5－1　五种人格评估范式的人格界定、测量和评估内容

范　式	人格（什么是人格）	测量（如何测量人格）	评估（具体测量什么内容）
多变量范式	高尔顿（Sir Francis Galton）认为，和智力一样，人格有其物质基础并能够通过行动推断出来	卡特尔（Raymond B. Cattell）将用于智力测验的统计方法应用于人格测量的两个方面：（1）表现型（语言）；（2）基因型（特质）	戈德堡（Lewis R. Goldberg）发展出一套完整的、精确的人格语言分类体系 科斯塔（Paul T. Costa Jr.）和麦克雷（Robert R. McCrae）开发人格特质调查表使该范式复兴
人际范式	沙利文（Harry Stack Sullivan）认为，人格是个人相对固定的、重复的人际关系模式	利里（Timothy Leary）开发出一套人际人格测验以操作沙利文的概念	基斯勒（Donald J. Kiesler）证明该范式整合各种不同概念以及应用于不同领域的潜力。
实证范式	克雷佩林（Emil Kraepelin）认为，如同医学上的疾病，人格障碍具有生理基础，可以通过症状群来推断	哈撒韦（Starke R. Hathaway）将克雷佩林区分的不同病人与正常控制组在项目应答情况上进行对照，并开发出心理病理学的实证测量工具	米尔（Paul E. Meehl）拓展了哈撒韦测量程序的范围和原理，对临床心理学的理论和实践产生影响
人格学范式	默里（Henry A. Murray）认为，人格的历史即人格	麦克莱兰（David C. McClelland）在其有关人生的研究中开发出多种用于测量默里的人格学概念的工具和程序	麦克亚当斯（Dan P. McAdams）将埃里克森的概念纳入人格学范式，并将其置于叙事性人生历史研究兴趣的中心位置
心理动力学范式	弗洛伊德（Sigmund Freud）认为，潜意识性驱力和攻击驱力以改头换面的方式表现在精神病症状中	拉帕波特(David Rapaport)使用成套认知和投射测验来测量弗洛伊德的心理动力学概念	布拉特（Sidney J. Blatt）拓展和精炼范式，包含近期发展起来的一些概念，如发展、依恋和客体关系

注：来自 Wiggins(2003)，p. 3。

在临床实践中，人格评估常常会用到大量评估工具，有的人格评估可能只用一种评估工具，有的人格评估可能多种评估工具联合使用。研究者使用评估工具辅助解决大量诊断性问题，这些评估工具或程序一般具有较好的效度指标，媲美甚至超过一些身体疾病和损伤的医学检验。虽然大多数临床工作者在理论取向上常常遵循折中主义，但是他们在实践中不知不觉就会使用五种范式中的一种思维、概念和操作程序。这五种人格评估范式与人格理论或心理病理学存在关联，但并不等价。

尽管有些人格评估工具自诩为人格特质集萃，但这种概括有失全面。不同评估情境往往从不同概念视角评估人格的不同侧面，这意味着这五种范式并不是相互竞争的，而是有不同的范围和焦点，是互补的。焦点往往源于创建者最初最关注的人格侧面，而范围是指可能有用的人格属性的广度或范围。五种人格评估范式的焦点如表 5－2 所示。

表 5－2　五种人格评估范式及其焦点

范　式	范　式　的　焦　点
多变量范式	个体在人格特质个体差异维度上的相对位置，这些特质具有中等程度的遗传性，在成年后具有相对稳定性
人际范式	个体与他人（可能是真实的他人、拟人化的他人或想象中的他人）关系的模式化规律
实证范式	将个体归为传统的精神病学损伤类别所需要的实证因素
人格学范式	个体的人生故事
心理动力学范式	个体处理相对无意识的性驱力和攻击驱力与社会禁止直接表达这些内容之间的冲突方式

5.1　多变量范式

5.1.1　多变量范式与人格的特质取向

人格评估的多变量范式与人格理论中的特质流派有关联。人格的特质取向在 20 世纪取得成功，这种成功也是心理学领域的一个重要成就，但是该取向依然存在一些问题。例如，心理学家如何确保特质或特质模型是我们理解个体差异的正确途径，况且特质的本质是什么依然是一个未完全解开的谜。人格心理学之父奥尔波特提出，对于特质我们是否有一个总结性或因果性的观点。人格心理学的重要代表人物卡特尔则关注，我们是否能够区分出表面特质和根源特质。带着这些问题，特质取向走进了21世纪，人格特质依然存在。在特质取向的发展过程中，研究智力及其结构采用的相关和因素分析等统计方法也对简化特质数量、分析特质之间的关系和结构起到重要作用；日益更新的科学方法为更加可靠的特质测量和更精确的检验提供了可能。

特质概念是特质取向的核心。什么是特质，有哪些特质，如何测量特质，特质之间的关系和结构如何等，是特质取向关注的问题。在对这些问题的解答尝试中，特质的词汇学假设认为，每种自然语言中都包含丰富多样的用于描述人的性格特点的词汇，人们说话和写作所用的语言和词汇应该能够包含描述这一文化中任何一个人所需的概念，那些非常突出的、与人的社会生活密切相关的个体差异都会被人的自然语言编码表征。在这个假设的鼓励下，人们找出大量特质词汇，收获不可谓不丰，但这给科学研究人格特质带来了不小的困难。例如，瑟斯顿在20世纪30年代面临着近18 000个特质词汇，这对他而言无疑是一个巨大的挑战。于是，人们期望用各种不同的方法对这些词汇加以归类，其中就包括奥尔波特及其合作者的努力，他们对从韦伯字典中选出的能区分人和人之间行为差异的17 953个词汇进行分类。

奥尔波特和奥德伯特（Allport & Odbert, 1936）将特质词汇分为四大类（见表5－3）。

表5－3　奥尔波特和奥德伯特词汇库分类表

类别	标　准	举　例
Ⅰ	表明个人特质的中性词汇	友好的、负责的、好奇的
Ⅱ	主要描述暂时性的情绪和行动的词汇	愉悦的、惊讶的、厌恶的
Ⅲ	传达有关个人品德的、社会或性格判断的词汇，表示对他人影响的词汇	变态的、不道德的、无知的
Ⅳ	描述体格、能力、发展状况的词汇，隐喻或怀疑性质的词汇	迟钝的、成熟的、清澈的

将特质概念引入科学和大众视野的有利条件包括：语言词汇对研究人格的有用性，收集大量特质词汇的实证数据，发展更全面的特质理论，多元因素分析方法的发展，以及特质量表的开发与多变量统计分析的应用。这些因素无疑是特质取向维持生机的重要基础。

特质取向中的类型和维度

在临床诊断（包括精神病学诊断）中，人们常常使用类型模型，例如当前国内外广泛使用的各类精神疾病诊断系统。对于与人格，尤其是病理人格相关的多种人格障碍的看法是，它们具有离散的、非连续的、要么出现要么不出现的特点。这是人格类型说的一个代表。维度模型的观点则认为，人格维度是定量的连续体，人们在这些维度上表现出差异，即人格的个体差异并不是非此即彼的类型上的差异，而是人格维度上程度的差异模式。心理病理学同样是一个定量的连续体，但是其中涉及的将某些人格特点的程度作为某个人在多大程度上能被诊断为某种类型的标准，这是一种将维度与类型联系起来的情况。

关于人格特质类型和维度的区别，可借助伯克等人（Boeck, Wilson, & Acton, 2005）介绍的概念和心理测量框架——维度/类型框架来理解，尤其是理解那些外显类型背后的潜在结构更像维度还是更像类型。这种框架对类型和维度的区分被置于外显变量和潜在变量这一对立框架下，其中外显变量的性质可能受到测量方法的影响，而潜在变量是通过外显变量来推测的心理现象。这两个标准相结合则有四种性质的变量（如表 5 - 4 所示）。有些变量的性质在外显上是类型，但其背后可能

表 5 - 4 维度、类型与外显、潜在结合构成的四种变量

	外 显 的	潜 在 的
类型	外显类型：常常由同一个领域内的或隐性或外显的指标确定。这些指标的出现往往由专家判断或类型的组成部分来推测，也可能由那些潜在维度的变量经过划界分而形成。因而，对该类变量的解释既可以是定量差异也可以是定性差异	潜在类型：那些影响外显类型变量的具有定性差异的潜在变量。这类变量不能只通过外显变量来确认，有潜在类型并不一定会外显地表现出来

续 表

	外 显 的	潜 在 的
维度	外显维度：在心理测量中非常常见，如在由诸多指标形成的某个测验上的得分，这个得分往往被视为连续变量，尽管其中的指标可能分属不同类型。可以根据一个划界分转变为外显类型	潜在维度：定量变量存在个体差异，通过直接或间接的方式影响观测结果或出现某种反应的概率。凡有内部一致性出现的地方就有潜在维度，如经典测验理论中的真分数，因素分析模型中的因素，结构方程建模和项目反应理论中的因素

是潜在的维度，如前面提到的人格障碍的类型。潜在维度一般要满足类型内的异质性，类型间量上的差异；潜在类型一般要满足类型内的同质性，类型间质上的差异。

5.1.2 多变量范式与因素分析

因素分析模型的出现是多变量范式得以发展的重要基础。与因素分析本身的发展有关的重要人物和事件包括：高尔顿在行为遗传学上发现“回归”现象，皮尔逊积差相关系数用“r”表示是为了向高尔顿致敬，斯皮尔曼应用其开发的因素分析技术分析能力相关变量的相关矩阵，确认一般智力因素和特殊智力因素。始于斯皮尔曼的因素分析中的“因素”是一种统计上的抽象物，它用背后的或潜在的变量概括多个测验分数之间的关系。这种背后的或潜在的变量相对于最初的测量可以处于不同的水平，例如智力的层级结构模型中有多个水平的潜在智力因素，其中一般智力因素是最高等级的因素。这种用于智力结构探索的分析方法被引入人格心理学领域之后，就与多变量人格评估范式紧密结合。这种结合产生了一套范式内术语，外行人很难理解。尽管这些范式的数学原理抽象难懂，但是在具体应用过程中很容易掌握。

因素分析实例演示

人格特质词汇是开展人格属性研究必不可少的元素，我们常常通过这些词汇来传达有关自己和他人的重要信息。在人格评估过程中，我们可能会考虑某个人格特质词汇描述某个评定对象(自己或他人)的准确性程度，然后对一组词汇评定结果之间的相关矩阵进行因素分析。

相关矩阵是指一组变量中所有变量两两相关形成的矩阵(如表 5-5 所示)，与这组变量有关的结构、内容和解释的信息都蕴含在相关矩阵中。对于因素分析，有人会认为放入什么变量，就能得到与之相关的内容，但是实际上并不仅仅如此，一旦我们以新的、更有意义的方式将相同的一组变量纳入因素分析，我们就能从中得到新的信息。从相关矩阵中，我们可以看出，那些认为自己很健谈的人也倾向于认为自己是一个外向的、喜欢社交的人($r=0.76$)。这 15 个变量之间的相关显现出 5 个相对集中的群组，每个群组中的相关相对于其他 90 个相关来说更大，当然，这并不是说其他 90 个相关就没有有价值的信息，只是相对来说，这 15 个大的相关构成的 5 个群组能提供更有效的信息。

我们可以通过计算机从这个相关矩阵中抽取出 5 个相对独立的因素，未旋转的因素负载矩阵如表 5-6 所示。表 5-6 中第 2 列至第 6 列是 15 个项目与 5 个因素之间的相关，也称为因素负载。分析旨在抽取 15 个变量的共同变异，第一个因素的因素负载要大于随后几个因素的因素负载。每个因素能解释的变异的比例等于所有变量在该因素上的负载的平方和(等于特征根)除以变量的个数。在这里，第一个因素的特征根等于 3.12，解释表 5-5 呈现的相关矩阵中所有变异的 20.8%。这意味着，还有相当比例的变异不能被第一个因素解释，有必要增加其他因素以提高变异解释率。各个因素在变异解释上是相互独立的，5 个因素解释的变异总和约为 70%，等于各个因素能解释的变异的加和。最后一列的共通度是指每个项目的变异中能够被所有因素解释的比例，既等于项目在所有因素上的负载的平方和，也等于每个项目与其他所有项目的多元相关系数的平方，即某个项目被其他项目解释的程度，共通度高，表明项目能很好地被抽取的因素解释，或能很好地被其他项目预测。所有项目共通度的平均值等于总的变异解释率。根据这个负载可以计算个体在每个因素上的因素分，可以采用多元回归方程的方法来计算，回归系数则为所有项目在因素上的负载乘以应答者在各个项目上应答的原始分，即相对于简单加和的计分方法，因素分数是各项目原始分的加权分数。

表 5-5　自我评定的 15 个人格词汇之间的相关矩阵

项　　目	1	2	3	4	5	6	7	8	9	10	11	12	13	14
1. 健谈的														
2. 充满热情的	**0.50**													
3. 外向的	**0.76**	**0.61**												
4. 乐于助人的	0.11	0.39	0.19											
5. 宽容的	0.10	0.29	0.14	**0.41**										
6. 信任他人的	0.09	0.18	0.09	**0.30**	**0.33**									
7. 做事坚持的	0.09	0.11	0.01	0.12	0.15	−0.04								
8. 有恒心的	0.05	0.11	0.00	0.08	0.17	−0.02	**0.61**							
9. 勤奋努力的	0.18	0.17	0.15	0.03	0.12	−0.04	**0.51**	**0.47**						
10. 易波动的	0.11	0.14	0.12	−0.09	0.03	0.06	−0.06	−0.08	−0.10					
11. 易紧张不安的	−0.12	−0.09	−0.18	−0.08	−0.04	0.12	−0.07	−0.08	−0.08	**0.43**				
12. 易心烦意乱的	0.03	0.01	0.04	−0.12	−0.08	0.04	−0.12	−0.07	−0.14	**0.65**	**0.42**			
13. 有创造性的	0.27	0.15	0.23	0.12	−0.03	−0.03	−0.04	−0.06	−0.13	0.11	0.01	0.05		
14. 有原创力的	0.25	0.19	0.20	0.12	0.08	−0.22	0.11	0.10	−0.02	0.03	−0.08	−0.03	**0.58**	
15. 想象力丰富的	0.21	0.25	0.25	0.04	0.03	−0.11	−0.01	−0.03	−0.16	0.15	−0.04	0.06	**0.57**	**0.54**

注：上述 15 个项目选自 BFI-44，其中部分表述进行了反向，样本量为 200。关联很紧密的变量之间的相关用黑体表示。

表 5-6 未旋转的因素负载矩阵

项　目	Ⅰ	Ⅱ	Ⅲ	Ⅳ	Ⅴ	共通度
1. 健谈的	0.73	0.08	0.07	−0.05	−0.49	0.79
2. 充满热情的	0.75	−0.03	0.25	−0.18	−0.15	0.68
3. 外向的	0.76	0.10	0.10	−0.16	−0.49	0.86
4. 乐于助人的	0.44	−0.21	0.22	−0.40	0.45	0.64
5. 宽容的	0.37	−0.26	0.37	−0.26	0.45	0.61
6. 信任他人的	0.13	−0.06	0.55	−0.44	0.25	0.58
7. 做事坚持的	0.27	−0.59	0.09	0.54	0.15	0.74
8. 有恒心的	0.25	−0.58	0.10	0.54	0.16	0.72
9. 勤奋努力的	0.25	−0.61	0.16	0.41	−0.20	0.67
10. 易波动的	0.11	0.58	0.54	0.36	−0.01	0.76
11. 易紧张不安的	−0.19	0.41	0.50	0.31	0.21	0.60
12. 易心烦意乱	−0.04	0.58	0.51	0.37	−0.05	0.73
13. 有创造性的	0.52	0.44	−0.38	0.11	0.29	0.70
14. 有原创力的	0.56	0.24	−0.46	0.25	0.32	0.74
15. 想象力丰富的	0.52	0.43	−0.38	0.15	0.25	0.69
特征根	3.12	2.46	1.91	1.69	1.35	
方差解释率(%)	20.8	16.4	12.8	11.2	9.0	

注：关于主成分分析和探索性因素分析中其他因素抽取方法的区别在此不详细探讨。这里将主成分分析视为因素分析中的一种。确定因素个数的方法在此不详细介绍。在结构方程建模中介绍的验证性因素分析是验证取向的因素分析。

未旋转的因素负载矩阵看起来有点乱，不好解释每一个因素的具体内涵是什么。如果某几个相对集中的容易解释的项目在某个因素上有高的负载，而其他关联不那么紧密的项目在该因素上负载很低甚至是0负载，那么能根据这几个高负载的项目解释该因素。换句话说，我们通过一定的转化方式，将上述五维空间进行转化，使得每个因素上的部分负载接近1，而其他负载接近0，这样能增强因素的可解释性，Varimax就是一种能实现这种目的的旋转方法。尽管很多人在使用时并不知晓这种旋转的具体数学变换过程，但是他们抱有这样的信念，即这样的旋转并不会损坏或歪曲原有负载提供的信息。

表5-7是经过Varimax旋转的因素负载矩阵。相比于旋转前的结果，旋转后各个项目的共通度并没有发生变化，总的方差解释率没有变化，但是各个因素的特征根和方差解释率发生变化，因而因素分数的计

算也会不同。旋转后的因素负载矩阵更加清晰地显示出五因素的结构，即某些项目只在某个因素上负载接近 1，而在其他因素上的负载明显更低，甚至接近 0。根据每个因素中负载接近 1 的项目理解因素的内涵，这五个因素是当前研究者普遍认可的五因素模型中的五个人格维度：外向性、随和性、尽责性、神经质和开放性。

根据旋转后的因素负载矩阵，我们可以再生一个相似的相关矩阵，这个再生矩阵与表 5－7 所示的原始矩阵有一定重合，重合部分即为抽取的因素能够解释的部分。但是，再生矩阵与原始矩阵不会百分之百重合，会有一定差异，原始矩阵减去再生矩阵就得到残差矩阵，残差矩阵表示因素分析抽取的因素未能解释的部分。

表 5－7　Varimax 旋转后的因素负载矩阵

项　　目	外向性Ⅰ	随和性Ⅱ	尽责性Ⅲ	神经质Ⅳ	开放性Ⅴ	共通度
1. 健谈的	**0.87**	0.00	0.07	0.01	0.16	0.79
2. 充满热情的	**0.71**	0.38	0.11	0.02	0.15	0.68
3. 外向的	**0.92**	0.07	−0.01	−0.01	0.13	0.86
4. 乐于助人的	0.11	**0.76**	0.05	−0.15	0.14	0.64
5. 宽容的	0.06	**0.76**	0.18	−0.01	0.04	0.61
6. 信任他人的	0.09	**0.69**	−0.13	0.14	−0.24	0.58
7. 做事坚持的	−0.01	0.07	**0.86**	−0.05	0.06	0.74
8. 有恒心的	−0.03	0.08	**0.84**	−0.03	0.04	0.72
9. 勤奋努力的	0.23	−0.03	**0.76**	−0.09	−0.19	0.67
10. 易波动的	0.15	−0.01	−0.04	**0.85**	0.09	0.76
11. 易紧张不安的	−0.22	0.07	−0.03	**0.74**	−0.04	0.60
12. 易心烦意乱	0.07	−0.09	−0.08	**0.85**	0.01	0.73
13. 有创造性的	0.13	0.03	−0.10	0.05	**0.82**	0.70
14. 有原创力的	0.10	−0.01	0.12	−0.06	**0.84**	0.74
15. 想象力丰富的	0.16	−0.01	−0.08	0.07	**0.81**	0.69
特征根	2.30	1.81	2.13	2.05	2.23	
方差解释率(%)	15.3	12.1	14.2	13.7	14.8	

注：旋转后各个因素的顺序有所调整，按照 EACNO 的顺序排列，而没有按照因素解释变异的大小排列。

根据前面介绍的内容，我们可以全面分析多变量人格评估工具的结构特点。只不过，多变量人格评估工具的实际应用并不像这里演示的这样简单，常见的多变量人格评估工具往往更复杂，例如维度数量更多，因素层级更多等。另外，前面主要是介绍探索取向的因素分析，验证取向的因素分析同样适用于多变量人格评估。

探索性因素分析、目标旋转和因素结构一致性

由于因素分析涉及因素旋转，因此对因素的解释在很大程度上依赖旋转的方法，对某个样本的因素结构与理论的因素结构或通过其他样本得到的因素结构是否一致的评价也会受到旋转方法的影响。作为一种数据分析技术和思路，探索性因素分析→目标旋转→一致性评估是一种在跨文化等领域的研究中比较常用且有效的方法。作为一个整体，每一个步骤都不能疏忽，需要一个标准的程序，这种方法是除验证取向的因素分析方法之外的另一种选择。

在这种分析程序中，不同阶段有一些注意事项。收集数据后，探索性因素分析需要注意的问题包括：筛查原始数据，因素分析前是否需要对数据进行一定转换，评估数据是否适合使用探索性因素分析，选择因素抽取方法，确定最佳因素数量，选择旋转方法，报告和解释结果。客观且全面地呈现程序和结果是一项基本要求，既有利于评价和重复研究，也有利于积累资料以便随后开展可能的附加分析，如元分析等。

多个群体进行探索性因素分析之后，常常面临结果的比较，包括因素结构的比较。因素结构一致性是一个工具属性，是其他比较的基础。如果直接比较，计算各种一致性指标，那么可能会低估结构的一致性程度，因此在比较之前需要对结构进行一定旋转，即目标旋转。正交目标旋转不会改变待旋转的结构内部的相对关系，而是力图做到在最大程度上与目标保持一致，是心理测量学相关领域应用较多的一种方法。目标旋转涉及的问题包括确定初始矩阵、目标矩阵和旋转矩阵。

目标旋转之后，仅仅通过目测评价两个结构的一致性不够精确，将其量化是更可取的方法，可以选用多种指标，其中最常用的是一致性系数。一致性指标的问题包括选择指标，具体计算，评估指标数值，以及整体结构、因素和变量指标数值对结构一致性检验的作用。一致性指标可用于评估整个量表、因素或条目的跨群体属性在多大程度上等同，从而为下一步的工具修订、均值比较、功能差异分析提供依据和起点。

当前,国内逐渐流行的多组验证性因素分析在很多场合被证明是一种检验结构等同性的有效方法,而探索性因素分析→目标旋转→一致性评估思路同样是一种可供选择的方法。在模型估计不能收敛,以及没有明显简单结构的前提下,后者更为适用,是一种值得推荐的、相对容易操作的方法。

5.1.3 人格特质的结构

卡特尔的贡献

卡特尔对人格评估的一大贡献是,他坚持认为智力研究中用到的方法同样适用于人格结构的研究。他将这种想法付诸实践,极大地推动了人格结构的研究。他有一个人格研究的宏伟计划,而且在他长达六十多年的人格研究生涯中一直践行这一计划,包括确定“人格”这个术语涵盖的行为总体——人格空间,找出那些表现型的表面特质的基本类别;通过因素分析减少表面特质的类别数,以从中找出其背后的根源特质;通过多变量分析和实验验证这些根源特质的普遍性。卡特尔寻找表面特质的方法受到人格特质研究中词汇学假设的启发,并从早期人格词汇的收集和分类中汲取营养,进而将其发扬光大。

卡特尔界定的表面特质是指那些可观测的属性类别,它们往往会在普通的人格语言中体现出来,并构成“语言人格空间”。也就是说,表面特质是人格的表现型,需要通过它们描述的行为来解释,而不能解释它们描述的行为。利用聚类分析程序,卡特尔将奥尔波特等人收集的众多词汇中的 4 500 个词汇归为 35 个具有双极特点的表面特质类别。卡特尔的根源特质是从表面特质的因素分数中获得的,他认为,这些根源特质代表了人格研究中的基因型变量。换句话说,他假设根源特质与基因和环境因素共同影响典型的表面行为。在卡特尔的宏伟计划中,这些根源特质应该在不同的观测来源中得以确认,以确保其普遍性。这些观测来源包括:对日常生活情境中行为的自然观察而获得的生活记录数据(L 数据),通过自我报告人格问卷获得的问卷数据(Q 数据),在控制刺激情境中观测到的行为反应的客观测验数据(T 数据)。卡特尔对 35 个表面特质类别上的同伴评定数据进行因素分析，最初确定了 12 个根源特质因素，这些因素得到他及其同事收集到的其他来源的数据的确认，卡特尔编制了现在依然被广为使用的卡特尔 16 种人格因素问卷。

艾森克的贡献

艾森克的人格特质模型源于他对精神病患者表现出的症状之间关系的因素分析。最初，他将因素分析中前两个因素解释为神经质和内向。随后，他从理论和实证角度考虑，将其确定为神经质(N)和外向性(E)，并增加第三个因素精神质(P)。艾森克认为，特质应该具有高度的遗传性，他确定的三个人格维度正好符合这个标准，可称之为“大三”人格模型。

艾森克的人格特质分类系统包括不同层级，不同层级包括抽象概括程度不同的内容。外向性、神经质和精神质这三个人格维度处于顶层，称为类型水平，或高级特质水平，每个高级特质下有若干次级特质，每个次级特质又包含第三水平的内容，即习惯反应水平。层级结构的最底层是特定的行为。如果许多特定的行为经常重复出现，那么这些行为会成为第三水平的习惯反应，习惯化行为聚类就形成第二水平的次级特质，诸多次级特质聚类则形成顶层的高级特质。这种层级结构模型的优点在于，它能精确定位与人格相关的特定行为。

除了提出层级结构模型之外，艾森克人格研究的贡献还在于他对人格特质的遗传力和生理基础的研究。行为遗传学的研究表明，艾森克“大三”人格模型中的三个高级人格特质具有中等水平的遗传力，很多次级人格特质也具有相似水平的遗传力。关于特质的生理基础，艾森克认为，基本的人格特质可以在大脑中枢神经系统中找到相对应的成分。

作出贡献的其他研究者

采用因素分析进行人格特质结构研究的早期理论家和诸多实践者为多变量人格评估范式的确定铺平了道路，其中包括两位吉尔福特(J. P. Guilford & R. B. Guilford)，他们通过因素分析得到的四个因素与“大五”人格中的外向性、尽责性、神经质、智慧性相对应。20 世纪 50 年代，这两位学者的人格特质系统与艾森克和卡特尔的特质系统成为人格结构模型中声名显赫的理论模型。随着因素分析成为一种标准的研究工具，因素的数据和性质被逐渐发掘，美国教育测验服务中心的研究者对文献中报告的400多个人格因素进行确认和分类，根据因素在不同研究以及不同场合出现的频率确定其是否存在。这些得以确认的因素包括乐群性、宜人性、可靠性、情绪化和智慧性。当时，这些因素并没有得到特别关注，但是可以看出它们构成了后来"大五"人格中的诸多人格因素。美国教育测验服务中心的研究者通过比较不同研究中因素分析的结果来判定某个人格特质是否为稳定的存在，由于这种方法没有一致的标杆，因此他们致力于建构人格特质的标杆性量表，用以比较和评价在不同研究中发现的人格因素。

5.1.4 五因素取向

有研究者认为，"大五"人格模型和五因素人格模型是不同的，这种不同主要体现在方法学和未来发展潜力上，但从本质和来源上考虑，两种模型有相当大的共通之处，这里不作详细区分。我们采纳布洛克(Block，2010)的意见，不用"模型"或"理论"，而用"取向"一词，即用"五因素取向"概括所有与五因素相关的理论模型。此外，之所以将五因素取向单列出来，是因为该取向的模型是近三十年来人们广为认可和使用的模型。

"大五"人格取向并不是一夜成名的，而是拥有一个逐渐显现和流行的过程。早期研究受到卡特尔思想的深刻影响，在卡特尔的因素分析等研究方法和有关表面特质和根源特质的研究发现的基础上，诸多有关人格词汇基础和人格组织结构的研究得到相当一致的结果，慢慢聚焦于五个大的人格特质。表5-8列举出人格研究词汇传统中最有代表性和影响力的研究。这些研究旨在通过揭示那些常用的人格描述词的结构以寻找基本的人格特质。

诺曼的研究重走了前人寻找人格描述词汇的道路，他使用不同标准找出将近1 600个词汇，并将这些词汇分为三大类：稳定的特质、暂时的状态和社会角色。接着，诺曼将这些词汇归类为五个人格因素的正负两极。

表 5-8 词汇传统中的重要研究

	菲斯克(Fiske)	图佩斯和克里斯塔尔(Tupes & Christal)	诺曼(Norman)	戈德堡(Goldberg)
来源	卡特尔的特质分类	卡特尔的特质分类	卡特尔的特质分类	诺曼的特质分类
Ⅰ	自信的自我表达	热情外向	热情外向	热情外向
Ⅱ	社会适应性	宜人性	宜人性	宜人性
Ⅲ	服从规范	可靠性	责任心	责任心
Ⅳ	情绪控制	情绪稳定性	情绪稳定性	情绪稳定性
Ⅴ	智力探寻	文化	文化	智慧

以诺曼的研究为起点，戈德堡对人格的自然语言进行了长期研究，将五个得到普遍验证的因素称为“大五”。这些研究对人格特质的确认主要建立在人格的词汇假设之上：人们日常交互作用中重要的个体差异将进入他们的语言系统，某种个体差异越重要，语言系统中描述它的词汇就越多。

除了词汇传统的“大五”之外，以科斯塔和麦克雷(Costa & McCrae, 1992)的研究为代表的问卷传统也聚焦于五个人格因素，而且比词汇传统有更多的文献支持和更广泛的应用。他们的“大五”人格因素分别是神经质、外向性、尽责性、随和性和开放性。尽管这两种传统得到的人格因素的顺序不同，命名也不尽相同，但是测量的人格特质几乎完全相同。词汇传统和问卷传统得到的人格因素结构趋同，符合跨来源、跨方法的重复性，这就为五因素取向的可重复验证性提供了依据。

不同研究者、不同语言文化背景下得到的五个人格因素的内容并非完全一致，尤其是第五个因素有不同的命名：文化、智慧、想象力、开放性，等等。这种不一致的主要原因在于，不同研究者采用不同项目库进行因素分析。词汇取向的基本假设是，那些越重要的特质越有可能出现在更多的语言系统中，跨文化、跨语言的不一致可能意味着某些个体差异在一些文化中比在另一些文化中更重要。因此，关于人格结构模型的选择，需要兼顾文化共通性和文化特异性两方面，即寻找那些对所有人都很重要的人格特质，关注那些对特定文化非常重要的特质，以描述某种文化背景下的个体差异。

5.1.5 高级人格因素模型

人格特质的层级结构模型

前面介绍的人格因素模型均是层级结构模型，每一层级代表不同抽象程度的人格特质。我们可以借用物质结构理解人格的层级模型，物质由分子构成，分子由原子构成，原子由原子核和电子构成，如此“原子——分子——物质”就是物质的层级结构。层级结构意味着较低层级是理解较高层级的基础，每一层级都确实存在并且是有意义的，每一层级都是可以测量的，并且可以根据一定的规则合成。人格特质取向的前提假设是特质是客观存在并且可以测量的，层级结构模型则意味着客观存在的特质组织形式是有层级的。

在心理学领域，除了人格之外，智力也具有层级结构。一些智力理论认为智力只有单一层级，但是不同学者认为智力存在不同的成分。英国心理学家斯皮尔曼认为，智力由一般智力因素和特殊智力因素构成，前者是智力的核心。其他心理学家，如瑟斯顿、吉尔福特、加德纳等则提出多元智力理论。与这些平行的多元论不同，美国心理学家弗农提出智力层次理论，认为智力由三个层级的智力因素构成，其中G因素是智力结构的最高层，第二层是语言智力和操作智力，这两层因素分别影响第三层的特殊能力因素。

一些人格心理学家也提出人格特质的层级结构，例如艾森克的人格理论和涉及“大五”的层级结构模型。艾森克提出的人格特质模型包含三个主要的特质，即外向性、神经质和精神质。他认为，这三个特质是各自所属特质类别的最高层，代表一种高度概括的人格特质，每个高级特质都包含多个次级特质，例如外向性维度包含好交际、主动、自信等次级特质，每个次级特质由个体的习惯反应构成，最底层是特定的行为。“大五”人格模型则指出，最高级的人格特质有五个，该模型是人格研究中受到广泛关注的人格特质结构模型。层级结构模型在人格评估工具中也有所体现，例如“大五”人格工具 NEO-PI-R、IPIP-300 等，有领域、侧面和具体的项目三个层级。这些工具由若干项目测量一些次级人格特质,然后由次级人格特质构成“大五”人格特质。

高级人格因素模型

在过去20多年里,虽然“大五”人格因素模型得到越来越广泛的应用,但是对它的质疑并未消失,这些质疑包括:为什么是五个?为什么是这五个?这五个是最基本的吗?它们能解释人格吗?它们能用于非典型行为领域吗?在这里,我们不能一并解答这些问题。既然“大五”人格因素模型及其评估工具具有层级属性,那么存在一个疑问,即层级模型到哪层就算到了最高层级呢?与这个问题相关的是,原本假设为正交的“大五”人格因素之间的相关是什么原因导致的呢?是否意味着有更高级的人格因素存在?对于这些疑问,迪格曼(Digman)最先从实证角度探索“大五”人格之上高级人格因素存在的可能性和意义。他对以往14个研究中的相关矩阵进行分析,通过探索性因素分析和验证性因素分析得到非常清晰的两个高级人格因素,并将其命名为alpha因素和beta因素。其中,alpha因素由“大五”人格中的神经质、随和性和尽责性的共同变异界定,beta因素与外向性和开放性的共同变异相关。这个高级人格因素模型就是“大二”人格模型(如图5-1所示)。这两个因素被认为是比“大五”人格因素更为基础的人格元特质。此后,有研究者重复了迪格曼的研究,也在“大五”人格背后发现了两个高级因素,并将其命名为稳定性因素(stability)和弹性因素(plasticity),对应迪格曼的alpha因素和beta因素。

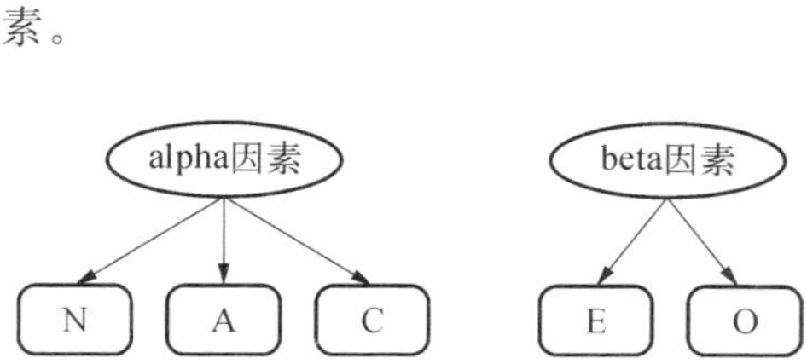

图5-1 “大二”人格因素模型

与一般智力因素相对应,人格领域也可能存在一般人格因素,不少学者对此进行过理论阐释。在迪格曼之后,穆塞克(Musek)的实证研究将一般人格因素或高级“大一”人格模型推上人格理论的舞台(如图5-2

所示)。因此,关于人格结构的争论,当前主要涉及高级人格因素模型的问题,包括“大五”人格结构以上是否存在高级人格因素。高级人格因素模型是“大一”人格模型还是“大二”人格模型?“大一”人格模型和“大二”人格模型是竞争模型,抑或前者是后者的更高级形式?高级人格因素是实质性的还是人为的?

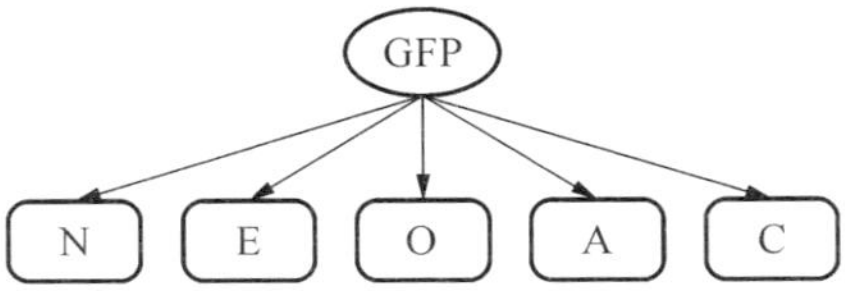

图 5-2　一般人格因素模型

为此,研究者从不同角度开展研究,期望通过这些研究以验证或辨别这些高级人格因素是方法性的、人为的因素,还是实质性的、有意义的因素。这些研究包括:涉及双生子人格数据的行为遗传学研究,低级人格特质内部结构的模型比较研究,高级人格特质的外部预测研究,高级人格因素模型的跨群体数据来源检验,以及对以往研究数据的元分析。

此类研究数量虽多,但遗憾的是,关于高级人格因素的争论尚无定论。那么,探索高级人格因素是否有意义呢?高级人格因素有利于研究者从理论和概念上,将“大二”人格因素中的两个高级人格特质与其他理论中的概念关联起来。稳定性因素(alpha 因素)与自我控制、社会适应等概念相对应,弹性因素(beta 因素)与自我韧性、个人成长等概念相对应。此外,也可以与人际范式中的两个元概念——亲和性和能动性相对应。从这方面来看,高级人格因素的提出有利于与其他理论整合。如果高级人格因素对外界变量有独特的预测作用,那么高级人格因素具有探索意义;如果高级人格因素存在,那么确认并测量高级人格因素能为其他人格研究,如寻找人格特质物质基础的研究提供便利。

带宽和保真度

人格层级结构中不同层级的人格对特定效标的预测力不同。相对来说,低级人格特质对特定行为的预测比高级人格特质更精确。高级人格特质的带宽更高,即蕴含的信息更多、更复杂;而低级人格特质的保真度更高，对特定效标的预测更精确。

5.1.6 多变量范式经典测量工具：自陈式人格评估工具

卡特尔 16 种人格因素问卷

卡特尔 16 种人格因素问卷是客观的正常人格评估工具，第一版于 1949 年由卡特尔及其合作者推出。该工具的开发得益于人格词汇研究、因素分析方法的应用，以及多变量的研究取向。卡特尔在对表面特质进行因素分析得到 12 个根源特质的基础上，增加了 4 个重要的人格因素，这 4 个人格因素是他从其他人格问卷的因素分析中得到的。卡特尔根据因素所能解释的变异的大小对因素进行排序，并用 A 到 O 等字母依次表示，有些因素在成年人群体中重复性不佳，于是被删除。从其他问卷中得到的 4 个因素则用 Q 加数字以表示来源不同。如此便得到 16 个重要的人格因素，卡特尔认为这些因素是相互独立的。卡特尔 16 种人格因素问卷在 20 世纪 50 年代和 60 年代相继发布了第二版、第三版，以及诸多版本的修订版。1993 年又完成一次修订，此次修订的主要目的是更新、完善和简化项目的语言表述，简化回答方式，开发新的效度量表，改良心理测量学属性，检验性别、民族和文化差异，增加新的有关工具的信度和效度证据，建立新的标准化常模。修订既包括项目水平上的修订，也包括因素水平上的修订，并在操作手册中强调与“大五”人格中的五个因素对应起来解释。另外，卡特尔 16 种人格因素问卷根据使用人群推出不同版本，除了成人版之外还有青少年版，而且推出适用于文化水平较低的人群的版本，同时结合 12 个病理学维度形成临床分析问卷，用以评估有情绪障碍的人群。第五版的中文修订版，已经在中国得到试用和检验。

卡特尔 16 种人格因素问卷第五版最常用的成人版问卷由 185 个三选一项目构成，每个人格因素由 10～15 个项目所测量，不存在一个项目测量多个因素的情况。尽管 16 个因素被认为是相互独立的，但是有一些因素之间存在相关，因此该问卷可根据部分因素的得分计算高级人格因素的得分。

卡特尔16种人格因素问卷测量的16个一级人格因素的中英文名称及其字母代号，以及3个效度指标如表5-9所示，5个二级人格因素如表5-10所示。

表5-9 卡特尔16种人格因素问卷测量的一级人格因素

一级人格因素		效度指标
A：乐群性(warmth)	L：怀疑性(vigilance)	IM：印象管理
B：聪慧性(reasoning)	M：幻想性(abstractedness)	LF：低频量表
C：情绪稳定性(emotion stability)	N：世故性(privateness)	Acq：默许作答倾向
E：支配性(dominance)	O：忧虑性(apprehension)	
F：活跃性(liveliness)	Q1：开放性(openness to change)	
G：规则性(rule-consciousness)	Q2：自立性(self-reliance)	
H：敢为性(social boldness)	Q3：自律性(perfectionism)	
I：敏感性(sensitivity)	Q4：紧张性(tension)	

注：上述中英文只是双极中的一极。儿童版和青少年版中包含D因素(活动性)和J因素(内部导向性)。

表5-10 二级人格因素对应的一级人格因素

二级人格因素	一级人格因素	计算公式
外向性(extraversion)	A、F、H、N、Q2	(0.3A+0.3F+0.2H−0.3N−0.3Q2+4.4)
焦虑性(anxiety)	C、L、O、Q4	(−0.4C+0.3L+0.4O+0.4Q4+1.65)
刻板性(tough-mindedness)	A、I、M、Q1	(−0.2A−0.5I−0.3M−0.5Q1+13.75)
独立性(independence)	E、H、L、Q1	(0.6E+0.3H+0.2L+0.3Q1−2.2)
自控性(self-control)	F、G、M、Q3	(−0.2F+0.4G−0.3M+0.4Q3+3.85)

注：上述5个二级人格因素与“大五”人格结构中的外向性、神经质、开放性、随和性和尽责性依次对应。

卡特尔16种人格因素问卷的施测与计分相对容易，因而不需要太多专业培训。纸笔版的测验一般耗时35～50分钟，网络版平均耗时30分钟，施测一般没有时间限制，作答指导也简单易懂，因此应答者可以自我施测。此外，既可以个体施测也可以团体施测。要求应答者达到五年级的阅读水平，常用版本适用于16岁及以上的人群，卡特尔16种人格因素问卷青少年版适用于12～18岁的人群。各个人格因素的内部一致性信度在0.64到0.85之间，平均为0.74；时隔两周的重测信度在0.69

到0.87之间，平均为0.80；时隔两个月的重测信度在0.56到0.77之间，平均为0.70。

除了聪慧性因素是0、1计分之外，其他人格因素的项目计分是根据应答反应赋予其相应的0、1、2分。可以使用配套的计分键进行手动计分，将因素内所有项目的得分加和即得到原始分数，网络测验的计分则更加便利、快捷。

由于该问卷属于常模参照类型，因此分数解释依赖常模。获得原始分数之后根据常模表将其转换为标准10分，并绘制剖面图，然后进行解释。二级人格因素的计算则在一级人格因素标准10分的基础上进行。

分数解释的一般程序包括：首先，评估被试应答结果的可靠性。根据3个效度量表(反应风格量表)的分数判断被试可能的应答定势，印象管理量表得分的百分位在95%及以上则有装好的嫌疑，在5%及以下则有装坏的嫌疑；低频量表得分的百分位在95%以下则认为有效；默许作答量表得分的百分位在95%及以上则提示有默许正确(或高分)选项的嫌疑，在5%及以下则提示有默许错误(或低分)选项的嫌疑。如果被试在效度量表上均处于正常范围，则进行随后的解释。其次，解释有极端分数的二级人格因素。在卡特尔16种人格因素问卷的标准10分体系内，1、2、3是极端低分，8、9、10是极端高分。再次，解释有极端分数的一级人格因素。与二级人格因素极端分数的解释类似，一般来说分数越极端，越拥有解释优先权，因此需要对分数和解释进行排序。最后，将多个因素的分数结合起来考察，即考察量表之间的交互作用。尤其是在临床判断中，这种解释更为常见。例如，是否有与常见模式不一致的高A低N低Q2之类的情况。图5-3是卡特尔16种人格因素问卷英文版评估报告中一级人格因素的剖面图示例。

其他有意义的解释则需要参照其他相关信息，在特定目的驱动下开展。可以根据已有的分数预测个体其他领域的情况，包括自尊和适应、社会技能、领导力和创造性、人格动力、咨询和治疗相关的情况。

卡特尔16种人格因素问卷应用相当广泛，包括职业生涯咨询、人员

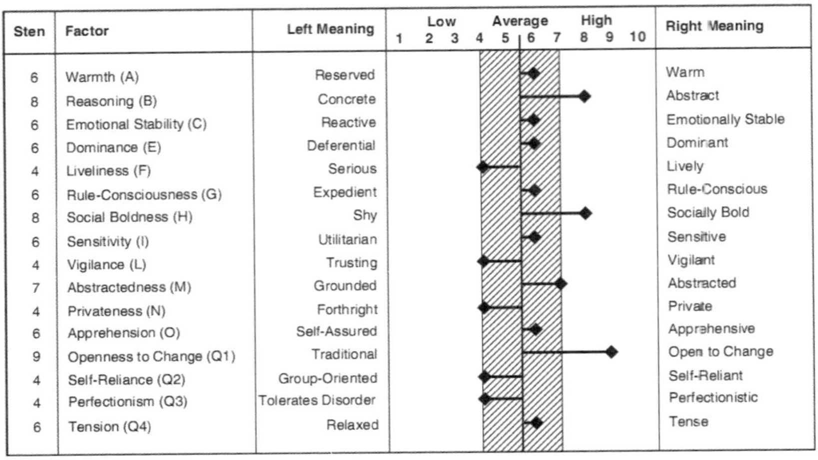

图 5-3　卡特尔 16 种人格因素问卷一级人格因素剖面图

选拔和安置、心理健康方面的筛查和诊断。不过,由于人们不熟悉其中的人格因素,以及很难将这些人格因素直接与日常行为联系起来,因而卡特尔 16 种人格因素问卷的临床使用率与其优良属性并不匹配。即便如此,它的应用价值依然会被持续发掘和利用。

艾森克人格问卷

艾森克人格问卷(Eysenck Personality Questionnaire, EPQ)测量的是艾森克"大三"人格模型中的三个人格特质:神经质(N)、外向性(E)和精神质(P)。当前,艾森克人格问卷广为流行的版本和早期版本与艾森克及其合作者在英国进行的卓越多产的研究分不开。最初,艾森克开发了一个主要测量神经质的量表,然后在此基础上增加了测量外向性的量表,接着又增加了效度量表——撒谎量表,逐渐成为艾森克人格调查表(Eysenck Personality Inventory, EPI)。在研究精神病人的基础上,增加了测量精神质的量表就成为第一版的艾森克人格问卷,1985 年推出艾森克人格问卷修订版(EPQ-R)。早期版本的艾森克人格问卷中的精神质量表的心理测量学属性并不好,而且测量的内容与精神质的临床症状并无多大关联。EPQ/EPQ-R 测量的三个维度与五因素取向测量的五个人格维度之间的关系研究表明,神经质和外向性具有相当程度的聚合，而精神质与宜人性、责任心有中等程度的负相关。

与卡特尔16种人格因素问卷相似，艾森克人格问卷既适用于个体测验，也适用于团体测验；儿童青少年版适用于7～15岁的人群，成人版则适用于15岁以上人群。完成整个问卷只需要10～15分钟，可以利用计分键计算纸笔测验的得分，此为原始分数，然后参照匹配的常模将分数转化为标准T分，并以人格剖面图的形式呈现分数。

对测量结果的解释可将维度得分与根据体液类型确定的人格类型对应起来，即根据神经质和外向性这两个维度的两极组合描述人格类型：外向稳定对应多血质，外向不稳定对应胆汁质，内向稳定对应黏液质，内向不稳定对应抑郁质。为此，可以绘制一个坐标系，以两个维度均值的交叉点为原点定位个体分数，以确定个体属于哪种人格类型，并判定其典型性。

NEO-PI-R和NEO-FFI

NEO-PI-R是科斯塔和麦克雷(Costa & McCrae, 1992)开发的五因素人格测量工具，其中N、E和O代表3个人格维度：神经质、外向性和开放性。这也是最初版本测量的内容，每个维度称为一个领域，每个领域有6个侧面，在词汇学研究发现的随和性和尽责性这两个人格维度的启发下，他们增加了一些项目测量这两个维度，于1985年推出NEO-PI，这个版本中随和性(A)和尽责性(C)这两个维度并不像N、E、O三个维度那样由6个侧面构成。在随后的修订中，他们丰富了A和C这两个人格维度，使得5个人格因素均由6个侧面构成，每个侧面由8个项目测量，这就是NEO-PI-R。在推出NEO-PI后，许多研究者想有一个相对简短的问卷传统的五因素人格测量工具，于是科斯塔和麦克雷在NEO-PI基础上挑选出60个项目，以测量5个大的人格维度，每个维度由12个项目测量，新的测量工具为NEO-FFI。他们于2004年和2005年分别对NEO-FFI和NEO-PI-R进行修订(包括改善项目的可读性)，后者变为NEO-PI-3，有更精良的心理测量学属性。

NEO-PI-R共有240个项目，完成整个问卷需要30～40分钟，适用于17岁及以上人群。它测量5个人格维度，30个人格侧面(如表

5－11 所示)。问卷分为自我报告版和他人评定版，自我报告版和他人评定版问卷的 5 个人格维度的内部一致性信度在 0.86 到 0.95 之间，自我报告版问卷 30 个侧面的内部一致性信度在 0.56 到 0.81 之间，时隔 6 年的重测信度在 0.63 到 0.83 之间。NEO－FFI 共有 60 个项目，完成整个问卷大约需要 10～15 分钟，适用于 12 岁以上群体，内部一致性在 0.75 到 0.83 之间。其他研究者也得到各自样本和条件下的内部一致性和重测信度的信息。其他文化环境下的修订版问卷同样检验了这些属性，均显示出较高的信度。

表 5－11 NEO－PI－R 的 5 个领域和 30 个侧面

神经质 N	外向性 E	开放性 O	随和性 A	尽责性 C
N1：焦虑	E1：热情	O1：幻想	A1：信任	C1：能力
N2：敌意	E2：乐群	O2：审美	A2：坦率	C2：秩序
N3：抑郁	E3：自信	O3：感受	A3：利他	C3：责任感
N4：自我意识	E4：活跃	O4：行动	A4：顺从	C4：上进心
N5：冲动	E5：刺激寻求	O5：理念	A5：谦逊	C5：自律
N6：脆弱	E6：积极情绪	O6：价值	A6：心肠软	C6：谨慎

注：侧面可用字母加数字表示。

NEO－PI－R 和 NEO－FFI 同样适用于团体施测，纸笔形式的测验可以通过计分键计算原始分，然后根据匹配的常模将分数转化为标准 T 分数以进行随后的常模参照解释。在计分和解释之前，需要检查个体的应答情况，如果未应答项目超过 1/6 则不建议计分和解释。此外，该问卷一般常用 5 点利克特量表，如果个体在所有项目上回答同意或强烈同意的比例高于某一比例或低于某一比例，则提示个体有默许作答的倾向。

中文版 NEO－PI－R 和 NEO－FFI 由中国科学院心理研究所张建新翻译修订而成。

IPIP－NEO

在词汇传统的“大五”人格测量工具中，IPIP－NEO 与 NEO－PI－R 具有较好的对应关系，并且是一个免费的工具，戈德堡为此付出极大努力和作出重要贡献。他不满于商业性的测验开发，原因之一是版权规定会限制研究者免费、自由使用测验，从而影响进一步开发、修订和完善测验。戈德堡在网站（www.ipip.ori.org）上公布这些项目库，即国际人格项目库（International Personality Item Pool，IPIP），期望通过国际合作以推动多变量范式的发展。

国际人格项目库包括1 956个项目，测量280种人格特质。开发这个项目库的目的包括：细化人格特质分类、建构人格特质测量工具和验证量表。与最初的词汇传统中经常使用的人格特质形容词不同，国际人格项目库建构的人格测量工具往往由动词形式的短语构成，如“很容易生气”。IPIP－NEO与NEO－PI－R的结构非常相似，同样测量5个人格领域30个人格侧面，每个侧面由10个项目测量，共300个项目，完成整个测验大约需要45分钟，一般采用5点利克特量表，从完全不准确到完全准确。国际人格项目库网站上提供的内部一致性信度，以及与NEO－PI－R的聚合相关显示，IPIP－NEO具有良好的测量信度，与NEO－PI－R有很高的聚合相关，校正后的相关平均为0.94。对维度和侧面的命名与NEO－PI－R有细微差别（如表5－12所示）。

表5－12 IPIP－NEO的5个领域和30个侧面

神经质N	外向性E	开放性O	随和性A	尽责性C
N1：焦虑	E1：友好	O1：想象	A1：信任	C1：自我效能
N2：愤怒	E2：合群	O2：审美兴趣	A2：品德	C2：秩序
N3：抑郁	E3：自信	O3：情绪性	A3：利他	C3：尽责
N4：自我意识	E4：活力	O4：冒险性	A4：合作	C4：成就欲
N5：无节制	E5：刺激寻求	O5：智慧	A5：谦虚	C5：自律
N6：脆弱	E6：愉悦	O6：自由主义	A6：同情心	C6：谨慎

注：与NEO－PI－R的命名稍有不同。

此外，根据国际人格项目库编制的，用于测量卡特尔16种人格因素问卷等人格测量工具中的人格特质的工具，相对于原有工具来说对药物使用、同伴交往、阅读、书写、创造等具体行为效标具有大小相当甚至更大的预测力。

5.2 人际范式

5.2.1 场的概念和沙利文的人际关系论

格式塔学派对实验心理学的影响之一在于通过场论理解人类行为，这种取向在勒温的推动下进入社会心理学领域。心理学领域的场论取向受到物理学领域场的概念和理论观点的影响，这种影响也体现在沙利文的精神病学人际理论中。因而可以说，与场论相关的观点是人际范式的重要概念基础。

勒温的场论是交互作用论，而沙利文的场论是人际关系论，有必要对它们作出区分。交互作用论认为，行为(B)是人的因素(P)和其所处的环境因素(E)的函数：$B=f(P, E)$。我们可以通过一定的设计和方法估计出这两类因素及其交互作用对行为变异的解释率，借以评估它们的相对贡献。人际关系论则聚焦于相同环境下的互动双方之间的关系，这种关系是行为的重要影响因素，我们可以将其表示为：$B=f[E(P_1 \leftrightarrow P_2)]$。沙利文的人际关系论认为，与他人的成对关系构成行为所处的环境，这种关系模式跨时间的重现构成一个人的人格。沙利文认为，正是因为经历了无数的人际力场，我们才成为人，只有在这样的人际力场中我们才能展现出可以得到理解的人类发展过程。

5.2.2 人际环形模型的简史

沙利文的人际理论强调良好的人际关系对人格发展的重要性，认为现实人格和理想人格都依赖人际关系而存在："人格从来不能与复杂的人际关系隔绝，人们生活在这种复杂的人际关系中，并成为他们自己。"沙利文认为，人际人格近似于人格，只要把握了人际结构，就等于知道了个体的人格结构。这种理论导向为后来的研究者致力于人际人格探讨提供了基础。沙利文本人虽然没有对该理论进行实证研究，但该理论是人际环形模型的重要理论来源。20 世纪 40—50 年代，美国凯撒

(Kaiser)研究团队开展了心理诊断研究,并于1951年发表了一篇有关人际人格的论文。其他研究成果包括利里(Leary, 1957)等人开发的人际核查表(Interpersonal Checklist, ICL),利里于1957年发表著作《人格的人际诊断》。格特曼(Guttman, 1954)提出环形(circumplex)的数学概念,以描述具有环状序列的变量系统,该概念与人际研究相结合,从而产生人际环形模型(interpersonal circumplex)。在之后的几十年里,人际和情绪等相关领域共出现20多种环形模型。

特质流派认为,人格研究的目标之一在于系统解释人类在特质连续体上的个体差异。威金斯(Wiggins, 2003)认为,人格特质中重要的一部分为人际特质。麦克雷和科斯塔也认为,五因素模型中的每个维度都具有人际含义,都能影响人们的互动方式,只不过随和性和外向性的人际特征更明显。威金斯对人际特质的重视,以及麦克雷等人认识到的人格因素的人际特征,都在某种程度上支持沙利文强调人际关系的人格理论。特质流派的词汇研究方法、因素分析的思路,以及人格特质词汇库为后来的研究者提供了借鉴。在人际特质领域,利里根据沙利文的人际理论将特质划分为16个类别,用字母A到P表示,并在以爱—恨、主导—顺从为横轴和纵轴构成的环形上按照逆时针顺序将字母等距排列开来。然后,用形容词或动宾短语测量每一个类别,第一个人际特质测量工具——人际核查表由此诞生。有理论根源的人际取向和注重测量的特质取向的结合,促进了人格评估人际范式的发展;反过来,人际环形的确立为特质的意义提供了一条澄清和解释的重要途径。这是人际环形模型的人格心理学基础。

社会心理学家福阿夫妇(Foa & Foa, 1974)认为,人们对社会知觉的认知分类是一个逐步分化的过程,依次分化的结构层面是方向、目标和资源。他们的社会交换理论认为,爱和地位是主要的社会交换资源。社会交换中的接受和拒绝两种方向,社会目标中的自我目标和他人目标的区分,以及爱和地位两种社会交换资源,形成3个层面的分化组合的多面体,可以区分8种不同特征的社会内涵,继而编码和解码人际事件。威金斯将福阿夫妇的多面体结构对应人际结构绘制成图,从而可以使人们直观地看到列举出的8个常见的人际变量社会交换的内涵(如图5-4所示)。在多面体结构中,变量之间的概念和实证的关系可以通过相依性原则描述,即在多面体结构中越接近的变量,在实证结果中的关联就越紧密。根据变量之间的相关模式将变量排序,并在一个环形上表征出来,即用环形模型表征变量之间的关系,对变量的结构进行环形组织。福阿夫妇的理论是环形模型社会心理学内涵的来源。

上述内容是人际环形模型,以及检验环形属性的人际形容词量表的重要根源,社会心理学领域有关社会知觉的研究赋予人际环形更丰富的社会心理学内涵。

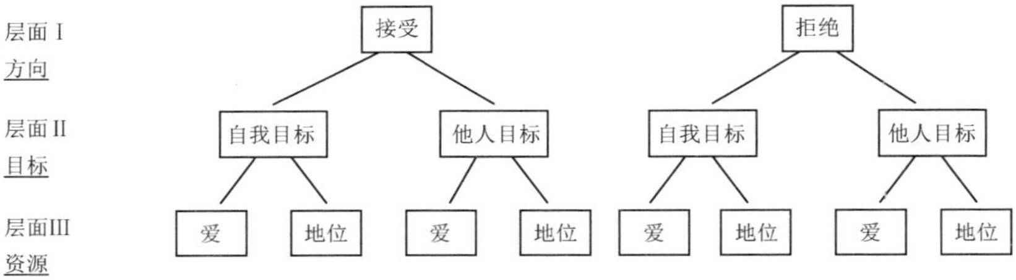

人际变量	爱	地位	爱	地位	爱	地位	爱	地位
NO(合群—外向)	+	+	+	+				
PA(抱负—支配)	+	+	+					−
BC(自大—算计)	+	+					−	−
DE(冷漠—争辩)		+				−	−	−
FG(疏离—内向)					−	−	−	−
HI(懒散—被动)				+	−	−	−	
JK(谦逊—真诚)			+	+	−	−		
LM(热情—随和)	+		+	+	−			

图5-4 人际变量的多面体成分(+表示接受;−表示拒绝)

5.2.3 亲和性和能动性

亲和性和能动性这两个维度反映了人类存在的两种基本形态,结合诸多人际理论对这两个维度的描述,研究者对其内涵的界定如下:能动性维度是指让个体成为与众不同的存在的那些特征,并表现为追求对自身、他人以及环境的掌控和支配,追求个人的权力、地位,从而提升和保护其独特性，凸显个体，因而被认为是一个强调自我扩张、自我控制等自利性的特征维度；亲和性维度是指有助于让个体成为一个更大的社会或精神实体的一部分的那些特征，表现为追求与更大的实体保持亲密、联合、团结的关系，为了实现这个目标，个体往往表现出合作、依恋等具有利他性特征的行为。能动性是具有个人价值的一类特征，而亲和性是具有关系价值的一类特征。

不同学科领域均有亲和性和能动性，因而这两个维度又称为元概念，能够将不同领域联系起来。不同理论的观点有助于我们更好地理解这两个人际维度的内涵。

表 5-13　人际相关理论下两个维度的概念基础

主题/领域	能动性	亲和性	学　科	作者/代表人物
群体生活	阶层组织	群体凝聚力	人格心理学	霍根(Hogan，1996)
共同挑战	活得更好	和睦相处	人类学	雷德菲尔德(Redfield，1960)
劳动分工	工具性角色	情感性角色	社会学	帕森斯和贝尔斯(Parsons & Bales，1955)
繁殖问题	商谈阶层地位	形成互惠联盟	进化心理学	巴斯(Buss，1991)
文化	个体主义	集体主义	跨文化心理学	特里安迪斯(Triandis，1990)
心理动力目标	自尊	安全	精神病学	沙利文(Sullivan，1953)
社会排斥	能动性焦虑	亲和性焦虑	社会心理学	鲍迈斯特(Baumeister，1990)
资源交换	地位	爱	社会心理学	福阿夫妇(Foa & Foa，1974)
人际协调	支配	归属	临床心理学	利里(Leary，1957)
刻板印象内容	能力	热情	社会心理学	菲斯克(Fiske，2004)
“大二”人格	个人成长因素	社会化因素	人格心理学	迪格曼(Digman，1997)
人际动机	权力	亲密	社会心理学	麦克亚当斯(McAdams，1985)
人际关系	尊卑	亲疏	社会心理学	杨国枢(2008)
心理表征	自我表征	他人表征	社会与临床心理学	霍罗威茨等人(Horowitz et al.，1997)
社会性别角色	男性化	女性化	社会心理学	斯彭斯(Spence，1984)

续 表

主题/领域	能动性	亲和性	学 科	作者/代表人物
自我决定理论[a]	胜任力	关联感	社会与人格心理学	瑞安和德西(Ryan & Deci, 2000)
自杀的人际理论[b]	自杀的能力	归属感受挫	社会与临床心理学	范奥登等人(Van Orden et al., 2010)

注：[a]自我决定理论中的第三个需求是自主性，[b]自杀的人际理论中另一个成分是负担感。

5.2.4 人际环形模型的属性和评价

简单来说，人际环形模型是由横轴和纵轴确定的二维空间模型，用以表征和定位事物(如图 5－5 所示)。横轴和纵轴的选择对于空间的确定，以及空间内元素的定位、解释很重要。理论上说，环形中各元素的重要性是等同的，任何两个正交位置上的因素都可作为坐标轴。例如，在人际环形模型中，研究者惯常采用的两个坐标轴为关爱对敌意(或亲和对冷漠)、支配对顺从(或控制对服从)，对应人际交往中的爱和地位两个成分。表 5－13 中的所有维度均有可能形成一个环形空间。在人际领域，两个维度的选择和命名并不统一，对两个坐标轴的方向的确定也不统一。排除这些不统一之处，人际环形具有一些显著的数学特征，这些特征可以评价实证的环形是否接近理论的环形。

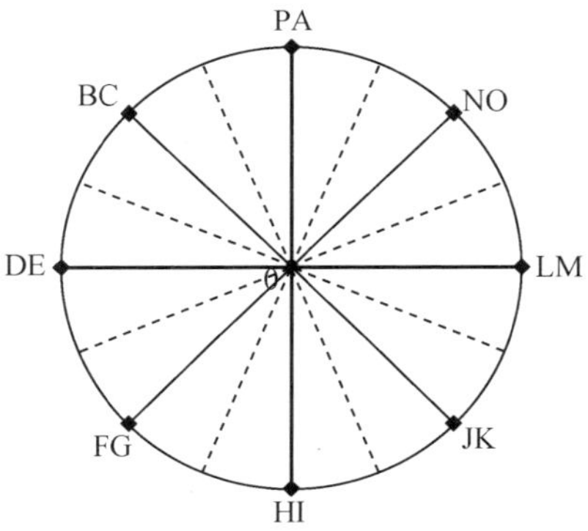

图 5－5 人际环形模型

人际环形中通常均匀分布 8 个人际相关变量。这 8 个变量之间关系的紧密程度与它们在环形中的距离有关，环形中彼此越接近的变量关系越密切。图 5－5 中 8 个变量之间的相关模式如表 5－14 所示。

表 5-14 8 元素人际环形相关矩阵

元素	PA	BC	DE	FG	HI	JK	LM	NO
PA	1.00	ρ_1	ρ_2	ρ_3	ρ_4	ρ_3	ρ_2	ρ_1
BC	0.707	1.00	ρ_1	ρ_2	ρ_3	ρ_4	ρ_3	ρ_2
DE	0.00	0.707	1.00	ρ_1	ρ_2	ρ_3	ρ_4	ρ_3
FG	−0.707	0.00	0.707	1.00	ρ_1	ρ_2	ρ_3	ρ_4
HI	−1.00	−0.707	0.00	0.707	1.00	ρ_1	ρ_2	ρ_3
JK	−0.707	−1.00	−0.707	0.00	0.707	1.00	ρ_1	ρ_2
LM	0.00	−0.707	−1.00	−0.707	0.00	0.707	1.00	ρ_1
NO	0.707	0.00	−0.707	−1.00	−0.707	0.00	0.707	1.00

注：表中变量的字母沿用人际环形中的字母，用以代表 8 个人际变量，主对角线以上相关符号为 $\rho_1>\rho_2>\rho_3>\rho_4$。根据图 5-4 中人际变量多面体结构计算出的各个变量之间的相关矩阵有细微差异，相邻变量的相关为 +0.50，与对立位置相邻变量的相关为 −0.50。这个相关模式得到的两个维度的负载也会有差别。

确定横轴和纵轴之后，环形模型中各个变量在横轴和纵轴因素上的负载模式既可以通过分析相关矩阵得到，也可以通过环形模型示意图说明，各个变量在横轴和纵轴上的投影长度即为相应的负载。负载的大小可以被理解为某个变量糅合了两个坐标轴变量的比例，例如处于环形 45 度的变量可被视为糅合了相同比例的横轴和纵轴的变量。人际环形中 8 个变量理想的负载模式如表 5-15 所示。

表 5-15 理想负载模式

元素	Y 轴	X 轴
PA	1.00	0.00
BC	0.707	−0.707
DE	0.00	−1.00
FG	−0.707	−0.707
HI	−1.00	0.00
JK	−0.707	0.707
LM	0.00	1.00
NO	0.707	0.707

所有变量在某个因素上的负载模式与角度的关系趋势呈现出正弦或余弦的曲线模式（如图 5-6 所示）。

可以根据不同元素的贡献程度计算环形模型中轴上的得分（因素

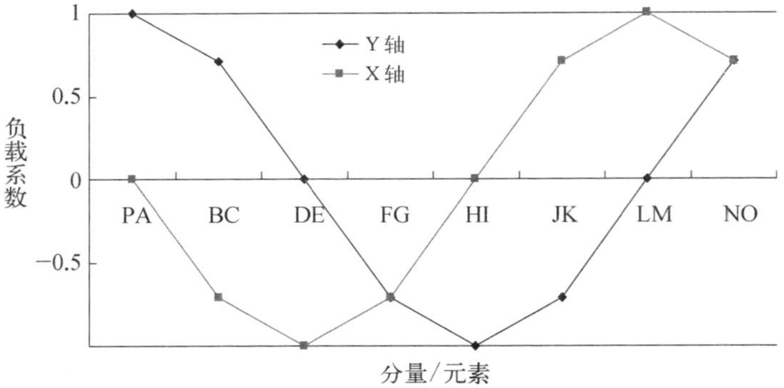

图 5-6 理想环形模型中按顺序的负载曲线

分)。例如,威金斯人际形容词量表中因素分的计算公式为:

$$X = 0.3[(ZLM - ZDE) + 0.707(ZNO + ZJK - ZBC - ZFG)]$$

$$Y = 0.3[(ZPA - ZHI) + 0.707(ZNO + ZBC - ZJK - ZFG)]$$

其中,设置系数 0.3 是为了调整因素分的全距,有的研究者将其设置为 0.25,Z 表示标准化分数。

一个完好的环形模型中变量之间的关系构成一个概念网络,可检验是否能很好地通过环形模型描述其他概念。如果环形模型能很好地解释目标概念,那么它与环形模型中各个变量之间的相关将表现为规则的三角函数模式。我们可以用三角函数来描述,即 $r_i = e + a \times \cos(\theta_i - \delta)$,并估计拟合情况。其中,$r_i$ 表示与第 i 个变量的相关,e 表示三角函数曲线的纵向位移,a 表示曲线的幅度,δ 表示曲线在横轴上的位移量,即变量在环形中的角度。既可以通过曲线拟合或者几何原理计算参数,也可以通过计算变量与两个因素得分的相关来确定其在两个因素所构置的空间中的坐标。

在研究中检验某一组变量是否具有环形结构,某个变量是否可以通过环形模型来解释,以及某个结构在多大程度上属于人际结构,就是检验实证的数据结果与理想的环形属性之间的差距。可通过绘制环形分布图实现这一目标,常用的方法包括多维量表法和主成分分析法,这两种方法虽然直观但是不精确。下面介绍几种量化方法及相应指标的计算方法：相关的大小顺序检验，数据和设定模型的拟合检验。

环形模型对一组变量之间的相关大小的假设为：在空间上距离更近的变量之间的相关大于距离更远的变量之间的相关。但该模型并没有明确等距离等相关的假设。如果一组变量之间的相关大小绝大多数符合环形模型的假设，那么这组变量具有与假设相符的环形关系。例如，检验 8 个元素之间的相关是否符合假设的环形顺序，28 个相关数值共有 378 对相关数值，减去其中 90 对等相关的假设，于是有 288 对预测的顺序。对应指数(correspondence index, CI)等于其中符合假设顺序的比率减去违背假设顺序的比率，检验随机假设的顺序关系确定对应指数出现的概率，以作出统计决断。

凭借结构方程建模强大的功能和灵活性，研究者可以检验不同限制程度的模型与数据的拟合程度。3 个不同限制程度的模型为理想环形模型、准环形模型和非环形模型。理想环形模型对应等长等距分布的环形，准环形模型放宽了等长或等距的限制，非环形模型则没有限制。盖恩斯(Gaines)等人用 LISREL 验证人际形容词量表(Interpersonal Adjective Scale, IAS)的结构，理想环形模型的路径系数依照表 5-15 设置；准环形模型对 8 个变量在潜在变量上的负载设置如图 5-7 所示，其中 λ_{12}、λ_{18}、λ_{26}、λ_{28} 四条路径自由估计并限定为相等，λ_{14}、λ_{16}、λ_{22}、λ_{24} 四条路径自由估计并限定为相等，λ_{11}、λ_{27} 两条路径自由估计并限定为相等，λ_{15}、λ_{23} 两条路径自由估计并限定为相等。布朗(Browne)根据环形相关矩阵的假设开发出专门用于验证环形模型的程序 CIRCUM。

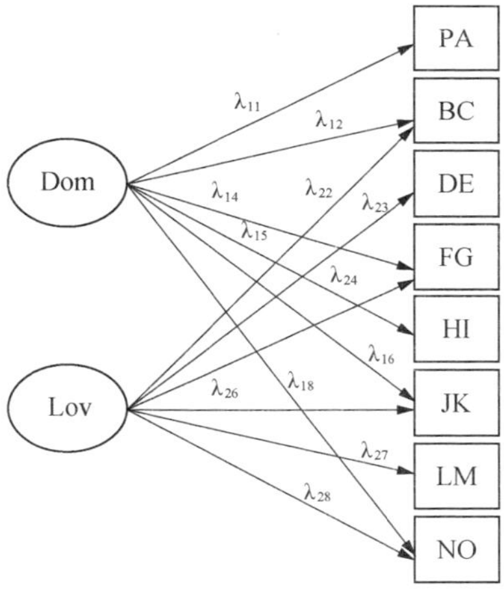

图 5-7 准环形模型示意图(没有标示误差线，潜在变量正交)

5.2.5 人际互补原则

人际力场是人际范式的一个基础概念,人际力场动力特征的基本原则包括人际互补。该原则对人际行为有着独特的预测力。利里和卡森(Leary & Carson)使用人际环形界定人际互补后,其他研究者则使用各自的人际环形测量工具操作人际互补,例如基斯勒的人际环形 1982,威金斯的人际形容词量表,斯特朗和希尔的人际沟通评定量表等。接下来,我们主要介绍六种互补模型。

利里和卡森的互补模型中两个人际维度的定位为:PA 和 HI 为控制维度的两端,LM 和 DE 为亲和维度的两端(如图 5-8a 所示)。基斯勒的互补模型与利里和卡森的模型非常相似,但是他根据 16 个部分界定的互补略微不同于利里和卡森界定的互补(如图 5-8b 所示)。如果合并成 8 个部分,则需要将图 5-8b 中相应的互补进行合并。米吕涅米(Myllyniemi)的互补模型中两个人际维度的定位相对于利里和卡森的定位逆时针旋转了 22.5 度,纵轴位于 PA 和 BC 之间,横轴位于 LM 和 NO 之间(如图 5-8c 所示)。斯特朗(Strong)等人的互补模型中两个人际维度的定位相对于利里和卡森的定位顺时针旋转了 22.5 度,纵轴位于 PA 和 NO 之间,横轴位于 LM 和 JK 之间(如图 5-8d 所示)。威金斯的互补模型根据社会交换原则中接受—拒绝、自我—他人、爱—地位三个层面解释的人际行为界定互补,每种行为在人际交换中意味着赋予/拒绝自己/他人的地位/爱。例如,PA 行为意味着赋予自己爱和地位,赋予他人爱,拒绝给他人地位,这一行为需要的互补行为是赋予他人爱和地位,赋予自己爱,否认自己的地位,即 LM 行为(如图 5-8e 所示)。有些学者认为,相似性模型也是一种互补模型,在两个人际维度上相似的双方是互补的(如图 5-8f 所示)。

利里和卡森对互补的界定较为常见。前四种界定在本质上是相同的,其不同之处主要在于不同测量工具操作的人际行为背后的两个人际维度在环形中的定位有所不同。此外,基斯勒根据 16 个部分作出更为精细的互补界定,出现了在 8 个部分编码中不会出现的编码组合,因此很少有人使用这一模型。后两种模型则不同,威金斯根据人际交换理论

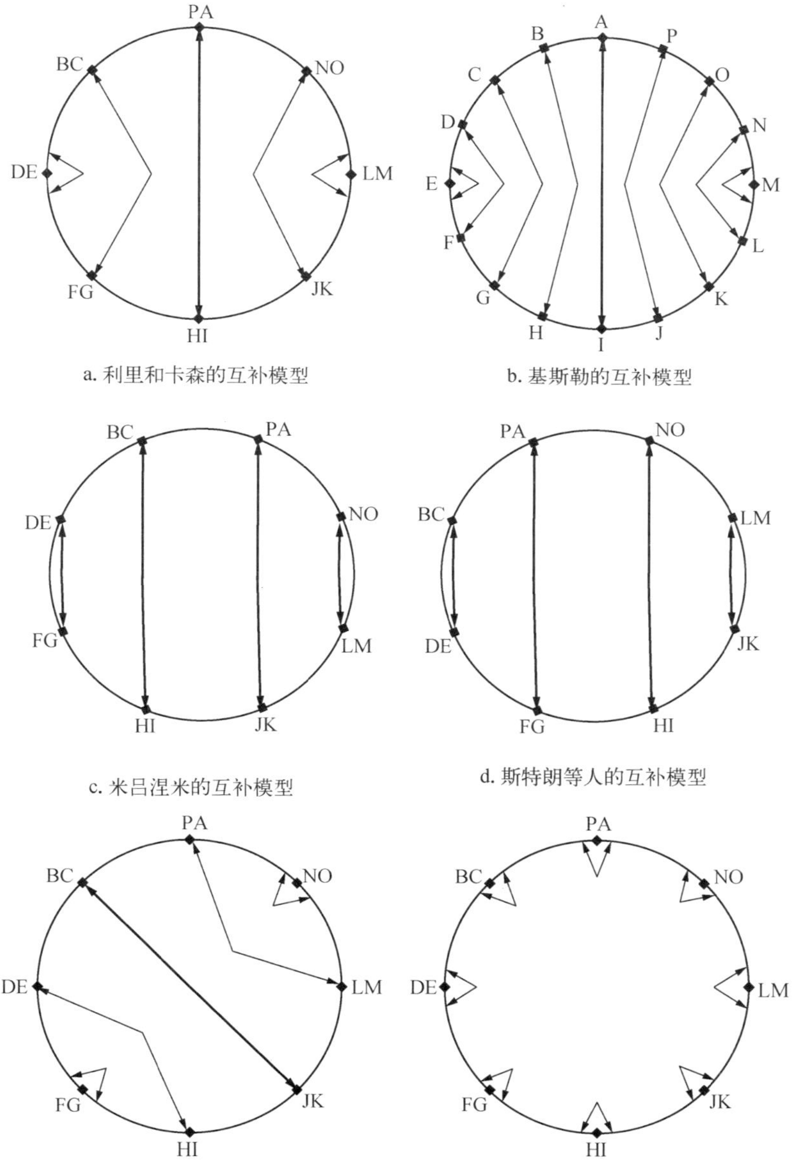

a. 利里和卡森的互补模型　b. 基斯勒的互补模型

c. 米吕涅米的互补模型　d. 斯特朗等人的互补模型

e. 威金斯的互补模型　f. 相似性模型

图 5-8　六种人际互补模型

界定互补，相似性模型则是广义的互补模型中的一种。

5.2.6 有代表性的人际环形测量工具

人际范式的研究者和实践者不断开发新的工具以量化、操作化人际范式涉及的概念和现象。

人际形容词量表

人格评估的人际范式常用两个维度构成的环形空间表征包括人际特质在内的人际相关变量之间的关系，威金斯（Wiggins, 1979）开发人际形容词量表以明确检验这种环形属性。威金斯在早期人格特质词汇研究的基础上，通过反复筛选，依据多个标准选择128个形容词，以测量人际环形中的16个变量。遵循人际研究的惯例，用A到P共16个字母表示，每个变量由8个项目测量，然后将相邻两个变量合并为一个新的变量，用变量的字母组合表示，由此环形中8个变量从零点开始按逆时针方向排列（如图5－5所示）。8个变量分别被命名为：有抱负的—支配的（PA）、自大的—算计的（BC）、冷漠的—争辩的（DE）、疏离的—内向的（FG）、懒散的—被动的（HI）、谦逊的—真诚的（JK）、热情的—随和的（LM）、合群的—外向的（NO）。这样，人际形容词量表就产生了。其中，纵轴为支配、控制（Dom），横轴为关爱、亲和（Lov）。威金斯在不同样本中检验环形属性，发现它们能很好地满足环形模型的要求。随后，威金斯及其同事在人际形容词量表的基础上，将量表项目缩减到64个。简化程序为：在积累了一定样本量的基础上，从8个变量中抽取2个成分，然后将成分负载矩阵旋转到与理想位置距离最近的位置，根据旋转后的负载计算因子分，以及项目与因子的相关，接着根据相关计算项目的长度和角度，以此定位项目，最后在每个八分圆内根据长度选择最长的8个项目，以得到修正版的人际形容词量表。根据选择后的项目内容，威金斯等人对项目测量的变量的命名作出相应修改：自信的—支配的（PA）、自大的—算计的（BC）、冷漠的（DE）、疏离的—内向的（FG）、不自信的—被动的（HI）、谦逊的—真诚的（JK）、热情的—随和的（LM）、合群的—外向的（NO）。

修正版的人际形容词量表能更灵活地应用于有时间限制的研究情境，例如和其他工具同时施测或多对象的他人评定等情境。人际形容词量表操作化的人际环形空间不仅能反映人们对人际关系的心理表征，而且能解释行为一致性，与实际的社会行为以及人际互动相关联。此外，跨文化研究表明，人际词汇的环形排序具有较好的稳定性，包括在文化普适性视角下翻译和修订威金斯的人际形容词量表，以及在文化特殊性视角下从各种文化语言中选择人际相关词汇。修正版的人际形容词量表常常采用 8 点量表，要求应答者评定每个词汇描述自己或他人的适当程度，从 1＝极其不适合，到 8＝极其适合，完成整个测量大约需要 10 分钟。

中文版人际形容词量表经过翻译和回译并参照测量的内容和中文表述习惯修订而成。在两个样本（$n=196$，289）中进行结构验证，结果表明，量表能较好地拟合环形结构，并且具有很好的跨样本一致性；跨时间的结构稳定性检验表明，环形结构同样具有很高的结构稳定性；两个样本合并（$n=485$）后与国外两个样本（$n=2\,988$，401）进行结构比较，发现具有很高的一致性；合并后的自评样本与他评样本（$n=225$）得到的结构同样具有较高的一致性；各个子量表的内部一致性在 0.71 到 0.89 之间；间隔 4～6 周的重测信度在 0.60 到 0.84 之间，平均为 0.75，两个维度的重测相关分别为 0.85 和 0.81；修正版的人际形容词量表中的各个变量与“大五”人格因素、自我怀疑以及孤独的相关模式符合理论预期，揭示的性别差异模式表明其具有较好的效度。这些结果都表明，修正版的人际形容词量表具有较好的心理测量学属性，可测量人际特质并且辅助开发环形属性工具。

人际问题调查表

1979 年，霍罗威茨（Horowitz）从精神病患者的访谈陈述中收集到很多问题，并将其分为人际问题和非人际问题。其中，人际问题又分为两大类，即表现程度或频率过高的人际问题和表现程度或频率不足的人际问题，简称为“过”和“不及”两类问题。在实证数据基础上，霍罗威茨从诸多人际问题中选择 127 个问题，其中 49 个为“过”的人际问题，78 个为

“不及”的人际问题。最初根据所有项目的语义进行分类，后来依据心理测量学中的标准将 127 个项目分为难以决断、难以社交、难以亲近他人、难以屈从、过分负责和过分控制 6 类。这是人际问题调查表的初始版本。

人际问题调查表的 6 类人际问题之间具有很高的相关，将量表水平的分数跨变量中心化后进行主成分分析，结果发现，敌意—友好和顺从—支配两个成分可解释的变异超过 70%，这与人际环形理论的两个人际维度相对应。随后，在人际环形理论的指导下，在人际环形相关技术的支持下，具有环形结构的人际问题调查表被开发出来。环形结构的人际问题调查表由原来的 127 个项目变为 64 个项目，测量的人际问题类型由原来的 6 类变为 8 类，每类人际问题由 8 个项目测量。该量表一般采用 5 点计分，从 0＝一点都不，到 4＝极其。具有环形结构的人际问题调查表报告的 8 类人际问题的内部一致性信度在 0.72 到 0.85 之间，8 类人际问题之间的相关很好地满足了理论要求的相关大小顺序，显示出良好的环形属性。

具有环形结构的人际问题调查表测量的 8 类人际问题如表 5－16 所示。

表 5－16　8 类人际问题的概念界定

问题类型	问题描述
支配(PA)	与控制、操纵、攻击和试图改变他人相关的问题
报复心(BC)	与不信任、怀疑他人、不关心他人的需求相关的问题
冷漠(DE)	情感表达有困难，难以感受到爱，很难作出承诺，难以原谅，难以与他人共处等问题
社交回避(FG)	在社交中感到焦虑或尴尬，很难向他人表达情感和展开社交互动
不自信(HI)	难以让他人知道自己的需求，对扮演权威角色感到不适应，不坚定
被利用(JK)	因害怕冒犯他人而不能表达愤怒，不能表达愤怒的问题，被利用的问题
过分仁慈(LM)	纵容，太想取悦他人，过于慷慨，过于信任他人，对人的看法过于乐观
侵扰(NO)	自我表露不恰当，过分寻求注意，难以容忍独处

其他具有环形属性的工具

表 5-17 列举了其他具有环形属性的人际评估工具。

表 5-17 环形人际评估工具

元素	影响信息调查表 IMI-C	支持行动环形量表 SAS-C	人际优势调查表 IIS	人际敏感性环形 ISC	人际价值环形量表 CSIV	人际效能环形量表 CSIE	社会行为结构分析 SASB1	社会行为结构分析 SASB2	社会行为结构分析 SASB3
PA	支配	指导	领导	控制敏感	能动	支配	放纵	分开	自我放纵
BC	敌意支配	自大	指挥	敌对敏感	能动分离	支配疏远	忽视	隔离	自我忽视
DE	敌意	批评	平衡	孤立敏感	分离	疏远	攻击	退缩	自我攻击
FG	敌意顺从	疏远	自制	退缩敏感	被动分离	顺从疏远	责备	恼怒	自我责备
HI	顺从	回避	合作	被动敏感	被动	顺从	控制	屈服	自我控制
JK	友好顺从	恭维	关照	依赖敏感	被动亲和	顺从友好	保护	信任	自我保护
LM	友好	呵护	联结	亲近敏感	亲和	友好	主动关爱	反应式关爱	自我关爱
NO	友好支配	投入	投入	寻求关注敏感	亲和能动	支配友好	肯定	坦露	自我肯定

注：SASB1 是个体对他人的主动行为，SASB2 是个体对他人行为的反应，SASB3 是个体对自己的内投行为。

5.3 实证范式

美国心理学家米尔(Paul E. Meehl)认为，人们在人格调查表上的应答只是一种有趣的、重要的言语行为，要想探索测验之外的含义，必须通过实证的方式。米尔对心理测量工具逻辑建构法的批判，正是“实证的宣言”，奠定了人格评估实证范式的基石。

5.3.1 精神障碍的医学模型

克雷佩林(Emil Kraepelin)在心理学意义上记录和整理了临床症状，对精神障碍和神经障碍的分类强调机体状态、中毒性精神病、内源性精神病和异常人格这几类。增加神经障碍这一类别之后，这一分类系统就与美国采用的精神障碍诊断系统相吻合。尽管精神障碍的医学模型受到不同学科的广泛质疑,但新克雷佩林派已经再度受到人们的重视。除了医学模型强调的病原学和治疗之外,心理病理学的评估需要有一个合适的测量模型。与特质结构模型相对应的类型模型认为,某个症状要么出现要么不出现,出现与不出现之间并无中间状态的过渡。一种疾病就是由一组独特的症状组合而成的综合征。在类型模型框架下,有关精神障碍的诊断没有轻微精神分裂症、轻微躁狂抑郁这一类的说法。

明尼苏达多相人格调查表(Minnesota Multiphasic Personality Inventory, MMPI)是人格评估实证范式中一种重要的工具,编制该工具的初衷是区分克雷佩林界定的精神障碍类别。明尼苏达多相人格调查表面世之后成为世界范围内最常用的人格评估工具。

5.3.2 明尼苏达多相人格调查表的历史和发展

明尼苏达多相人格调查表之前的人格评估尝试

伍德沃斯于 1917 年建构的个人数据清单(Personal Data Sheet, PDS)被认为是第一个人格调查表,该工具在第一次世界大战时期应用于征兵场合,意在从应征者中鉴别出神经症患者。相比于精神病学式访谈,该工具能大规模集体施测,将那些得分高的应答者推介给精神病学工作者。伍德沃斯人格工具的编制原理被称为逻辑建构法,即项目的编制和选择主要依靠编制者的逻辑判断,或仅仅是个人相信这些项目有效。运用逻辑建构法选择的项目往往直接与想要测量的构念或预测的效标关联起来,因而对这些项目的应答需要应答者的诚实配合。

斯特朗的职业兴趣表格(Vocational Interest Blank, VIB)是第一个使用对照组策略编制的工具。在这种测量工具的建构过程中,将效标组在项目上的应答情况与控制组的应答情况进行统计比较。此后,不少文章对逻辑建构法提出批评,并倡导实证法。在心理病理学领域,第一个采用类似对照组策略编制的工具是 Humm-Wadswoth 气质量表。将被诊断为不同类型的精神病患者群体在项目上的应答情况与正常群体的应答情况进行统计比较,从而决定哪些项目对测量哪些气质构念具有实证性显著意义,同时确定项目的计分方向。这个工具还增加了反应偏差测量，用以校正量表分数。这些测量工具以及其中相当多的项目都为明尼苏达多相人格调查表所应用。

明尼苏达多相人格调查表的编制和修订

明尼苏达多相人格调查表最初由明尼苏达大学的哈撒韦(Starke R. Hathaway)和麦金利(J. Charnley McKinley)于 1939 年开发。他们想要编制一个辅助评估成人精神病患者并能准确判定疾病严重程度的工具，此外，他们还想编制一个评估心理治疗或其他因素给患者带来改变的客观的工具。

编制明尼苏达多相人格调查表最主要的方法是实证效标法，即项目的编制和选择、量表的建构和计分参照一些外在的标准。具体来说，是否选择某个项目评价某个构念，主要取决于某个临床群体与对照组在这个项目上的回答是否存在明显差异，并由此确定计分方向。尽管建构初始项目时，可能会使用逻辑推理法，但项目的最终去向依据实证的标准。值得一提的是，这种应答上的区别并不意味着真实的区别，即在某个项目上回答是或否，并不意味着这个人就一定具有或不具有真实的特征。通过这种方法，哈撒韦和麦金利从不同资料来源收集了 1 000 多个项目，这些资料来源包括以往编制的个人和社会态度量表、临床报告、病史记录、精神病学访谈手册，以及个人临床经验。删除和修改初始的项目库，得到 504 个清晰、易懂、不重复，并且正向措辞和负向措辞平衡的项目。

接下来，选取不同的精神病患者和正常人群，对他们进行施测。正常人群的选择比较多样，精神病患者的选择包括当时在明尼苏达大学附属医院接受治疗的精神病患者，他们被明确分为不同的亚群体，如果某个患者诊断不明或有多个诊断，则被排除出患者组。由此得到的患者亚群体包括疑病患者、抑郁患者、癔病患者、精神病态患者、妄想症患者、精神衰弱患者、精神分裂症患者和躁狂症患者。比较患者组和正常组的应答结果，选择能够将正常组和患者组区分开的项目进入临床量表。比较患者亚群体和正常群体的应答结果，选择合适的项目进入特定的临床量表。对选定的项目进行交叉验证，即再选择一组新的正常样本和患者样本。如果项目的区分能力与之前一样，那么这些项目得以保留。

另外，量表的编制过程与前面提到的8个临床量表略有不同。男性化女性化量表原本是想将男性同性恋者与异性恋者区分开来，但是由于具有这种区分功能的项目很少，因此后来选择了那些男性和女性应答方向明显不同的项目。社会内向量表最初使用实证标准法选择那些能将经常参加社会活动和课外活动的女学生与几乎不参加这些活动的女学生区分开来的项目，后来这一量表被推广到两性群体之中，以反映一个人的内向程度。

量表编制者意识到，人们的应答态度会影响应答结果，于是编制了一些能够检测最有可能导致其他临床量表无效的应答态度的类型和程度的量表，包括未作答量表(?)、撒谎量表(L)、低频量表(F)和校正量表(K)。未作答量表没有专门的项目，只统计整个量表中没有作答的项目；撒谎量表选择那些人们不愿意承认的，即便是很轻微的个人缺点的项目；低频量表由正常组中认可人数少于10%的项目构成；校正量表显示一个人的心理防御程度，通过比较实为患者群体但是量表结果显示为正常群体与真正的正常群体的应答结果，选出能够将这两个群体区分开来的项目。

如此，便得到了明尼苏达多相人格调查表最基本的结构：10个分量表加上3个效度量表。原始版本的明尼苏达多相人格调查表出版之后，研究者不断开发出其他新量表，量表分数的解释方法也陆续出现，其中包括根据项目内容进行解释。最常用的是哈里斯和林格斯的亚量表、威金斯的内容量表，以及一系列关键的项目，这些量表和项目能提供有关应答者的重要信息。此外，很多附加量表也被开发出来。所有这些额外的量表均可在评估或研究特定群体中辅助解释传统的临床量表。除了新量表和新解释的出现，明尼苏达多相人格调查表也逐渐应用于许多不同的情境，包括跨文化的情境。

明尼苏达多相人格调查表的重新标准化：MMPI－2

半个世纪以来，明尼苏达多相人格调查表被证明具有良好的临床效度。但是，随着应用范围和社会文化的变化发展，修订明尼苏达多相人格调查表成为必要。首先，明尼苏达多相人格调查表的应用范围不断扩大，远远超出精神病临床诊断和治疗领域，但是明尼苏达多相人格调查表中与精神病临床症状密切相关的项目难以应用于诸如人员选拔等更加广阔的领域，这些项目常常会使正常被者感到难堪，甚至反感。其次，社会文化的变化发展使得明尼苏达多相人格调查表中某些项目的内容和用词不合时宜，令被试感到陌生。也就是说，明尼苏达多相人格调查表的广泛流行性也招致相当程度的质疑，这些质疑主要体现在：量表越来越陈旧、原始量表建构过于复杂、标准化样本不恰当，以及许多项目存在问题。另外，不同量表得到的 T 分数意义不一致。

这些质疑推动研究者对明尼苏达多相人格调查表进行全面、深入的修订和重新标准化。这一工作始于 1982 年。在重新标准化的过程中，明尼苏达大学心理系布彻(James Butcher)等人组成的修订委员会虽然决定作出较大修改，但是依然沿袭原有的基本格式和意图，尽力保证以往的研究积累依然适用于修订后的版本。重新标准化使用的项目包括原始问卷中的 550 个项目(非重复项目，去除 16 个重复项目)，其中 82 个项目的措辞经过修改，增加了 154 个临时项目，新增项目的主要作用在于替换明尼苏达多相人格调查表中过时的、不符合心理测量学的项目，或者描述未曾给予适当关注的心理问题和人格领域，如家庭功能、饮食障碍、药物滥用、治疗或康复的心理准备，以及对治疗工作的抵触情绪。由 704 个项目构成的新版本需要在一个有代表性的大样本中进行施测。

与美国 1980 年全国普查结果相比，在重新标准化所用常模样本的民族分布中，非裔美国人和土著被试的比例与普查结果中他们各自所占的比例类似，但西班牙裔和亚裔美国人被试的比例小于普查结果中他们各自所占的比例；差距较大的是教育程度，常模样本中具有大学学历的男女被试过多，被试职业及收入影响社会经济地位。通过一系列测验修订和指标检验，研究者决定 MMPI - 2 的总体规模应与 MMPI 持平，并确定由 567 个项目构成 MMPI - 2。布彻等人比较新增或修订的项目与原有项目的应答情况，发现大多数被试的反应没有显著差异；此外，原有项目和修订项目对临床量表和附加量表的作用也没有很大差异。这表明，修改后的项目并没有改变原有项目本身的心理测量特性。大量研究结果均表明，MMPI－2与MMPI是等价的。因此，虽然MMPI－2确定了新的美国常模，但在解释各临床量表及其相互关系时，原有的MMPI积累的大量研究成果和临床经验仍然具有价值。

重新标准化之后，明尼苏达多相人格调查表发生了一些变化。两个版本有394个项目完全相同；有66个项目经过语法或语言修辞方面的改动，但基本内容没有改变：MMPI中的90个项目在MMPI－2中被删除，MMPI－2中新增107个项目，即MMPI－2保留了MMPI中大部分的项目。被保留的项目多集中在MMPI－2中第370题以前的部分，370题以后的部分多为改动或新增的项目。MMPI－2各量表可分为3类：基础量表、内容量表和附加量表。基础量表包括10个临床量表和3个效度量表。10个临床量表中有7个量表可根据项目内容进一步细分为若干亚量表，这7个量表分别为量表2(D)、量表3(Hy)、量表4(Pd)、量表6(Pa)、量表8(Sc)、量表9(Ma)和量表0(Si)。由于10个临床量表无法覆盖所有临床精神病学分类及心理异常问题，因此研究者不断从MMPI－2的项目库中建构具有特殊作用的附加量表。原始版MMPI常用的附加量表有4个，即焦虑(A)量表、抑制(R)量表、自我力量(Es)量表和酗酒(MAC－R)量表。MMPI－2增加了若干附加量表，如受制—敌意(O－H)量表、支配性(Do)量表、社会责任(Re)量表、性别角色(GM及GF)量表，以及创伤后应激障碍(PK及PS)量表。

MMPI－2的效度量表从MMPI的4个增加至7个。除未作答量表、低频量表、撒谎量表和校正量表之外，新增的效度量表分别为Fb量表、VRIN量表和TRIN量表。Fb量表(后F量表)与MMPI中的F量表一样，也是依据被试对某些项目的极端应答率而得到。由于该量表的构成项目大部分出现在370题之后，因此Fb量表提供了检查被试370题之后项目的答案效度，这对检查MMPI－2新增的附加量表和内容量表特别有效。VRIN量表(逆向答题一致性量表)和TRIN量表(同向答题一致性量表)与MMPI效度量表的不同之处在于，它们没有任何项目内容含义，只提供了检查被试回答项目时一致或矛盾的指标。VRIN量表和 TRIN 量表由若干特别挑选出来的项目对构成。VRIN 得分高，表明被试不加区分地回答项目；TRIN 得分高，表明被试不加区分地对测验项目给予肯定回答，TRIN 得分低，表明被试不加区分地对测验项目给予否定回答。

由于 MMPI 所含威金斯内容量表受项目变动影响较大，因此 MMPI－2 重新建构了 15 个新的内容量表，其英文、中文名称如表 5－18 所示。大致看一下它们的名称，即可了解 MMPI－2 内容量表涉及的测量内容既有与临床量表重叠的地方，又有自己的特殊范围。例如，FAM 量表测量被试对家庭的态度和幸福感，WRK 量表测量被试对所从事的工作和职业的态度，等等。内容量表的最大特性在于量表项目内容的同质性，即每个内容量表的项目之间有相对较高的相关，使得对测量结果的解释更为明确，而这正是临床量表和附加量表的不足之处。此外，MMPI－2 的另一个独特之处在于，它采用了 MMPI 所没有的一致性 T 分数计算法。这是因为，依照传统的线性 T 分数计算法，同一 T 分数（如 70 分）在不同的量表上代表不同的百分位值，一致性 T 分数计算法则弥补了这一缺陷。一致性 T 分数的分布在各量表上十分接近，T 分数每增加一级都包含差不多相同数量的原始分数。使用 MMPI－2 时，除临床量表 5 和 0 外（它们的 T 分数仍采用线性 T 分数计算法），所有临床量表和新的内容量表的 T 分数都为一致性 T 分数。

重新标准化后的 MMPI－2 和原始版本在以下五个方面有所区别：

第一，经过项目选择之后形成由 567 个项目构成的 MMPI－2，其中前 370 个项目测量最原始的 13 个变量，后 197 个项目测量附加量表、内容量表和其他后续增加的量表中常用到的变量；

第二，新增几个效度量表，包括后 F 量表（FB 量表），逆向答题一致性量表（VRIN 量表），同向答题一致性量表（TRIN 量表）；

第三，删除了一些敏感的和令人不悦的项目，增加了与自杀、成瘾、A 型行为、人际关系、治疗态度相关的项目；

第四，8 个临床量表和 15 个内容量表采用一致性 T 分数，而非原有的线性 T 分数，这使得这些量表上相同的 T 分数具有相同的百分等级；

第五，同时推出青少年版（MMPI－A），适用于14～18岁的青少年群体。

5.3.3 明尼苏达多相人格调查表的结构和心理测量学属性

明尼苏达多相人格调查表的结构

MMPI－2包含的效度量表、临床量表、内容量表和附加量表如表5－18所示。

表5－18 MMPI－2量表

效度量表	**内容量表**
? 未应答项目数	ANX 焦虑
L 撒谎	FRS 恐惧
F 低频	OBS 强迫
K 防御	DEP 抑郁
Fp 心理病理低频	HEA 健康关注
Fb 后部分低频	BIZ 古怪念头
VRIN 逆向答题一致性	ANG 愤怒失控
TRIN 同向答题一致性	CYN 愤世嫉俗
S 夸大式自我展示	ASP 逆反社会
	TPA A型行为
临床量表	LSE 低自尊
1 Hs 疑病症	SOD 社交不适
2 D 抑郁症	FAM 家庭问题
3 Hy 癔病	WRK 工作障碍
4 Pd 精神病态	TRT 负面治疗指标
5 Mf 男性化—女性化	
6 Pa 妄想	**附加量表**
7 Pt 精神衰弱	A 焦虑
8 Sc 精神分裂	R 抑制
9 Ma 轻躁狂	Es 自我力量
0 Si 社会内向	Do 支配性
	Re 社会责任
附加量表	Mt 大学适应不良
人格心理病理五量表（PSY－5）	PK 创伤后应激障碍
AGGR 攻击性	MDS 婚姻问题

续 表

PSYC 精神质	Ho 敌意
DISC 无节制	O-H 受制—敌意
NEGE 消极情绪性/神经质	MAC-R 酗酒
INTR 内向/低积极情绪性	AAS 吸毒态度
	APS 吸毒可能性
	GM 性别角色—男性
	GF 性别角色—女性

注：抑郁症、癔病、精神病态、妄想、精神分裂和轻躁狂这 6 个临床量表各有 2～5 个数量不等的亚量表。社会内向和夸大式自我展示也有亚量表。15 个内容量表中 12 个有亚量表。

明尼苏达多相人格调查表的信度和效度

一项针对发表于 1970—1981 年的研究的元分析表明，MMPI 中所有量表均具有相当程度的可信度，信度在 0.71 到 0.84 之间。MMPI 中临床量表的重测信度在精神病患者群体中更高，中位数为 0.80，在正常人群体中中位数为 0.70。分半信度的范围很广，中位数为 0.70。MMPI-2 手册中报告了该版本的信度信息。在一个相对同质的群体中，间隔较短时间的重测信度在 0.58 到 0.92 之间。

不管是 MMPI 还是 MMPI-2，其中一个重要问题是量表的建构问题。有数据显示，很多量表之间具有很高的相关，这种高相关主要是因为很多量表之间具有不少的重合项目。旨在探索这些相关背后意义的因素分析并没有得到一致结果，得到的因素数量从 2 个到 9 个不等。量表之间存在高相关的另一个原因是，项目的编制和选择依据实证标准，选择的是那些能将患者群体与正常人群体区分开来的项目，不关心项目能否区分不同的患者亚群体。因此，每个量表的项目是异质的、多维的，测量的属性相对不清晰。如果当初选择项目时同时进行不同患者亚群体的比较，如此选出的项目构成的量表就能测量相对清晰的、单维的属性。为量表多维性和项目重叠进行辩护的一种说法是，人们认为依据实证标准建构的量表测量的是某种类型的疾病具有的症状。这提醒人们，解释量表分数时要谨慎，这也是开发亚量表的原因。

另一个有关量表建构的问题是正向计分和反向计分项目的比例问题，而这一比例可能与个体应答风格一起交互影响应答结果。考虑到这种可能，修订委员会增加了 VRIN 量表和 TRIN 量表以检测是否存在不一致作答的情况，这在某种程度上能消除两种类型项目比例不同带来的影响。

MMPI 的信度和量表建构问题给其效度带来极大挑战。尽管严格意义上的心理测量学属性不佳，但 MMPI 有大量效度研究，尤其是对剖面图的两点或三点编码效度的检验(即检验不同编码类型对特定问题领域的预测力)，这种编码类型的全面性是 MMPI 的一个重要优势，也是它受到广泛应用的重要原因。除此之外，不少研究检验了 MMPI 相比于其他评估工具的预测准确性，内容量表相比于标准临床量表又有增益效度。

5.3.4 明尼苏达多相人格调查表的使用和解释程序

MMPI(尤其是计算机版)可应用于许多场合，如团体施测。测验无时间限制，完成纸笔版测验大约需要 90 分钟，完成计算机版测验大约需要 60 分钟。在施测过程中，计分和解释之前要先收集应答者人口统计学方面的背景信息，包括年龄、文化背景、智力水平、受教育程度、社会阶层和职业等，这些信息对于分数的解释具有重要的参考价值。

解释分数时，可参照如下程序：

第一步，参照标准解释完成时间。16 岁以上的具有 8 年级以上平均智力水平的应答者完成纸笔版测验大约需要 90 分钟，完成计算机版测验大约需要 60 分钟。若超出正常时间 30 分钟，则需要考虑应答者是否存在严重的心理困扰，尤其是严重的抑郁或功能性精神病；应答者是否存在强迫性犹豫不决的问题；应答者的智商是否低于平均水平，阅读能力不足，脑部有损伤。

第二步，计分和绘制剖面图。如果手动计分则严格依照手动计分指南，尤其需要注意的是男性化—女性化量表需要分性别计分；对于没有回答或两个选项都选的项目要标记为 CS；根据手册中的计算工具对 5

个临床量表进行 K 分校正，然后将这些原始分置于剖面图下方，转化为 T 分后连成剖面图。其他计分则参照相应的计分键进行。如果同时有智商分数、相关病史、人口学变量，以及评估过程中观察到的信息，那么同时呈现这些内容；标记关键项目上的应答情况。

第三步，按照分数组织排列量表和确认编码类型。使用 T 分排序，找到得分最高的量表。其中，量表 5 和量表 0 并非严格意义上的临床量表。只有界定清晰的编码类型才能得到解释。界定不清晰的编码类型则根据每个量表的高分进行解释，然后整合不同量表给出的描述。

第四步，检验剖面图的效度。高 L 或 K 提示防御式应答，高 F 提示夸大式应答。需要分析个体装好或装坏可能带来的好处。

第五步，检验总体的适应情况。计算超过临界分的量表数量，数量越多，分数越高，个体承担基本责任的可能性就越低，体验到不适应的可能性就越高。

第六步，描述症状、行为和人格特征。这是解释的核心部分。除了关注临界分还需要关注轻度高分范围，即低于临界分数 5 分以内，这是正常人格和病理人格之间的过渡区或边缘区，解释这个区域的分数时，要删除或修正高分描述。超过临界分数代表人格功能的核心特征，需要考虑背景变量和个人生活史。

除了关注个别高分和低分，还要检验总体剖面图模式，注意峰点和谷点。典型图形，如转换式 V 形，量表 4 和量表 9 分数很高，这是外化的冲动行为问题。要注意高于临界分和低于 40T 分的量表。要将两点编码和单个量表的描述结合起来看。需要解释的描述包括：参加测验的态度、适应水平、典型特质/行为、动力学/病因学、诊断印象和治疗建议。结合推介问题对描述加以解释，同时考虑多个两点编码。35～40 分一般意味着优势，可修正其他高分。量表 5 和量表 0 被认为是抑制量表，压制或弱化高分特征的表达。量表 4 和量表 9 被认为是兴奋量表，如果个体在 Si 量表上得分很低，则表明个体常表现出社交困难。

内化应对风格：4、6、9 低于 2、7、0 合分。外化应对风格：4、6、9 高于 2、7、0 合分。过分控制(压抑)：Hy 和 O—H 附加量表得分高。敌意

(失控):愤怒内容量表得分高。主观痛苦:D和Pt得分高。焦虑:Pt得分高,尤其是高于Sc得分。抑郁:D得分高,Ma得分低。躁狂:Ma得分高,D得分低。精神病态:Sc得分高,尤其是高于Pt得分。困惑和迷惘:F、Sc和Pt得分高于80,8个均分高于70。怀疑或不信任:Pa得分高。内向:Si得分高。强迫:Pt和相应内容量表得分高。愤世嫉俗以及药物或酒精滥用问题,查看Pd,D和Pt。

第七步,提供诊断印象。综合MMPI提供的信息和其他相关信息作出正确诊断。在有些情况下,并不需要正规的诊断,如招聘、筛选。

第八步,详述治疗意义。预测来访者从干预中获益的可能性,这是评估者所能提供的最有价值的服务之一。详述个体的优势和劣势、防御水平、是否能形成治疗关系、对心理治疗的可能反应、反社会倾向,以及自省水平。根据第六步的描述结果提供与治疗计划相关的信息。

计算机化的解释比人工解释更加高效并且能整合大量信息。需要注意的是,各种解释系统可能会有不同解释,而且很多解释未得到充分检验,可能存在误用和滥用的可能。

5.3.5 其他具有实证基础的人格评估工具

MMPI核心部分的临床量表是在实证基础上编制的,后续增加的内容量表则依赖内容和逻辑分析。加利福尼亚心理调查表和米隆临床多轴调查表的编制同时结合了实证法和逻辑分析法,接下来简要介绍这两个工具。

加利福尼亚心理调查表

加利福尼亚心理调查表(California Psychogical Inventory, CPI)是一个自我施测的用于测量正常人群的人格评估工具,既可进行个体施测,也可进行团体施测。适用于12岁及以上或具有四年级阅读水平的人。加利福尼亚心理调查表最初由高夫(Harrison G. Gough)于1957年开发,是以MMPI为模板编制的评估工具,第一版480个项目中的近一半项目来自MMPI。不过,与MMPI主要评估不适应和精神障碍不同,加利福尼亚心理调查表评估人格中积极、正常的方面,主要在职业生涯咨询、人事选拔等场合使用,也可解释人际不适应和预测反社会行为。

第三版加利福尼亚心理调查表由434个项目构成,测量20个变量(如表5-19所示)。此外,还可以计算3个向量分数和13个特殊用途的变量。向量是指项目水平上的因素分析发现的维度。第一个向量测量角色或人际定向的主题,可称之为"外部定向—内部定向";第二个向量测量与品德相关的主题,可称之为"支持规范—质疑规范";第三个向量测量能力或自我实现的主题,评估个体的自我实现水平和心理整合感。前两个向量组合形成4种类型:外部定向和支持规范的alpha类型,内部定向和支持规范的beta类型,外部定向和怀疑规范的gamma类型,内部定向和怀疑规范的delta类型。第三个向量分为7个水平,1=低水平的自我实现和心理整合,7=高水平的自我实现和心理整合。这3个向量可形成28种组合,即28种人格形状。

表5-19 第三版加利福尼亚心理调查表中的量表

传统量表		特殊量表和指标
1. 支配性 Do	11. 好印象 Gi	管理潜能 Mp
2. 进取心 Cs	12. 从众性 Cm	工作定向 Wo
3. 社交性 Sy	13. 幸福感 Wb	创造性气质 CT
4. 自在性 Sp	14. 容忍度 To	领导潜能 Lp
5. 自我接纳 Sa	15. 遵从性成就 Ac	友善 Ami
6. 独立性 In	16. 独立性成就 Ai	执法定向 Leo
7. 共情 Em	17. 智能效率 Ie	刻板硬心肠 Tm
8. 责任感 Re	18. 心理洞察力 Py	
9. 社会化 So	19. 灵活性 Fx	
10. 自我控制 Sc	20. 女性化/男性化 F/M	

注:表中只列举出7种特殊用途的量表。上述20个量表分为四大类,前7个为第1类,第8个到第14个为第2类,第15个到第17个为第3类,最后3个为第4类。

加利福尼亚心理调查表的一般解释程序如下:

第一步,检查剖面图的效度。既可以根据Cm、Wb和Gi 3个量表的分数评估随机作答、装坏和装好的可能,也可以根据其他量表的加权分数评估随机作答、装坏和装好的可能。

第二步,检查量表模式。

第三步，根据人口统计学方面的背景信息找出高分量表和低分量表。

第四步，在检查出高分区域和低分区域后，再检查不同类别量表的得分模式。

第五步，评价每个量表分数的意义。

第六步，关注量表的形态和根据回归方程预测某些变量。

第七步，整合所有解释以形成人格剖面图描述。

米隆临床多轴调查表

米隆临床多轴调查表（Millon Clinical Multiaxia Inventory，MCMI）是一个标准化的自我报告问卷，可评估个体的人格、情绪适应和测验态度。该工具是在米隆（Theodore Millon）人格理论的指导下编制而成的，以评估 DSM 系统下的人格障碍和临床症状。与 DSM－Ⅳ相对应的是 MCMI－Ⅲ，这一版的问卷包含 24 个诊断量表，其中 14 个人格模式量表与 DSM－Ⅳ第二轴的障碍相对应，10 个临床症状量表与 DSM－Ⅳ第一轴的障碍相对应。此外，还有 3 个修正指标和 1 个效度量表以检测人们在此调查表上的应答态度，看是否存在粗心大意、混淆或随机作答的情况（如表 5－20 所示）。

表 5－20 MCMI－Ⅲ量表

量表类别和名称	量表缩写	所含项目数	alpha 系数
修正指标			
表露	X	/	/
赞许	Y	21	0.85
贬损	Z	33	0.95
效度量表	V	4	/
临床人格模式			
分裂样	1	16	0.81
回避型	2A	16	0.89
抑郁型	2B	15	0.89
依赖型	3	16	0.85
表演型	4	17	0.81
自恋型	5	24	0.67
反社会型	6A	17	0.77
攻击型（虐待型）	6B	20	0.79
冲动型	7	17	0.66

续 表

量表类别和名称	量表缩写	所含项目数	alpha 系数
被动攻击型	8A	16	0.83
自我挫败型	8B	15	0.87
严重人格病态			
分裂型	S	16	0.85
边缘型	C	16	0.85
妄想型	P	17	0.84
临床综合征			
焦虑	A	14	0.86
躯体化	H	12	0.86
双相：躁狂	N	13	0.71
精神抑郁	D	14	0.88
酒精依赖	B	15	0.82
药物依赖	T	14	0.83
创伤后应激障碍	PT	16	0.89
严重综合征			
思维障碍	SS	17	0.87
重性抑郁	CC	17	0.90
妄想症	PP	13	0.79

除了表中呈现的内部一致性信度信息，临床综合征量表的重测信度在 0.84 到 0.96 之间，这一信度对人格调查表来说是令人满意的。

MCMI－Ⅲ适用于 18 岁及以上人群，由 175 个项目构成，可评估个体的情绪、行为和人格问题，完成整个测验大约需要 25 分钟。将几个量表的原始分加权之后转化为基础率分数，这个分数考虑到每种特点或障碍在总体人群中出现的比例。如果确定了特定群体中人格障碍的发病率，就能提高根据原始分数对个体作出正确分类的概率。

对米隆临床多轴调查表结果的解释需要心理病理学尤其是人格障碍方面丰富的经验和知识积累。该工具并不直接用于诊断，不适合评估个体的人格优势，存在过度诊断和过度解释的可能。和 MMPI 一样，对米隆临床多轴调查表结果的解释需要参考人口统计学等方面的背景信息。解释一般可参照以下程序进行(具体程序请参考量表使用手册)：

第一步，检测应答者的应答效度，以确定分数的可靠性。

第二步，解释人格障碍量表。

第三步，解释临床综合征量表。

第四步，筛查具有显著意义的应答，即核查关键项目上的应答情况。

第五步，提供诊断印象。

第六步，详细叙述分数对治疗的意义并提出相关建议。

5.4 人格学范式

5.4.1 人格学范式的历史

人格学范式的起源

人格学范式与心理动力学范式有很多共同的基础。精神分析取向的理论和实践关注个体早期经历对人格的影响，即关注个体的生活史。人格学范式源自许多经典的个案研究，这些个案研究又叫心理传记。心理传记是指，利用系统的心理学理论和技术来组织和分析传记内容。心理传记中的理论框架并不局限于精神分析理论，也可以选用特质理论、人本主义理论等。

20 世纪 30 年代，应用正规心理学和社会学原理分析和组织生活史材料的尝试有很多，其中两项里程碑式的工作被认为是人格评估的人际范式成型的标志。一项是奥尔波特的工作，他的第一本人格心理学教科书标志着人格心理学成为一门学科，奥尔波特一生致力于解决如何书写一个人的心理生活史这一问题。另一项是默里带领的跨学科团队利用多种评估程序探索个体整个人生进程的工作，他们关注“进展中的人生”。默里在哈佛大学带领了一批杰出的、多样化的团队，延续和拓展了人格学研究。

20 世纪 40 年代，奥尔波特带领一批心理学家和社会学家依据固定的程序，对那些从德国移民到美国的人的人生故事进行内容分析。在对这种个案历史资料的分析中，他们最深的感触是人格评估存在连续性和衔接性，奥尔波特认为使用个人资料进行心理研究有 21 种不同的目的。另一位代表人物默里曾在美国战略服务处工作，帮助选拔海外情报人员，随后他出版了这个任务的详细评估计划，这项研究也成为人格学范式里程碑式的研究。

20 世纪 60 年代，心理传记成为人格学范式的焦点，默里的多平台评估策略也被推广到教育情境之中。这一时期，人格学范式的三个最具影响力的人物出版了各自的心理传记学研究成果。20 世纪 60 年代之后，人格学范式的方法和概念越来越精细，人格发展的追踪研究产生的概念和方法也有所发展。随后，汤姆金斯(Silvan Tomkins)剧本理论的概念在心理传记学分析中发挥核心作用。

20 世纪 80 年代以来，人格学范式日益变成一个有着自身特有概念和方法的学科，在相关学术研究中占有一席之地。鲁恩尼(William Runyan)的《人生历史和心理传记学：理论和方法探索》很好地说明了这一点，他在这本书中介绍了人生历程研究中描述性、概念性和解释性的议题。20 世纪 90 年代，一些有影响力的论著展示了人格学范式的多样化和不断成熟的趋势，例如亚历山大的《人格学》、麦克亚当斯的《我们所经历的故事》等。

表 5-21 心理传记学中的经典研究

作者和个案	分类	说明
弗洛伊德(Freud, 1905)，多拉	临床患者	一个 18 岁的癔症患者，证明疾病的性基础
弗洛伊德(Freud, 1910)，达·芬奇	历史人物	第一个针对文艺复兴时期人物的心理传记研究
琼斯(Jones, 1910)，哈姆雷特	文学人物	莎士比亚笔下最著名的人物之一，俄狄浦斯主题
默里(Murray, 1938)，恩斯特	代表性被试	参与默里临床评估项目的一名被试
怀特(White, 1943)，乔瑟夫基德	追踪分析	对个案从大学时期到 54 岁进行比较追踪研究
麦克莱兰(McClelland, 1951)，卡尔	教学用个案研究	参照个体的人生讲解人格的概念
奥尔波特(Allport, 1965)，珍妮	私人文件的利用	分析一位母亲与儿子的室友以及妻子的信件
埃里克森(Erikson, 1969)，甘地	历史事件	诺贝尔和平奖获得者、非暴力不合作提出者的心理传记研究

续 表

作者和个案	分 类	说 明
亚历山大(Alexander, 1990),沙利文	比较传记学	出版的传记中“遗失的岁月”的心理传记随笔
罗宾森(Robinson, 1992),默里	创始人传记	深度研究默里的人生
纳斯比和里德(Nasby & Read, 1997),摩根	杰出人物	对一个独自环球航行的航海家的多方法个案研究

5.4.2 人格学范式的理论概念框架

默里的人格理论

在默里看来,人格就是一片没有边界的丛林,他的人格取向可称为人格学,这一取向为人格心理学提供了一个多角度的方法以研究在时间轴上展开的人生。他的理论既包括有意识的动力,也包括无意识的动力,强调一个人的过去、现在和未来整个时间轴上的因素,除了生理因素之外还强调社会因素。默里在其《人格探索》一书中介绍了很多概念,这些概念后来用于人格研究。默里的人格理论体系中最突出的两个特点是有关人类需求的理论建构,以及这些理论依据的数据来源。他提出的一系列需求现在依然在人格研究、评估以及临床治疗中得到广泛应用,数据不是来源于接受心理治疗的患者,而是正常的个体。

默里人格学的五大原则包括:第一,人格根源于脑的原则;第二,紧张释放原则;第三,人格持续发展原则,人格是由个体经历的人生事件构成的,他将个体的整个人生周期作为最大的研究单位;第四,人格的发展变化原则,即人格并非固定不变的;第五,在认识所有人共性的基础上强调人的独特性。

默里提出需求的概念以解释行为的动机和方向,他认为需求是大脑的力量,这种力量组织和指导人们的智力活动和知觉活动。需求导致一定水平的紧张,人们通过满足需求的行为以降低紧张水平。需求是行为的动力,指导行为的方向。在研究基础上,默里列举出 20 种需求(如表 5-22 所示)。他认为,个体在整个生命过程中可能会体验到所有需求,也可能有些需求从来没有出现过。需求之间有的相互支持，有的相互拮抗。默里进一步将这些需求分为主要需求或生理性需求、次要需求或心因性需求、反应性需求和主动性需求。

表 5－22 默里的需求列表

需求	举例说明	需求	说明
贬抑	被动屈服外部力量	回避伤害	避免病痛和死亡
成就	克服困难完成任务	回避受辱	因害怕失败而不行动
亲和	与他人维持合作互惠关系	养育	同情他人和满足他人需求
攻击	有力地回击对手	秩序	事情安排得有条理
自主	获取自由免受限制	游戏	没有特殊目的的娱乐
补偿	通过奋斗弥补失败	拒绝	对弱势他人的冷漠
防御	让自己免受批评和责备	感官	享受感官体验
顺从	认可和支持上级	性	建立和维持性关系
支配	影响和控制他人以及环境	被保护	与保护者保持距离
展示	给他人留下印象	理解	理解和分析世间规律

埃里克森的心理社会发展理论

与经典精神分析理论有所不同，埃里克森的自我心理学理论从毕生发展的角度解释人格的阶段性发展。尽管埃里克森也认识到生物因素的作用，但他更加强调人格成熟过程中的心理、社会和历史文化因素。埃里克森的发展阶段模型中前五个阶段与心理性欲发展阶段具有某种对应关系，后三个阶段则更加强调社会因素的作用。纽曼等人对该发展阶段模型有所调整（如表 5－23 所示）。

表 5－23 调整后的心理社会发展阶段模型

年龄阶段	心理性欲阶段	心理社会阶段	危机（机遇—危险）	积极品质	消极品质
0～2 岁	肛门期	婴儿期	信任—不信任	希望	分离
2～4 岁	口唇期	童年早期	自主—羞怯、怀疑	意志	强迫行为
4～6 岁	性器期	童年中期	主动—内疚	目标	抑制
6～12 岁	潜伏期	童年晚期	勤奋—自卑	能力	惰性
12～18 岁	生殖期	青年早期	群体认同—疏远	合群	孤立
18～22 岁		青年期	自我认同—角色混乱	忠诚	混乱
22～34 岁		成年初期	亲密—孤独	爱	拒绝

续 表

年龄阶段	心理性欲阶段	心理社会阶段	危机(机遇—危险)	积极品质	消极品质
34～60 岁		中年期	生产—停滞	关怀	排斥
60～75 岁		老年期	自我整合—绝望	睿智	绝望
75 岁到死亡		老老年期	永生—消亡	自信	畏惧

根据心理社会发展阶段理论，个体在每个发展阶段都要面临一个两难问题的挑战，即表 5－23 第四列所述的危机，顺利克服危机会出现积极结果，否则会出现消极后果。顺利度过每个阶段不仅能给个体增添新的力量，而且能给社会带来积极影响。

埃里克森的理论关注自我发展，强调成功解决心理社会危机后形成的积极品质对个人成长的作用，不强调无意识心理和早期经历对心理病理的作用。

麦克亚当斯的认同发展理论

在埃里克森理论的基础上，麦克亚当斯(Dan McAdams)的理论引入一些新的概念，例如意象、原型和脚本等，这些概念被统合进两个元概念中，即人际范式中介绍的亲和性和能动性。麦克亚当斯的概念框架具有的启发性与不同理论视角的人格心理学对它的质疑程度相当。相比于人格学范式的早期理论，麦克亚当斯的理论更正式、更外显、更易检验，并且在其理论中清晰可见奥尔波特和默里理论的痕迹。

麦克亚当斯理论的基本假设是，我们每个人都在有意或无意地创造自己的个人神话，即对记忆中的过去、感知到的现在和期望的未来进行有机整合。在个人叙事中两个高级主题为亲和性和能动性，在评估过程中这两个主题主要通过测量亲密/爱和权力/成就实现。埃里克森心理社会发展理论的第一个阶段是与他人建立亲密关系从而形成希望的品质，这一阶段为后来的个人神话的叙事奠定基调，即叙事是乐观向上的还是悲观无奈的。在发展的第二个阶段，个体学习他们文化故事中带有情绪色彩的人物形象，这些形象随后被整合进他们的个人神话中。在学龄阶段，儿童慢慢了解故事的意图和目标导向的性质，发展自身的权力和亲密动机，形象开始转变为主题。青少年期是认同形成的关键时期，在这一时期，个体变成有自我意识的神话创造者。对传统的质疑和哲学的思索为个体在亲和性和能动性高级主题上建构未来个人神话提供了意识形态方面的可能性。

麦克亚当斯对埃里克森的繁殖性生产力等概念有所拓展，认为它不局限于特定的阶段，而是在整个人生中不断发展变化，并可作为实证研究的对象。

5.4.3 人格学范式的评估工具和方法

心理传记和人生历史的研究方法并不是固定的、单一的，而是以包含自我报告、档案研究、追踪研究和实验研究等在内的多平台、多方法为基础。也就是说，人格学范式的方法学基础具有多元化特点，其中访谈法是一种常用的方法。

人生故事访谈

麦克亚当斯的人生故事访谈是一种理论驱动的访谈方法，这一方法建立在他的认同发展理论基础上，即认为个体通过创造自己的人生故事以了解自己、建构自己。访谈的目的在于揭示我们经历的个人神话，而这个神话为我们的人生赋予意义。麦克亚当斯推荐的访谈程序如表 5-24 所示。

表 5-24 人生故事访谈包含的各个环节

环节	内容
介绍	说明访谈通过一定程序的询问和讲故事的方式展开。自由选择内容，内容无对错之分，非诊断、非治疗，而是为研究所用，了解人们在社会中如何生活，以及如何理解自己的人生过程。自愿、匿名和保密原则。
人生篇章	将人生比喻为一本书或一部小说，目录提纲挈领地总结了故事的主要篇章，简要描述主要篇章，给每个篇章命名，建议包含 2～7 个篇章。
重要场景	1. 高峰；2. 低谷；3. 转折点；4. 积极的童年记忆；5. 消极的童年记忆；6. 生动的成年记忆；7. 彰显智慧的事件；8. 宗教精神或神秘体验。
未来剧本	1. 下一个篇章；2. 未来的梦想、希望和计划；3. 人生规划。
挑战	1. 人生挑战；2. 健康；3. 丧失；4. 失败和后悔。

续 表

环 节	内 容
个人意识形态	1. 宗教/伦理价值观；2. 政治/社会价值观；3. 宗教、政治观点的变化和发展；4. 最重要的一个价值观；5. 其他。
人生主题	寻找、总结和解释贯穿整个人生故事的核心主题、信息或观点。
反思	反思人生故事访谈过程中讲述的内容、访谈中的想法和感受、访谈对人有何影响，以及对访谈过程加以评论。

注：详细过程以及注意事项可查阅文献。

自我传记在亲和性和能动性两大主题上的编码如表 5-25 所示。

表 5-25 自我传记在亲和性和能动性主题上的编码

高级主题	次级主题	解释和例子
亲和性	爱/友谊	体验到对他人的爱或友谊，这是同伴之间相对平等的互动。 例如：一个男生被一个女同学深深地吸引，最后跟她约会。
	对话	与其他人进行互惠的、非敌意的、非工具性的沟通。 例如：她一句话都没说，但我知道她的想法。
	照料/帮助	报告给他人提供照料、养育、帮助、支持或治疗等，提供身体、物质、社会或情感上的帮助。 例如：在孩子的成长过程中负责照料孩子，满足孩子的需求。
	联合/同在	成为一个大的共同体的一部分，体验到与一群人、一个团体，甚至全人类的一体感。 例如：被朋友积极关注，我倍感温暖，感受到无条件的爱。
能动性	自我掌握	通过各种形式的奋斗成功地掌握、控制、增强或完善自我。 例如：一个女人不顾家人的反对与一个男人结婚。
	地位/胜利	在地位或声望上得到提升，拥有名声或荣誉，赢得比赛。 例如：一个学生因其优异的成绩而获得奖学金。
	成就/责任	报告在任务、工作、工具性目标上取得实质性的突破和成功，承担重大责任，个体为此感到自豪、自信、有成就等。 例如：有了第一个孩子之后，夫妻双方意识到自己肩负重要的经济责任。
	自我授权	通过与比自己更强大的他人的联系来提升自己，让自己变得更好。 例如：一个人通过与他人的接触而感觉充满力量。

注：编码的单元是人生篇章中的每一幕。每一幕中出现某一主题就在相应主题上加 1 分，两大主题下的次级主题分数可相加。每一幕中两大主题最高得 4 分。一般要求两位编码者独立编码，然后计算相关以检验评分者信度。

数据的解读原则

麦克亚当斯主张让数据本身说话，提出了辨别重要材料的九个标准。

第一，首位性。最先陈述的事件往往是最重要的事件。

第二，高频性。反复讲述的信息往往是对讲述者很重要的信息。

第三，独特性。在个体意义上出现可能性很低的事件往往是很重要的。

第四，否定性。需要关注个体以否定形式表述的内容。

第五，强调。包括过分强调和很少关注的事物。

第六，省略。出乎寻常的省略、遗漏，往往可作为探索特定环境和情感体验的线索。

第七，错误或歪曲。事实性错误或口误值得关注。

第八，孤立。不合时宜、不合逻辑的陈述往往蕴含重要的个人信息。

第九，不完整。那些未完成的、有重大缺失的故事有进一步探索的必要。

5.4.4 人格学范式的应用

20 世纪 90 年代，人格评估研究中曾兴起“回归根本”的运动，这个运动使人们重新点燃对一些人格评估范式的热情，其中就包括人格学范式，因为人格学范式评估的是“完整的人”。

当前，有关心理传记和人生故事的研究和理论著作比以往更多，这不仅归功于人格学范式本身的发展，而且得益于同类社会科学和行为科学的发展。人生故事研究在人类学、社会学、政治学、医学等领域均得到发展和应用。从理论水平来看，叙事被认为是心理学的根本，并且叙事心理学对当前社会的诸多话题和领域具有潜在价值，例如人类认知、文化研究、心理治疗、教育、心理健康等领域。对心理学领域本身来说，人格的追踪发展研究、发展心理病理学、毕生发展心理学、人格的长期稳定性和变化等都少不了人格学范式的运用。

考虑到人格学范式主要应用于相对正常的、非临床的样本之中，这一范式下的人生故事要么是对过去的如实反映和解释，要么是对过去的想象性虚构，因此临床应用需要慎之又慎。此外，相对于传统的心理诊断评估，人格学范式下的人格评估是在不同水平上进行的。人格学评估试图通过个体自己的人生故事理解个体当前的人格机能，而心理诊断评估根据心理病理信息确定个体属于哪个群体或类型。它们之间的主要差别在于，人格学评估的结果能直接用于解答心理诊断中想要回答的问题，反过来则不行。确定某个个体具有某种类型的诊断结果，就是将焦点集中在特定的机能侧面，对这种机能是如何发展而来的则知之甚少。

5.5 心理动力学范式

5.5.1 概念和理论框架

驱力结构模型和关系结构模型

弗洛伊德的精神分析模型最初建立在生物学和物理学的概念基础上，包括能量、力量和结构等概念。其中，结构是指心理过程，这个过程相对稳定。人类行为的主要能量来源是内在的并且大多是无意识的性驱力和攻击驱力，这些力量指向客体，同时受到外部的和内化的社会规范的反对。这便是精神分析的驱力结构模型，在这个模型中，向外部客体投注能量是为了释放本能。

精神病学家沙利文受到传统精神分析的深刻影响，但他对客体的理解不同于传统的驱力结构模型。他认为，人类的行为只有在人际关系背景中才有意义，才可以得到理解。沙利文的理论主要以社会和文化为基础，从生物学基础的驱力结构模型转向了关系结构模型。

弗洛伊德早期的驱力结构模型聚焦于个体内部的生物驱力，并假设这个驱力为所有心理活动提供能量，同时是所有心理活动的目标。在这种理论下，关系被认为是助长或抑制驱力释放的转换器，所有人格侧面和心理病理问题则是驱力和驱力转化的结果。

关系取向的理论家认为，人类从基因上就预设了要与他人产生关联，因此与他人的关联并不是驱力释放和满足的产物。尽管这两种模型的根本假设不相容，但是很难将它们分开看待。驱力结构理论框架的后续发展试图将人际关系纳入驱力结构模型，如客体关系理论和依恋理论。尽管依恋理论根源于驱力结构模型，但是明显具有关系结构模型的痕迹。这就是两种看似没有共同基础的模型结合在一起的例子。

心理动力学范式的概念基础

精神分析理论的一个基本假设是，行为由多种因素决定，针对相同的行为序列，不同的理论视角关注不同来源的决定因素。动力学视角关注本能力量及其对行为的影响方向；经济学视角关注本能力量及其释放、分布和转换方式；结构视角关注变化缓慢的、相对稳定持久的组织和功能的心理过程；发生学视角关注心理生活的历史和发展，以及过去经历如何影响现在的结构和功能；适应视角关注有机体如何协调本能驱力和外部现实的要求以达到适应的目的。

精神分析学家试图用自然科学的语言描述和解释人类行为：原因变成力，强调变成能量，活动变成功能，思想变成表征，情感变成信号，行为变成结果，伴随着多样化的意图、情感和情境的特定应对方式变成结构、机制和适应。弗洛伊德将对精神分析理论依据的假设的研究称为“元心理学”，用以澄清他的理论构念的精确性质。使用同一时期自然科学的语言描述概念之间的关系，这种尝试存在不少弊端甚至超过其带来的好处。这主要是因为，很多元心理学的概念很难在患者身上找到相对应的行为和问题，因此很多理论家对此“语言问题”提出批评。为了精神分析的发展、推广和应用，有必要发展出一套可取的语言系统，确实有人致力于此，其中包括谢弗（Roy Schafer）在其《精神分析的新语言》一书中提出的“行动语言”。这套新语言系统的根本原则是，我们不应该使用名词或形容词指代心理过程、心理事件等，应该避免将行动模型设计成形容词或类似特质的形态。在这个原则下，诸如“坚强的自我”“动态的无意识”“内部世界”“力比多能量”“僵化的防御”等短语都是不可取的。新的概念系统用清晰的行动和行动模型语言描述精神分析元心理学的基本概念。通过强调精神分析对象的问题行为，谢弗的新精神分析语言系统调和了精神分析理论和实践之间的矛盾，这是对心理动力学范式的贡献。随后，很多研究者将原先自然科学的语言引入心理学构念，这个过程被认为是思维转换的过程，是范式发展过程中的重要阶段。

精神分析视角下的人格

精神分析性格学中的“性格”一词最初描述一个人存在的问题，在随后的精神病分类学中，研究者使用“性格障碍”一词描述那些行为表现异常并且不为人所接受的个体，现在使用的“人格障碍”依然保留了相似的评价成分。精神分析的性格学概念处在不断变化之中，在经典精神分析中，这个概念聚焦于儿童本能的发展变化及其在成人性格特质中的延续和升华。例如，将发展与性本能联系起来的肛门性格和生殖器性格。随后，弗洛伊德用本我、自我、超我结构理论对性格进行分类，分为性欲型、自恋型和强迫型性格。赖希（Wilhelm Reich）提出“性格盔甲”的概念，将压抑本能的自我防御纳入性格概念体系，拓展了人格的类型。经典精神分析学说中的性格分类并没有得到强有力的实证证据的支持。

在弗洛伊德的人格结构模型中，自我在个体发展和适应社会环境变化中扮演的角色很模糊。精神分析自我心理学通过重构与自我相关的概念拓展经典精神分析的内涵。最初，弗洛伊德的自我概念是指有意识的自我，那些与自我不兼容的记忆将会从意识中分离出来。弗洛伊德认为，自我遵循现实原则，现实原则这一概念的提出在某种程度上使自我的角色和作用得以拓展，但并不意味着自我及其能量独立于本能驱力。弗洛伊德的理论建构强调自我的作用，并且认为自我可能拥有独立的能量来源。这种观点在哈特曼对自我的系统解释中得到体现。哈特曼认为，自我有独立于本能驱力的能量来源，并且可以在无冲突的自我空间中运作。自我心理学与主流的心理学理论和研究更加兼容。

客体关系理论是精神分析理论的新近发展，它将原本建立在自然科学语言系统上的元心理学引入重视经验的临床领域，主要关注表征世界中的自我和他人的概念。越来越强调自我的功能是后经典精神分析的一个发展趋势，这种趋势在客体关系理论中也有所体现。客体关系理论认为，人们与重要他人的早期互动使得个体形成有关他人和自我的内部表征，这个表征成为后来的人际关系内部工作模型。

从经典精神分析的性格学，到自我心理学对自我的重新理解，再到客体关系理论的内部表征，这种概念和理论的转变与人格评估原理的转变具有内在的对应性。

5.5.2 投射技术

投射技术的概念和理论基础

弗兰克(Frank，1939)的《人格研究的投射方法》一书成为心理动力学范式的经典著作。他认为，人格的动力过程是经验组织过程，是人生空间的结构化过程。因而，人格评估的问题就变为我们如何揭示个体人格的经验组织方式，并洞悉个体隐秘的内心世界。投射方法是其中的一个选择。

根据投射技术建构人格评估工具是根据因素分析法、逻辑建构法、实证法建构客观评估工具之外的一种方法。根据测验的目的、材料、反应方式、编制和实施过程、对结果的解释方式的不同，可以将投射测验分为不同种类，但所有投射测验都具有共同的特点，即应用设计好的、模棱两可的、非结构化的刺激或任务诱发个体多样化的反应，并且能够降低个体的防御水平或消除个体有意歪曲作答的意图，借此揭示应答者内部的真实需求和情感。

投射技术的特点

相比于直接的、客观的人格问卷和评定量表，投射技术具有以下四个特点。

第一，刺激材料和反应任务具有非结构性，从而可以诱发更加多样化的开放式反应，个体加之于测验上的结构则反映出或投射出个体对事物的知觉。

第二，测验意图具有隐蔽性，从而更少受到伪装和反应定式的影响。

第三，解释测验结果时注重分析个体的完整人格。

第四，虽然投射技术对无意识或隐含的人格特征尤为敏感，但是这并不意味着投射技术一定能打开无意识之门，或者全面洞察个体的内心世界。研究者需要解释,通过投射技术获取的信息具有什么样的意义。

刺激材料和应答过程的非结构化特性是把双刃剑,除了特有的优势外,还存在不利的一面,即得到的大量信息很难解读。正是由于计分和解释方面的问题,很多投射测验未能达到惯常的信度和效度标准。投射测验的效度系数往往较低,这提示在计分和解释过程中存在主观因素的影响。较低的信度和效度并没有阻止投射测验的流行,这是因为人们更多关注结果解释的多样性和临床分析。

投射测验旨在获取个体无意识的心理过程,因而对结果的解释受到精神分析理论的深刻影响。在精神分析理论对人格理论和研究产生很大影响的 20 世纪中叶,投射测验得到快速发展和应用。这一时期,许多计分系统不断被开发出来,对临床心理学家和咨询师来说,他们常常从应答者的应答模式中寻找一致的和突出的特征,从而形成对应答者的总体印象。他们并不是要得到一个精确的诊断,而是要形成有关应答者人格问题的心理动力学的探索性假设。

相比于客观的人格测验,投射测验的施测和计分需要更多的专业训练,同时需要对信息更敏感。即便如此,接受过良好训练的不同使用者经常有可能对结果作出不同解释,应当将结果看作一种合理推测、假设和可能性,而不能将其看作已经得到确认的事实。在解释过程中切忌信息看似合理就认为它是正确的,因为看似合理的信息可能并不能得到其他来源的信息的验证。

5.5.3 罗夏墨迹测验

历史和发展

在罗夏墨迹测验之前,已经存在许多墨迹测验和游戏,但是罗夏墨迹测验建立在大量实证研究基础之上,对在标准墨迹图片上的回答的计分和解释进行充分系统化。遗憾的是,罗夏在出版有关墨迹测验的主要成果《心理诊断》之后就去世了,他的几位同事继续他尚未完成的工作,但是并没有太大的进展。

罗夏以及早期墨迹测验技术的开发者使用的主要方法是收集不同

类型人群对于墨迹的典型反应。从这点来看，它与实证范式中 MMPI 等工具的编制原理相似。因此，最初的常模主要用于区分不同的临床群体和正常群体，例如精神分裂症患者、智力发展迟滞者、艺术家、学者和其他具有明显特征的亚群体，相对来说不是很关注对内容的象征意义的解释。早期的很多概念和计分类别依然存在于现在使用的分析系统之中。

罗夏去世后，他的工作为其他研究者所继承和发展，其中包括贝克(Beck, 1950)和克洛普弗(Klopfer, 1957)。贝克依循罗夏的编码和计分规则，强调编码与外部效标测量之间的实证关系。贝克认为，对墨迹的反应主要是知觉—认知过程，应答者在测验过程中将他们知觉到的内容以一种有意义的方式进行构造和组织，这个知觉反应过程很有可能反映出他们的一般反应过程。克洛普弗受到现象学和经典精神分析人格理论的影响，强调墨迹所反映的内容的象征意义。克洛普弗认为，个体在罗夏墨迹测验上的反应主要是墨迹刺激诱发的想象性质的产物。不同测验有不同模式和计分系统，因而有不同解释。

罗夏墨迹测验在临床上的应用和研究存在严重缺陷，这在一定程度上是因为诸多系统均不甚明晰。尽管这些系统或多或少建立在实证基础上，但是依然包含很多没有实证基础的成分。因此，以埃克斯纳(John E. Exner)为代表的研究者致力于开发一套整合的计分和解释系统，以弥补之前的多个系统存在的缺陷。首先，要制定清晰的使用规范，包括座位安排、言语说明、记录方法和追问方式等。然后，从各个系统中选择最可取的部分形成一套新的系统，评分者信度超过 0.85 的计分类别才能进入这个系统。这些工作的最终成果体现在 1974 年出版的著作——《罗夏测验：一套综合系统》中。

埃克斯纳的综合系统获得很大成功，后续的大多数研究都采用这一系统，它也是至今为止在研究生教育中最常教授的系统。由于埃克斯纳非常关注实证检验和大样本常模数据库，因此他开发的综合系统得到更大范围的认可和更高的地位。该系统相关的工作坊、计分工作手册、研究刊物、早期书籍的修订版，以及计算机化的计分和解释系统在持续不断地更新发展。

罗夏测验的心理测量学属性是心理学历史上最具争议的问题之一。从一开始,罗夏测验在美国就备受质疑,但也有一大批拥护者。罗夏测验的流行使它一度成为临床心理学的代名词。流行与批判相伴而来,20世纪60年代,有学者认为罗夏测验的时代已经结束,更有学者认为该工具应当被完全排除出临床实践领域,临床心理学专业的学生也不应该浪费时间去学习这种技术。目前,依然有人认为,只有当有研究证实计分类别有效时才可以使用罗夏测验。

早期罗夏测验的心理测量学属性之所以很难确立,是因为很难对不同研究作出有意义的比较和整合,不同研究使用的计分和解释系统各不相同。正如埃克斯纳所说,那不是一个罗夏,而是至少五个罗夏。对某个系统的信度和效度的检验,并不一定能推广到其他系统上。但是,很多综述者将这些不同的系统视为单一的罗夏系统,加上诸多研究的质量参差不齐,这样自然很难得到有关罗夏测验的心理测量学属性的准确评估。

对罗夏测验的批评持续存在,而且批评的深度不断增加,这导致大量的申辩和反申辩持续存在。各方均引用大量研究以支持自己的观点。在经久不息的争论中,罗夏测验的方方面面都受到挑战,包括常模的适当性、评分者信度、跨时间的稳定性、支持罗夏测验的元分析的准确性,以及增益效度的大小等诸多方面。

测验介绍

罗夏测验由10张被编上序号的墨迹图片构成,其中5张是黑白的,2张在黑白墨迹的基础上添加了少许鲜红色,3张由几种淡而柔和的色彩绘成。

如前所述,在罗夏测验的整个发展过程中出现过不同的计分和解释系统,因而对其信度和效度的检验也应该考虑这些系统的差别。接下来,我们简单介绍埃克斯纳的罗夏综合系统的心理测量学属性。埃克斯纳最初确定编码类别的依据之一是评分者信度超过0.85,后续对评分者信度的研究所得结果差异比较大,在不同样本数据基础上,不同类别

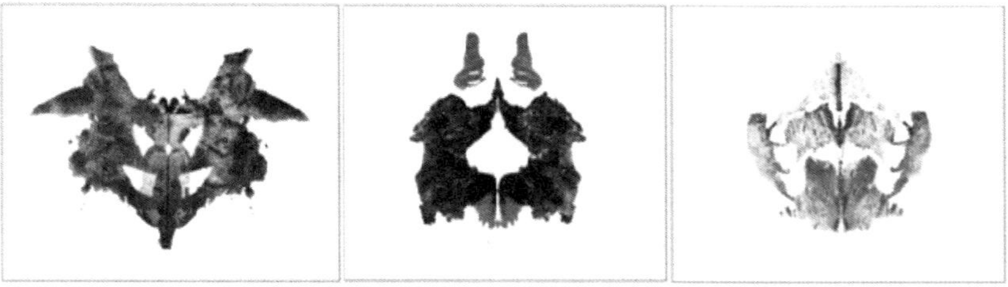

图 5－9 罗夏墨迹图示例(编号为 1、2、8)

的评分者信度的检验结果有不同程度的差别。埃克斯纳于 2003 年报告的评分者一致性最高为 0.99,最低为 0.88。这一结果表明,只要评分者得到恰当的训练,综合系统就会表现出良好的评分者信度。

综合系统的重测信度也有一定程度的差异。埃克斯纳报告的 41 个变量时隔一年的重测信度在 0.26 到 0.92 之间,他认为那些重测信度低于 0.75 的变量均是一些可变的状态变量,而不是特质变量,他认为的最重要的变量均具有很高的信度。时隔 3 年对相同群体进行重测,重测信度略低于时隔 1 年的重测信度。其他研究者对涉及重测信度的研究进行全面综述,得到各个变量的重测信度信息。此外,在儿童样本上得到的长期重测信度与在成人样本上得到的不同,这种不同很好理解,因为个体在儿童阶段正经历着明显的发展变化。但是,如果间隔时间很短,重测信度在儿童样本和成人样本上的这种差异则不明显。

关于罗夏测验的效度问题,早期效度研究检验其能否有效区分不同人群,随后则检验一些特定反应或反应模式的效度,最后检验综合系统中符号内容潜在意义的效度。早期许多效度研究使用不同的系统和不恰当的常模,导致很难评估测验的效度。由于测验结果受到很多因素的影响,此外计分、解释系统涉及很多类别和定量方面的内容,因此效度评估变得更加复杂。总的来说,对罗夏测验效度的评估,以及与其他评估工具的比较,并没有得到很强的偏向于罗夏测验的证据。

尽管有不少变量的重测信度尚未得到检验,但是罗夏测验的评分者信度和重测信度依然得到较多研究的支持。测验的总效度在中低水平,但哪个变量的效度高,哪个变量的效度低不甚明了。

罗夏测验是一个复杂的、有争议的评估工具，它具有明显的优势和不足。罗夏测验吸引人的原因之一在于它的神秘性，这个测验仅有10张图，但经验丰富的临床实践者能从中发掘大量有关个体人格的有价值的信息。与其说使用者是专业人士，不如说他们是预言家和艺术家。罗夏测验的一个优势在于，它能避免有意识的阻抗，以评估个体无意识的人格结构，这对那些表面看起来适应良好但实际上有病理问题的人尤为重要。与此相关的另一个优势在于，被试难以伪装。罗夏测验施测起来相对简便，完成整个过程大约需要50分钟，但是对结果的计分和解释相当烦琐，经验丰富的临床医生大约需要45分钟来计分，需要50分钟来解释。如果有计算机辅助计分和解释，则能节省很多时间。罗夏测验的缺点包括：效度变异很大，计分和解释的复杂性会导致各种错误，使用者需要接受大量训练，早期缺乏标准化的施测和计分系统，对儿童进行测验时有所限制，可能存在虚假的、随机的显著性。

施测、计分和解释

罗夏测验的施测步骤如下：

第一步，向应答者简单介绍投射技术；

第二步，向应答者解释罗夏测验的指导语；

第三步，应答者的反应和联想阶段，主试记录各种相关信息；

第四步，完成测验之后，对信息进行确认和补充。

关于计分方法，不同系统共有的计分类别包括：定位、决定因素、内容和流行性。埃克斯纳的综合系统包含15个特殊的计分类别。在所有类别均得到编码和计分后，计算定量化的指标。

综合系统的分数解释与计分变量相对应，由于涉及的变量较多，因此解释非常复杂，详细内容请参考相关专著。

5.5.4 主题统觉测验

历史和发展

主题统觉测验（Thematic Apperception Test，TAT）最初由摩根和默里于1935年建构，随后经过修订和完善逐渐成为与罗夏测验齐名的投射测验。主题统觉测验的基本假设为：通过个体对模棱两可的图片描述的故事的解释，我们能揭示其无意识的幻想。作为一个临床研究工具，主题统觉测验探索最基本的主题，得到热烈欢迎和广泛认可。到1971年，有多达1 800篇有关主题统觉测验的文献。随后，大量研究不断涌现，但是主题统觉测验并没有达到MMPI等测验的标准化程度。主题统觉测验没有一个清晰的、被普遍认可的计分和解释系统，并且信度和效度不佳，因此一直受到诟病。此外，使用者的施测方法各不相同，使用卡片的数量、顺序和类型千差万别。因此，主题统觉测验被视为一个印象主义工具，对源于该工具的结果的解释经常依靠直觉或临床经验。但是，这些争议并不妨碍它成为临床心理学家最钟爱的工具之一。除了应用于临床实践，主题统觉测验或类主题统觉测验的工具也经常用于跨文化研究领域。

许多研究者批评主题统觉测验是因为它不能满足研究不同群体和特定问题领域的需要，并且认为通过主题统觉测验得到的往往是消极的、负能量的故事。这种批评引发了许多变式，例如儿童统觉测验(Children's Apperception Test，CAT)。儿童统觉测验最先由贝拉克(Leopold Bellak)于1954年建构，以评估3～10岁的儿童。儿童统觉测验的卡片有动物版和人物版两种版本，各由10张卡片构成。专门为老年人开发的统觉测验——老年人统觉测验(Senior Apperception Test，SAT)，卡片内容是与老年人群体关联密切的情境。跟我讲个故事测验是为少数民族儿童和青少年设计的统觉测验，由23张描述少数民族个体处于人际冲突的卡片构成，该测验也有非少数民族的平行版。它是结构最精良、心理测量学属性最好的主题统觉测验变式。一些类主题统觉测验工具被开发出来以研究具体问题，例如图片挫折研究、压力忍受测验、图片式儿童虐待研究、家庭统觉测验等。

随着时代的发展，主题统觉测验最初使用的图片逐渐变得不合时宜，于是里茨勒(Ritzler)等研究者更新了部分图片开发出修订版的主题统觉测验。修订版的图片能引发更活跃的、具有更高情绪基调的、主题内容变异更小的故事，能更有效地区分不同群体。统觉人格测验同样更新了图片，它只有8张图片，计分系统相对客观，图片呈现顺序有限定，并且初步得到效度验证。尽管这些新近开发的工具具有更稳健的方法学基础、更高的诊断效度，但是人们对传统版本的偏爱，以及与传统版本相关的大量研究使得主题统觉测验难以被替代。

除了以主题统觉测验为基础衍生出不同的测验版本，主题统觉测验本身也出现不同的计分和解释方法。默里最初的计分方法是根据讲述的故事在五点量表上计分，同时评估故事中的焦点人物面临的压力、结果类型、基本主题、兴趣和情绪。在默里的基础上，很多研究者开发出不同的变式，最常用的是贝拉克的计分和解释系统。

尽管主题统觉测验依然流行，但有迹象表明它的使用率在下降。一是因为施测、计分和解释相当耗时，这与实践中要求简便、聚焦和高效的现状不符；二是因为其他工具的出现和使用导致对主题统觉测验的训练时间更少；三是因为有关主题统觉测验的心理测量学属性的争议增多。因此，主题统觉测验要想持续发展和流行下去，必须正视和解决上述问题。若能利用语音识别技术和计算机辅助计分和解释，主题统觉测验将有更光明的发展前景。

测验的理论基础

理论视角。主题统觉测验最初源于默里的人格概念，核心在于人与环境如何互动，即人如何受到外部环境和内部独特的需求、态度和价值观的影响。主题统觉测验测量不同需求的强度。需求既能被内部过程诱发，又能被特定环境力量诱发。为了平衡和补充内部需求，默里发展出一套环境压力的概念，其强度同样能通过主题统觉测验评估。因此，默里的理论常常又称需求—压力理论。需求和压力之间的互动产生行为，行为单位称为主题，不同的行为单位组合成系列主题。个体的统一主题是相关的需求和压力组合模式，该模式赋予个体大多数行为以意义。主题统觉测验的评估对象既包括小主题，也包括个体的统一主题。除了默里的人格理论，经典精神分析理论、客体关系理论和叙事理论对主题统觉测验的后续发展也存在重要影响。

测验的信度和效度。由于主题统觉测验的结果解释主要根据故事内容的定性分析，因此多数检验信度的方法都存在一定问题，加上计分系统多样化，这更加导致测验的信度难以确立。通过开发定量计分系统和评定量表，评分者信度和其他类型的信度得以评估。此外，不同故事之间的变异性很大，这也给信度评估带来困难。主题统觉测验的效度研究所得结果也具有很大差异，支持者和反对者对研究结果各执一词，加上研究中主题统觉测验的使用和解释方式与实践应用中的情况往往大相径庭，因此研究所得信度和效度信息的普遍性值得怀疑。主题统觉测验提供的信息具有复杂性和丰富性，人们解读这些信息时也许只看到其中的某些侧面，这就可能导致较低的评分者信度。

主题统觉测验的优势和不足。主题统觉测验是继 MMPI、韦氏智力测验和罗夏测验之后，相关研究较多的测验，它的高度流行自有其原因。和其他投射测验一样，主题统觉测验为我们揭示人格的内部深层结构提供了一种选择。相比于罗夏测验中不熟悉的刺激，主题统觉测验的刺激是更为人所熟知的场景，这可能会导致一些有偏差的应答。主题统觉测验旨在评估全面的、整体的人格而非特定的特质或属性，评估的内容不仅包括情绪、动机、人际关系和防御特征，而且包括智力水平、语言流畅性、创造性和问题解决风格。此外，由于主题统觉测验一般会被认为是有趣的和没有威胁的，是正常取向的人格评估，因此有利于建立协作关系。和其他投射测验一样，主题统觉测验的不足表现为：标准化程度不够，难以确立信度，测量结果容易受其他因素的影响，效度证据不清晰，施测、计分和解释需要大量训练且耗时、耗力。

施测、计分和解释

传统主题统觉测验的卡片分为 4 组，分别评估成年男性、成年女性、男童和女童。卡片背后标有序号和字母以显示适用的年龄和性别群体，每组包含 20 张卡片，有些卡片是所有组通用的。默里最初建议呈现所有卡片，但是在实际应用中使用到的卡片并不统一。

施测的一般步骤如下：首先，在施测开始前，施测者和受测者的座位安排需要考虑受测者的感受，以使受测者更加配合。然后，根据受测者的特点给出指导语，使受测者明白测验的要求并消除防御。指导语需要明确说明不仅要描述卡片内容，而且要发挥想象力。强调建构故事时需要描述当前情况，卡片中人物的想法和感受，之前发生过什么事件，以及卡片中的人物会有什么样的结局。最后就是受测者的反应阶段，需要记录从开始呈现卡片到讲故事的时间间隔，完整记录受测者讲述的故事，包括一些明显的行为，如有必要，施测者需要提问和探寻。施测过程中如有特殊需要，可调整卡片呈现的顺序。此外，对儿童施测时，需要对指导语等作出相应调整。

贝拉克的计分系统包含 10 个类别：关键主题、主要的英雄、英雄的主要需求和动力、如何看待环境、如何看待其他人物、重要的冲突、焦虑的性质、对冲突和恐惧的主要防御机制、惩罚犯罪显示的超我和自我整合情况。

完成计分后，对个体的描述相对简单，因为计分的过程就相当于解释的过程。此外，需要考虑不同水平的解释，即区分描述、解释和诊断三个水平。描述是对信息的简单呈现和整合，解释是对条件和因果关系作出推断，诊断则是更进一步的推论和判断。

5.5.5 心理动力学范式的未来发展

心理动力学范式与人格学范式在相当程度上具有共同的基础。从评估技术来看，人格学范式一般不包含特殊的诱发刺激和任务，心理动力学范式中的投射技术则往往设计刺激和任务以诱发个体的反应。这两种范式得到的数据都有定性的成分，由于计分和解释使用定性的方法，因此它们的优势和不足很相似。

心理动力学范式的发展由相关理论和方法的发展所推动。客体关系理论与社会认知、信息加工、依恋和自我发展等理论建构兼容，这为范式的转换提供了方向。在自我和他人的内部表征发展理论背景下，自我界定和人际关联性是一对具有深远理论意义的概念。人们对自我和他人、真实和潜在互动的表征，既有结构也有实质内容。传统投射测验的计分和解释系统可以从客体表征的结构和内容角度加以发展，这样就能与当前人格心理学、社会心理学、临床心理学和发展心理学的概念对接。

5.6 本土化人格评估

5.6.1 “本土化”的概念

科学有无国界？科学无国界，但科学工作者有国界，方法和技术的应用有国界，以人为被试的研究对象有国界，语言文化有国界。因此，在心理学领域，本土化有其产生和存在的土壤。在中国，本土化是一种理念，还没有形成思潮，一部分人持有这种理念并有相应的行动。本土化是指认识到差异以及差异的重要性，也就是说客观存在的差异是本土化的前提条件。需要注意的是，本土化不应该只求异，而应该求同和求异并重，没有共同的基础，差异也就毫无意义。本土化不应该是“孤芳自赏”或仅仅是话语权之争，而应该积极主动地与相关共同体沟通交流，促进知识的积累，以更准确地揭示心理行为规律。

对于本土化，我国台湾学者杨国枢提出四个层次：一是重新验证国外的研究发现；二是研究本土化的特有现象；三是修改或创立概念和理论；四是改良旧方法和设计新方法。在这四个层次中，第二个层次的本土化意味最浓厚。本土化的过程是一个从学习到有目的地选择，再到中国化的过程。它既不是一个静止的状态，也不是一个固定不变的目标，而是一个动态的过程。本土化应该定位于“本土化—跨文化—泛文化”这个系统。

具体到人格心理学这一分支学科，人格心理学的本土化包括人格评估的本土化，具体体现为：对国外的人格评估工具和程序进行本土化修订、建构和发展本土化的人格理论、建构本土化的人格评估工具和程序。这与杨国枢的四个层次中的第一、第三和第四个层次相对应。

5.6.2 国外经典人格评估工具的本土化

中文版 MMPI－2 的标准化过程

在推出中文版 MMPI－2 之前，中文版 MMPI 在我国开发应用已有十多年的时间。随着时代的发展，社会环境以及人们的物质和精神生活发生了极大变化，尤其是人们的观念有了很大转变。美国 MMPI－2 的推出为我国适时重新制定问卷的中国常模提供了很好的机会和条件。在研究和推广中文版问卷的过程中，香港中文大学和中国科学院心理研究所一直发挥着引导作用。从 1991 年开始，中国科学院心理研究所正式与香港中文大学合作开展 MMPI－2 中文版的修订工作。同年 10 月，中国科学院心理研究所邀请布彻教授等人来内地讲授 MMPI－2，这标志着中国内地开始研究和使用 MMPI－2。1994 年，中国香港大学出版社与美国明尼苏达大学出版社正式签订合同，获得 MMPI－2（包括 MMPI）的中文版版权。与此同时，香港中文大学出版社与中国科学院心理研究所就 MMPI－2（包括 MMPI）中文出版物的版权委托问题进行协商，草签了版权委托协议。协议认定中国科学院心理研究所为中文版 MMPI 及 MMPI－2 在中国内地出版、发行的唯一总代理。

在上述背景下，中文版 MMPI－2 重新标准化工作小组对 MMPI－2 进行了两轮翻译、修改和再翻译，于 1992 年正式定稿。重新标准化的中文版 MMPI－2 不仅考虑了翻译过程中的各种问题，而且利用了十多年来在中国研究和使用 MMPI 的宝贵经验。此次翻译不仅参照了内地版 MMPI 的中译文，而且对照了香港繁体字中译文。修订者逐条翻译并取得共识后形成草稿，然后将译稿分别寄给国内长期研究和使用 MMPI 的部分专家，请他们提供意见。汇总专家的反馈意见后，再次对译稿进行逐条讨论，最后将英文原文及中文讨论稿交给英文专家审定，并请英文专业大学高年级学生及研究生对 MMPI－2 两种文字版本进行测验。计算了中英文 MMPI－2 基础量表和内容量表的相关系数，发现 MMPI－2 的中译文与英文之间有高相关。基础量表的相关为 0.50～0.80，平均相关为 0.60，内容量表的相关为 0.55～0.83，平均相关为 0.68。考虑到被试的英文水平和测验相隔时间（两周）等因素，可以说中文版 MMPI－2 是可信的和令人满意的。

中文版 MMPI－2 依分层抽样原则在全国各地取样。根据 1990 年全国人口普查结果，按人口的地区、年龄、文化程度等标准测试并收集数据。中文版 MMPI－2 全国取样总人数为 2 673 人。根据漏答数（小于或等于30个)、被试年龄(介于18岁到70岁之间)、被试ICH量表原始分数(小于或等于10分)三个标准删除294份不合格答卷,有效问卷为2379份。ICH量表由张妙清和宋维真教授从中文版MMPI所有项目中,选择应答率极低(小于10%)或极高(大于90%)的项目构成,共有15个项目。高分表明被试答题方向与绝大多数正常人相反,因此标准常模中不应包含这样的被试。

中文版MMPI-2全国常模人口统计数据的分布情况与1990年全国人口普查结果非常匹配。取样过程中对被试的文化程度进行了严格控制,常模样本的受教育程度与1990年全国人口普查结果基本一致。这就避免了心理学调查样本中被试学历通常偏高的问题,提高了常模的代表性。即便有较大进步,中文版MMPI-2常模样本的代表性依然有一定局限:(1)大多数被试来自城市,这与中国农村人口占多数的情况不相符。但是,由于中文版MMPI-2主要在城市人口中使用,而常模又较好地代表了城市人口的状况,因此这方面的局限造成的影响不大;(2)常模的职业分布与实际情况略有偏差。例如,医护人员比例较高,而工人和其他职业的人员比例偏低,但总体来说,中文版MMPI-2在几个关键标准——地区、性别、年龄、受教育程度、经济收入等方面与实际情况基本相符,这为今后中文版MMPI-2的研究和应用提供了很好的基础。

MMPI-2的应用范围十分广泛,并且还在不断扩大。传统上MMPI主要用于精神疾病的临床诊断、心理咨询与治疗。MMPI-2在临床方面的功能与MMPI完全等同,分析被试的MMPI和MMPI-2剖面图,不仅可以帮助临床工作者和心理医生作出诊断,而且可以提供进一步的治疗建议和方案,更主要的是能够使临床工作者和心理医生从更广阔的视角——除生物学、医学及病理学外,还包括社会学及心理学——观察、诊断和治疗精神疾病。MMPI-2既可以描述个体长期稳定的人格特征,也可以判断个体当前的心理状态,以及处于应激状态下的心理变化。

童话故事测验

编制背景。童话故事测验(Fairy Tale Test, FTT)由希腊心理学家库拉科格卢(Carina Coulacoglou)博士编制,她主要从事心理测验和评估方面的教学和研究工作。在伦敦教育学院获得教育心理学学士学位和儿童发展心理学硕士学位后,她回到希腊最大的幼儿研究中心工作,逐渐对童话的心理学意义产生兴趣。她认为,童话不仅反映道德层面的含义,而且与个体的人格发展关系密切。随后,她进入埃克塞特大学师从心理测量和人格评估方面的专家克兰(Paul Kline)教授。在克兰教授的指导下,库拉科格卢以童话故事投射测验的开发作为自己的博士论文研究课题。库拉科格卢博士于1993年完成FTT的编制工作,随后致力于该工具的推广。她于2002年在俄罗斯研究院、中国科学院心理研究所,以及大阪教育学院开展一系列讲座。目前,FTT已拥有希腊、土耳其、巴西、俄罗斯、中国和印度的常模,相关的指导手册在多个国家出版。关于FTT的研究结果表明,它是一个很有潜力的、面向儿童的投射性质的人格测验,不仅可以作为一种临床评估技术,而且可以作为跨文化研究的工具。与其他投射测验相比,FTT在结构、客观评分方面都有优势,这些优势是FTT具有推广和应用价值的基础。接下来,我们在介绍FTT在中国的修订、验证和应用的同时,也简单介绍FTT的理论基础、内容和结构,以及施测。

理论基础。FTT建立在心理动力学和儿童心理学的理论基础之上。儿童对童话故事的兴趣吸引了诸多领域专家的注意,精神分析鼻祖弗洛伊德认为,童话故事反映了人类心理最原始的部分。童话故事与梦境具有相通之处,童话故事中使用大量象征符号,这与儿童在特定成长发育阶段遭遇的焦虑和矛盾有关。童话故事表现了人们的主要情结,以及与人相处的典型方式。童话故事具有连接、转化和中介功能:把主要心理过程和次要心理过程连接起来;把潜意识的幻想和冲动转化为有条不紊的叙述,把隐含的象征转化为可以通过语言表达出来的欲望;童话故事在身体与社会环境之间发挥中介作用。童话故事能间接地反映儿童采用的防御方式,因此童话故事可以作为一种投射的媒介用以评估人格,或者作为一种临床诊断工具。分析不同文化背景中的童话故事,可以发现一些共通的主题,例如儿童的自我与环境危险、亲子关系、强者与弱者的关系等。在这些理论和研究的基础上，库拉科格卢博士选择一些童话故事评估儿童的个性。

内容和结构。 FTT的评估材料由以童话故事为原型制作的图片构成，图片有7组，每组3张，共21张，包含5个童话故事人物（小红帽、大灰狼、小矮人、女巫、巨人）和2个童话故事场景（小红帽故事场景和白雪公主故事场景）（如图5-10所示）。图片中的人物来自一个或多个童话故事，和其他投射测验所用材料类似，图片中人物的思想、情感并非一目了然，儿童通过描述图片内容，将自己的思想、情感、需求和冲突等投射出来。每组3张图片在图画细节上有差别，之所以制作3张图片，是考

图 5-10 FTT 使用的与童话故事相关的图片(每组图片选 1 张)

虑到儿童在刚开始测验时可能会感到焦虑不安,因而难以或不愿说出童话故事中人物的思想和情感,显得反应平淡。随着测验的进行,出现后面的图片时,儿童会感觉放松多了,因而也会作出更有意义的应答。此外,每组包含 3 张图片,给儿童提供比较和选择的机会,这更有利于儿童作出真实反应。

施测。FTT 是一种个体测验,完成测验大约需要 45 分钟,对于胆小、退缩的儿童需要给予鼓励,因此所需时间可能会长一些。施测者应具备心理动力学理论的相关知识,掌握心理测量的相关理论和技术,熟悉有关童话故事心理分析的研究文献,阅读过大量童话故事。它适用于儿童的评估和诊断、学生的教育和培训工作。

正式施测之前,施测者要了解儿童对童话故事的熟悉程度,并与儿童建立良好的关系,营造安全融洽的氛围,降低儿童的焦虑和防御水平,以使儿童的反应更加真实。正式施测时,要按照指导手册中的标准化程序提供测验材料并提问,不仅需要记录儿童的言语回答,而且需要记录儿童的非言语行为。需要注意的是,提问的方式要与儿童的语言理解能力相匹配。

表 5 - 26 FTT 变量

变　　量	英 文 名	英 文 缩 写
矛盾心理	Ambivalence	Amb
物质欲望	Desire for Material Things	DMT
自尊	Self-esteem	SE
道德感	Morality	M
追求卓越	Desire for Superiority	DS
财产拥有感	Sense of Property	SPro
支配性攻击	Aggression as Dominance	AgrDom
A 型攻击	Type A Aggression	A_Agr
防御性攻击	Aggression as Defence	AgrDef
忌妒性攻击	Aggression as Jealousy	AgrEnv
报复性攻击	Aggression as Retaliation	AgrJea
口头攻击	Oral Aggression	OA
恐惧被攻击	Fear Aggression	FA
口腔需求	Oral Needs	ON
助人欲望	Desire for Help	DH
归属需求	Need for Affiliation	NA
情感需求	Need to give and/or receive affection	NAFCT
焦虑	Anxiety	ANX
抑郁	Depression	DEP
与母亲的关系	Relation with Mother	Rel/Mo
与父亲的关系	Relation with Father	Rel/Fa
性关注	Sexual Preoccupation	SP
被保护的需求	Need for Protection	NP
故事内容一致性	Adaptation to Fairy Tale Content	AFTC
重复回答	Repetition	REP
怪异回答	Bizarres	B

注：未经中国样本验证的变量包括隐私感、赞许需求、工具性攻击。

5.6.3 本土化编制的人格工具——中国人个性测量表

中国人个性测量表的编制背景和过程

评估国民人格特征时，有两条路径可走：一条是修订国外成型的人格测量工具；另一条是借鉴国外编制测验的经验，结合本土化的使用经验，根据实际情况开发适合评估国民人格特征的测量工具。

为了编制本土化的人格调查表，并在此基础上探讨我国国民的人格特征，中国科学院心理研究所的宋维真、张建新等人从1990年开始与香港中文大学心理系的张妙清、梁觉等人协作，着手编制中国人个性测量表(Chinese Personality Assessment Inventory，CPAI)。编制方法包括合理建构法、实证法和因素分析法，内容包括正常人格和病理人格。

量表编制分以下四个阶段进行。

第一阶段：建立正常个性量表(后来称为一般人格量表)和病理个性量表(后来称为临床量表)的结构。

人格框架的确定应契合中国人的人格特征。研究者使用开放性的性格评估调查表，请不同职业的被试列举出他们认为重要的性格特征及其行为表现，并请文学家从中国现代文学作品中抽取描写性格特点的词汇。在参考国外人格特质形容词相关研究的基础上，得到150个不同的性格特征形容词(接近于卡特尔的表面特质)，然后将意义相近的词汇合并，得到26个特征形容词(接近于卡特尔的根源特质)。其中，大部分特征是中国人和外国人共有的，部分特征在中国人身上更加突出。

除了正常人格框架外，还需要建立病理人格框架。根据实际需要，参阅国内外精神疾病诊断分类系统，以及MMPI的使用经验，最终确定12个维度。

第二阶段：编制能够测量不同个性维度的项目，将各个性格特征转化为操作性语言。

正常个性量表的项目来源有三个：一是从第一阶段被试列举出的与性格特征对应的行为中选出具有代表性的项目；二是参考已有的各种量表，选出合适的项目；三是由专家根据各个个性维度的理论含义和生活经验编制相应的项目。根据这三个来源共获得560个项目，随后由专家和其他人员评估项目内容的合理性、通顺性和契合性，选择评价等级较高的项目。

根据3 069名正常被试在MMPI上的应答结果选择病理个性量表

的项目，从 8 个临床量表中选择区分度高的项目。在不同类型精神疾病患者群体和正常人群体上比较这些项目，发现它们具有良好的鉴别力。

除了上述两部分量表之外，还有一个低频量表作为效度量表，该量表的项目与 MMPI 中 F 量表的建构过程和作用相同。项目来源于在 MMPI 修订过程中选出的，在正常人群中回答是或否的比例低于 15% 的项目，这也是它称为低频量表的原因。以上三个部分共得到内地学者和香港学者共同选择的 906 个项目，即初测版本。

第三阶段：通过实践检验和统计分析选择项目，确定正式量表。对内地样本和香港样本进行初测，采用同一程序加以分析，选择内容效度较好、区分度较高、应答率（选择是或否）不超过 90% 或不低于 10% 的项目。进一步分析选出的项目，进行项目筛选和更换，通过因素分析合并相关较高的分量表。

第四阶段：完成量表标准化的其他工作，包括建立常模、标准分数转换、信度和效度的检验等。该标准化过程基于内地样本和香港样本，在这两个样本的基础上进一步审核量表项目，确定量表名称、代号等，最终形成第一版中国人个性测量表。正式测量表包含 22 个正常个性量表、12 个病理个性量表、1 个低频量表，其中有 10 个重复项目，没有重复的项目共 510 个。

编制中国人个性测量表之后，经过近 10 年的使用和研究，学者们积累了许多有关项目和量表属性的证据。在此基础上，内地和香港的学者对第一版中国人个性测量表进行修订，项目和量表水平上均有修改和变动，并进一步标准化，从而得到第二版中国人个性测量表（CPAI-2）。此外，为了检验中国人特有的人格特质能否在外国人样本中得到验证，研究者在其他国家样本中检验英文版测量表。为淡化文化特异性，强调文化共通性，CPAI 后来也用于指代“Cross-cultural Personality Assessment Inventory”，即跨文化个性测量表。新版本中正常个性量表增加到 28 个，病理个性量表（也称为临床量表）12 个，效度量表 3 个。

CPAI-2 的内容和结构

表 5-27 CPAI-2 的内容和结构

中文名称	英文名称	代号	项目数
效度量表	Validity Scale		
低频量表	Infrequency Scale	INF	20
好印象量表	Good Impression Scale	GIM	13
答题一致性	Response Consistency Index	RCI	18
正常个性量表	General Personality Scales		
维度 1：领导性	Social Potency		
新颖性	Novelty	NOV	10
多样化	Diversity	DIV	10
多元思考	Divergent Thinking	DIT	10
领导性	Leadership	LEA	10
理智—情感	Logical vs. Affective Orientation	L-A	10
唯美感/艺术感	Aesthetics	AES	10
外向—内向	Extraversion vs. Introversion	E-I	10
开拓性	Enterprise	ENT	10
维度 2：可靠性	Dependability		
责任感	Responsibility	RES	10
情绪性	Emotionality	EMO	10
自卑—自信	Inferiority vs. Self-Acceptance	I-S	18
务实性	Practical Mindedness	PRA	12
乐观—悲观	Optimism vs. Pessimism	O-P	10
严谨性	Meticulousness	MET	10
面子	Face	FAC	11
内—外控制点	Internal vs. External Locus of Control	I-E	10
亲情	Family Orientation	FAM	10
维度 3：容纳性	Accommodation		
阿 Q 精神	Defensiveness (Ah-Q Mentality)	DEF	10
宽容—刻薄	Graciousness vs. Meanness	G-M	10
容人度	Interpersonal Tolerance	INT	10
自我—社会取向	Self vs. Social Orientation	S-S	10

续 表

中文名称	英文名称	代号	项目数
老实—圆滑	Veraciousness vs. Slickness	V-S	10
维度 4：人际取向	Interpersonal Relatedness		
传统—现代化	Traditionalism vs. Modernity	T-M	15
人情	Ren Qing (Relationship Orientation)	REN	13
人际触觉	Social Sensitivity	SOC	11
纪律性	Discipline	DIS	11
和谐性	Harmony	HAR	14
节俭—奢侈	Thrift vs. Extravagance	T-E	10
病理个性量表	Clinical Personality Scales		
维度 1：情绪问题	Emotional Problem		
自卑—自信	Inferiority vs. Self-Acceptance	I-S	18
焦虑紧张	Anxiety	ANX	21
抑郁	Depression	DEP	20
身体症状	Physical Symptoms	PHY	20
躯体化	Somatization	SOM	16
性适应问题	Sexual Maladjustment	SEM	20
维度 2：行为问题	Behavioral Problem		
病态依赖	Pathological Dependence	PAT	20
兴奋性	Hypomania	HYP	19
反社会行为	Antisocial Behavior	ANT	20
需要关注	Need for Attention	NEE	19
脱离现实	Distortion of Reality	DIR	20
猜疑	Paranoia	PAR	20

由于正常个性量表有 4 个维度，因此可称为“大四”人格结构。1997 年，研究者将第一版中国人个性测量表中的 22 个正常人格特质与“大五”人格测量工具 NEO-PI-R 中的 30 个人格侧面进行联合探索性因素分析，所得结果清晰显示六因素结构，因素负载如表 5-28 所示，这一人格结构称为“大六”人格模型。

表 5 - 28 CPAI 和 NEO - PI - R 的六因素结构

因素 1 情绪稳定性	因素 2 尽责性	因素 3 随和性	因素 4 外向性	因素 5 人际关系性	因素 6 开放性
冒险性	C5：自律*	宽容—刻薄	E2：乐于集群*	乐观—悲观	O3：情感细腻*
自卑—自信	C6：计划性*	A4：老好人*	内—外向	人情（人际取向）	O2：审美感受*
N1：焦虑担心*	C2：整洁有条理*	老实—圆滑	E1：热情友好*	灵活性	O1：想象丰富*
N3：抑郁倾向*	责任感	A2：直率坦诚*	E4：快节奏*	阿 Q 精神	A6：仁慈同情*
N6：脆弱依赖*	C4：追求成就*	A1：信任他人*	E3：自信*	和谐性	
N4：敏感害羞*	严谨性	亲情	E6：自信迫人*	面子	
内—外控制点	C3：责任感*	N2：易怒倾向*	自我—社会取向		
领导性	N5：冲动性*	A3：乐于助人*			
情绪性	C1：自我效能*				
O5：富于思辨*	务实性				

注：带 * 者为 NEO - PI - R 中的侧面。另外，NEO - PI - R 中的 A5（谦逊自嘲）、O4（尝试变化）、E5（寻求刺激）、O6（灵活变通），以及 CPAI 中的节约—奢侈和现代化在六个因素上的负载低于 0.40，没有呈现出来。部分特质在多个因素上的负载均超过 0.40，没有标示出来。该结果基于的样本量为 279。表中呈现的 NEO - PI - R 中 30 个侧面的命名与以往命名稍有差别，这是表述习惯的不同造成的。

施测、计分和解释

CPAI/CPAI - 2 既适用于个体施测，也适用于团体施测。施测者通过培训获得使用资质后，根据指导手册的要求进行施测和计分。除了传统的纸笔版测验，研究团队还开发出计算机化的施测软件，这为施测者提供了标准化的测验环境和严谨的测验程序，使测验过程更加规范，此外，还为施测者提供标准化的解释报告，以详尽描述受测者的人格特征。纸笔版测验的施测、计分和解释在此不详细阐述。

应用价值

自面世以来，CPAI 的相关研究成果日益丰富，其应用价值日益凸显。CPAI 成为评估企业领导者人格和领导能力的重要工具，也是心理咨询师参加职业资格考试之前的人格筛查工具。CPAI 可用于人才测评、临床诊断和评价、个体职业发展指导。计算机化的版本因为更加严谨、规范，所以能为人才测评、临床诊断和评价、个体职业发展指导提供可靠的依据，比较适用于企业对员工和领导者进行人格测评。此外，CPAI 还可用于对警察、法官、检察官、武警官兵等各类人群进行人格测查，建立心理档案。